書學華錄

甲辰立春 悦石

以道统艺

由艺臻道

楼宇烈

甲辰春

# 中国传统香学

罗子杰 主编

化学工业出版社
·北京·

## 内 容 简 介

本书是一本全面系统的中国香文化专著。全书分为五章，分别是香学历史、历代香器、传统用香、传统制香、香学人物。书中系统地阐述了中国传统香学这一古老的中国传统文化。香学历史部分，作者在多年查阅历史文献的基础上，清晰地梳理了传统香学的发展脉络；历代香器部分，按历史发展顺序讲解了中国传统香器的发展史，让读者可以清晰地看到历代香器的演变；传统用香部分，系统介绍了用香演变、用香人群、用香方法（焚香、印香、隔火熏香、煎香、蒸香、炙香、煮香等）、香席仪轨、香室陈设、香会雅集等；传统制香方面，讲解了作为中国非物质文化遗产保护项目的传统香品制作技艺和常见香料、常用香方；香学人物部分，列举了香学发展史上具有重大影响的历史人物。书中还有4个附录，分别为香文学诗词、香文学典籍、香文学典籍缩略、常见词条，分别介绍了历史上关于香学的文学作品和与香学相关的专业词汇。

**图书在版编目（CIP）数据**

中国传统香学 / 罗子杰主编. --北京 : 化学工业出版社，2025. 6. --ISBN 978-7-122-47636-4

I. TQ65

中国国家版本馆CIP数据核字第2025KQ5291号

责任编辑：孙晓梅
责任校对：王鹏飞
装帧设计：溢思视觉设计/姚艺
出版发行：化学工业出版社
（北京市东城区青年湖南街13号　邮政编码100011）
印　　装：河北尚唐印刷包装有限公司
710mm×1000mm　1/16　印张18　字数255千字
2025年12月北京第1版第1次印刷
购书咨询：010-64518888
售后服务：010-64518899
网　　址：http://www.cip.com.cn
凡购买本书，如有缺损质量问题，本社销售中心负责调换。
定　　价：198.00元　

太月香学体系创始人

“传统香品制作技艺”非物质文化遗产代表性传承人

中国人民大学伦理学与道德建设研究中心研究员

国家林业草原木本香料（华东）工程技术研究中心客座研究员

中央广播电视总台云听客户端《只有香如故》栏目主讲人

中国传统文化促进会香文化专业委员会主任

海南省沉香协会监事长

四川人，自幼学习传统文化、音乐及美术。旅居北京，长期从事中国传统香文化研究与传播。挖掘整理八百多万字香学内容，提出“香学，气之学，香道，炁之道也”理论。建立以易学为核心指导思想，撷取中华“儒释道医武”传统文化精华，并进行创新性发展的中国当代香文化学术体系“太月香学”。主要研究方向有中国香文化历史脉络、传统香品制作技艺、和香术与香阵、中国古代香器具、沉香及其他常用香料、香文化养生、香文学、嗅觉识别符号与传统气味美学。师从中国古陶瓷鉴定专家、首都博物馆研究员王春城先生，学习古陶瓷鉴定，研究梳理中国古代香器文脉。通过学术研究、教育普及、国际传播与创新转化，构建了传统香文化的现代发展之路。多年来致力于为中国香文化树立世界身份，多次组织策划国际交流活动，连续九届参加“全球外交官中国文化之夜”活动，并策展中国传统文化展览体验区，向全球170多个国家和地区驻华外交官介绍中国传统香文化，于2024年第十届“全球外交官中国文化之夜”活动中获得组委会颁发的香文化国际交流“突出贡献奖”。

# 华人国学大典介绍

“致敬国学——华人国学大典”是由岳麓书院、凤凰网联合发起，凤凰网主办的以弘扬中华优秀传统文化为主题的大型文化传播活动。2014年至今已成功举办五届，吸引了学术、传媒、公益等领域精英及广大网友的积极参与，在海内外华人中产生了广泛影响。第五届活动以“致敬国学，继承创新，文明互鉴，重建斯文”为举办宗旨，由第九、第十届全国人大常委会副委员长许嘉璐先生担纲总顾问，已经发展成华人群体中学术品格高、覆盖面广、品牌影响力大的中华文化盛宴。饶宗颐、李学勤、张岂之、杜维明、许倬云、陈来、叶嘉莹、星云大师、成中英、楼宇烈、许渊冲等大儒名宿及国际儒联等机构，先后荣获国学终身成就奖及海外影响力奖，百余位卓越学者、文化传播者及故宫博物院等机构荣膺国学成果奖、国学传播奖和国学新秀奖。

北京太月香学文化发展中心以“传统香学的文化发掘与创新转化”项目入选第五届华人国学大典“国学活化计划”。《香学华录》系列图书是该计划的主要内容之一，本书为该系列的第一本书。

# 第五届华人国学大典『国学活化计划』推委名单

卜宪群、干春松、王　杰、王云路、王中江、王　石、王立新、王学典、王洪波、王晓东、王维生、王鲁湘、贝淡宁、方文山、石毓智、卢　虹、田炳郁、白云涛、包弼德、冯俊文、冯骥才、毕晓倩、吕立新、吕宁思、朱见山、朱永新、任　重、任剑涛、刘　俊、刘　蟾、江　力、汤柏华、许戈辉、许长荣、孙若风、孙　霖、牟剑闽、杜佰鸿、杜保瑞、李　浩、李小鸣、李文亮、李　亚、李宇明、李其锋、李　鸣、李春龙、杨　平、杨东平、杨　雨、励小捷、肖　旸、肖永明、吴　刚、何　怡、余世存、邹　明、冷　淞、沈旭欣、张　弘、张发贤、张　帆、张妙阳、张佰明、张　玲、张顺平、张　艳、张振忠、陈　来、陈仁仁、陈祉希、陈　复、陈艳群、陈　竞、陈越光、拉纳·米特、苑天舒、杭　侃、国承彦、罗晴秋、凯　叔、孟繁之、赵法生、赵　普、赵曙光、柳　理、段志刚、侯春艳、袁复生、夏　雨、徐治道、徐春妮、徐　勇、高士涛、高　丹、高正平、高明勇、海村唯一、黄加林、黄耀红、萧伟光、梅谦立、曹玉骞、曹顺庆、龚鹏程、盛大林、崔向升、康晓光、彭　志、彭　敏、葛承雍、董　强、蒋　韬、游文娟、游海洪、谢茂松、蔡　紫、颜炳罡、潘峙钢、戴建业、魏冰心

# 编委会成员

名誉顾问　楼宇烈

顾　　问　范力夫、葛建军、侯春艳、乔　方、王春城、汪海华、王宗德、王明山、肖　锋、徐俊峰、杨　青、杨丽丽、张　霄、张　超、周一辰

主　　任（主编）

罗子杰

副 主 任（副主编）

杜　洋

委　　员　刘验新、石果洪、林悦楚、李　剑、罗　艳、田一然、郑连池、黄海燕、李永清、丁　莹、罗丽华、李娅娜、潘翠婵、田紫琳、高冰晓、黄雅珍、陈剑俊、黄马生、涂师杨、林　艺、陈　艳、宋一冉、钟　锋、韩卓希、崔力元、郑雯璟、刘英芳、刘　浩、刘晓龙、李耿兰、唐德保、刘晓雨、程雅铌、赵　丹、孙子溪、袁　飞、张　涛、梁　嵘、衣晓丽、张芝宁、郭馨淳、章慈容、程　琳、窦瑞欣、任　珊、王佳媛、叶琳娜、张尚迎、张寓涵、何媛媛、吴少梅、罗悦嘉、盖　颖、高嘉木、蒋　琼、罗　丹、潘　倩、沈贝贝、李莉萍、陈小壮、崔晓筱、付显惠、郭译诺、侯京松、侯丽娟、黄　骐、黄　萱、李立梅、廖祥利、卢海星、秦子婕、孙　丹、吴松涛、姚丽萍、于青延、刘卫华、吕美娜、陈云姣、丁　昀、郭佚坤、黄美琴、李俊媛、李依窈、滕云侠、王飞燕、徐东莹、邹思瑶、袁向红、林　子、李　洋、袁文霞、李长荣、宋语汐、孙凡舒、吴　怡、杨亚芬、

彭德荣、詹冠琳、宋馨时、尹　文、吴金蔓、付星明、

邵　燕、于懿兰、周　莉、王冰玉、张晓霞、朱婉霞、

韩燕燕、曲格尔赛、方雪丽、付晓婷、谷　瑀、胡晓洁、

黄　逸、黄　瑛、蒋依珊、阚美霞、李文萍、刘剑虹、

刘　曼、刘姝汐、刘玉珍、孟妍红、孟雨晴、米安琪、

潘璟睿、戚扬旋、邵　俐、王惠源、王玲芳、王珊珊、

王威之、王伟君、王樱潼、韦志媛、温华倩、吴淑君、

幸华亿、许雪芳、杨　烜、杨燕秋、赵振芬、赵子兮、

苏俊霞、刘淑芬、罗莉桦、胡文娟、林豪涓、刘学会、

张　强、刘坤燕、叶爱好、顾琦鑫、林秋妙、尚　鑫、

劳瑜君、陈冬冬、肖　婕、雲　果、薛志波、徐　彬、

邢　丽、妙　观、郭艳艳、石筱倩、王　琦、崔青云、

张文宾、孙清心、李恬圻、王　喆、王颜娟、王艳莉、

吴美花、林敢丹、杨燕椿、周文钰、吕素玲、张小琴

**书 题 字**　吴悦石

**绘　　图**　刘　旭

**摄　　影**　杜洪剑

**学术指导单位**　中国人民大学伦理学与道德建设研究中心

国家林业草原木本香料（华东）工程技术研究中心

中国传统文化促进会香文化专业委员会

**组织单位**　北京太月香学文化发展中心

# 前言

中国香文化是中国传统文化的重要组成部分，是中国人了解自然、融入自然、利用自然、与自然和谐共生过程中的经验累积和智慧结晶，是将自然界中的芳香类物质转化为“气”进行使用，并服务于人们美好生活的优良传统，是制香、用香实践过程中所产生的物质与精神及术、法、道方面的内容总和，其中包含：香学历史、文学、香药、香器、香方、香家具、香空间、制香方法、用香方法、香与健康、气味审美、嗅觉艺术等。

中国香文化目前最早可追溯到新石器时代晚期，距今已有5000年以上的历史。距今5500 ~ 5000年前的牛河梁遗址（红山文化晚期遗址）中出土的陶质熏炉器盖，与距今5300 ~ 4300年的福泉山遗址（良渚文化遗址之一）中出土的灰陶竹节纹熏炉，是目前所鉴识的最早的香器，见证了中国香文化在新石器时代的萌芽。《周礼·天官·甸师》中记载：“祭祀，共萧茅。”《诗经·生民》中记载：“取萧祭脂，取羝以軷，载燔载烈，以兴嗣岁。”《周礼·秋官司寇》中记载：“庶氏掌除毒蛊，以攻说禬之嘉草攻之。”《礼记·内则》中记载：“男女未冠笄者，鸡初鸣，咸盥漱，栉縰，拂髦总角，衿缨，皆佩容臭。”《九歌》中记载：“浴兰汤兮沐芳，华采衣兮若英。”诸多先秦典籍记录了中国古人在祭祀、生活中对芳香类物质的使用，并将远馨的香气上升至道德修养层面。《尚书·周书·君陈》中记载：至治馨香，感于神明。黍稷非馨，明德惟馨。中国古人在用香实践过程中不断总结经验，发展至春秋战国时期，香文化已初现端倪。秦朝的统一使早期的香文化得以延续并走向系统化，为汉晋香文化的发展奠定了基础。

汉代丝绸之路的开通，使南方各国及西域各国的香料涌入汉地，丰富了香料的种类，促使香文化不断成长，见证了古代各国间文化的交流与互鉴。传统医学理论在制香方面的运用，使得和香术在汉代渐成体系，并迅速成熟。至两晋南北朝时期已有制香方面的专著，如：范晔的《和香方》，宋明帝的《香方》,《龙树菩萨和香法》《杂香方》《杂香膏方》等。香器方面，已开始大量出现为用香而设计的专用器具，如博山炉、彩陶香熏、豆形香炉等。汉代为中国香文化建立了以祭祀用香、生活用香、民俗用香、宗教用香为主的四大发展主线，使香文化系统地发展至今。

隋唐时期中国香文化走向成熟，香在生活中的运用极为广泛。香汤、香茶、香酒、香浴、熏香、烧香、涂香、抹香、佩香等用香的方式百花齐放。宫廷用香、文人用香、医疗用香、大众用香均得以发展。香文化从基础的香药功能运用延伸至气味审美、嗅觉艺术。融入了文学、艺术、哲学思想的香文化成为五感（视觉、嗅觉、听觉、味觉、触觉）中不可或缺的一部分。香文化逐渐成为以香言志、以香比德的媒介。香文化中的术、法、道融为一体，形成了中国独特的香文化自然观、世界观、宇宙观。在“天人合一”的思想下，嗅觉作为人类无法关闭的觉受，呼吸间的气息显得尤为重要。在此时期，中国香文化传至日本，形成了如今的日本香道。

中国传统香文化至宋元时期达到鼎盛状态，香料贸易额直线上升，据《宋代香药贸易史》一书记载，宋代最高峰的时期，香料贸易额可达贸易总额的百分之五十。宫廷用香方面，朝廷在四司六局中设立了香药局，专门负责在活动中的香药使用及日常储备。皇家还专设有尚药局，负责皇帝日常香药使用事宜。民间呈现市井飘香状态，张择端的《清明上河图》中记录有“刘家上色沉檀拣香”香铺，以及售卖香饮料“香饮子”的地方。香器逐渐由金属器转向瓷器，香炉十分流行，五大名窑均大量烧造香炉。自元代中期开始，用香方式开始发生转变，篆香逐渐淡出大众视野，成为书斋中保留的古法用香方式。取而代之的是更为方便的线香，并传续到明清，流行至今。《本草纲目》中记载了线香的制作方法，为后世传统线香的制作留下了珍贵的线索。清代末期，制铜大家丁月湖将唐宋时期流行的印香工具合为一体，设计出印香炉（芸香炉），将复杂的器具收纳至一个容器之中，让印篆之香再次进入大众生活中。

随着社会局势的变化，民国以后的传统生活用香逐渐淡出人们的视野，西方香文化中的香水、日化品开始流行，传统的生活用香方式迎来了冰封期。直至当代，随着中华传统文化的复兴，传统工艺的振兴，非遗技艺的传承与保护，传统香文化随之复兴。2020年经历疫情以后的传统香文化，开始再次走进大众的视野。传统用香的杀菌消毒、净化空气的功能逐渐被人们所接受。传统制香技艺被纳入非物质文化遗产保护名录，传统生活用香、文人用香、民俗用香等开始流行。除嗅觉感官享受以外的健康理念、气味审美、艺术表达再次成为传统香文化的重要组成部分。当代香文化回归至大众的生活中，成为健康的生活方式之一，同时进入国际视野，成为各国间文明互鉴的桥梁之一。东方香文化与西方香文化交融并进，成为人们美好生活的重要组成部分。香学，气之学；香道，炁之道也。中国香文化作为东方香文化的代表，再次登上国际舞台，以“和”为重要理念，服务于人们的日常生活，讲述着中国文化故事，承载着东方文化艺术审美与哲学表达，以全新的姿态，融入世界。

中国香文化萌芽于先秦、成长于汉晋、成熟于隋唐、鼎盛于宋元、传承发扬于明清，并发展至今。中国香文化是劳动人民智慧的结晶，通过利用、采集自然界中的芳香类物质，化为气进行使用，形成五感中不可缺少的嗅觉艺术形式，广泛用于祭祀、生活、民俗、宗教等活动中，是服务于人们生活，并以香言志、以香比德的载体，充分体现了人与自然的和谐之美。

罗子杰

南宋_马和之
《豳风图》(局部)

目录

第三章

## 传统用香



附录1

## 香文学诗词

附录2

## 香文学典籍

附录3

## 香文学典籍缩略

附录4

## 常见词条

## 第一章 香学历史



## 第二章 历代香器



## 第四章 传统制香



## 第五章 香学人物

# 第一章 香学历史

第一节 先秦萌芽期
第二节 汉晋成长期
第三节 隋唐成熟期
第四节 宋元鼎盛期
第五节 明清发扬期
第六节 当代复兴期

# 第一节　先秦萌芽期

## 祭祀中的香文化雏形

中国的香文化历史悠久，先人们用香的雏形是祭祀，后逐渐扩展到生活中的用香。香文化的起源可追溯至新石器时代晚期，距今已有5000年以上的历史。《礼记·祭法》中记载："燔柴于泰坛，祭天也；瘗埋于泰折，祭地也。"邢昺《尔雅》疏："祭天之礼，积柴以实牲体、玉帛而燔之，使烟气之臭上达于天，因名祭天曰燔柴也。""燔柴升烟，告祭天神"正是古代祭祀香文化的初始形态。

祭祀是华夏礼典的一部分，礼有五经，莫重于祭，是以事神致福。祭祀对象分为三类：天神、地祇、人鬼。天神称祀，地祇称祭，宗庙称享。古代"神不歆非类，民不祀非族"，祭祀有严格等级。天神地祇由天子祭，诸侯大夫祭山川，士庶只能祭自己的祖先和灶神。

在《尚书·舜典》中记载："正月上日，受终于文祖。在璇玑玉衡，以齐七政。肆类于上帝，禋于六宗，望于山川，遍于群神。辑五瑞。既月乃日，觐四岳群牧，班瑞于群后。岁二月，东巡守，至于岱宗，柴。望秩于山川，肆觐东后。"意为：正月的一个吉日，舜在尧的太庙接受了禅让的册命。他观察了北斗七星，列出了七项政事。于是向天帝报告继承帝位的事，又祭祀了天地四时、山川和群神。之后聚敛了诸侯的五种圭玉，选择吉月吉日，接受四方诸侯君长的朝见，把圭玉颁还给各位君长。这年二月，舜到东方巡视，到达泰山，举行了柴祭。对于其他山川，都按地位尊卑依次举行了祭祀，然后，接受了东方诸侯君长的朝见。

其中"禋于六宗"中的禋祀和后面提到的柴祭，均为烧柴升烟以祭祀天地的方式。古人希望通过这种升烟气的方式，架起人类与天神之间沟通的桥梁，以此传达人类的诉求。

## 远古遗迹中的祭祀

在位于湖南西部的高庙文化遗址中，发现了大型原始人祭祀场所。该遗址中出土了大量工艺精美的陶器和祭祀用品，根据碳十四的测年数据，年代上限（经树轮校正）为距今7800年左右。在牲祭坑中发现了猪、牛、鹿、龟等动物骨骼及骨渣，祭坑还有

图 1-1
南宋_马和之
《周颂清庙之什图》
局部

被火烧过的痕迹。

城头山遗址位于湖南省澧县车溪乡城头山村，距今约6500年，在该遗址内除发现有城垣、城门设施、环城壕、护城河外，还在城内发现了从汤家岗、大溪到屈家岭等不同文化时期的大片台基式的房屋建筑基础、设施齐全的制陶作坊、宽阔的城中大道、密集而重叠的氏族墓葬、保存完好的中国大型祭坛和灌溉设施完备的世界最早的水稻田（6500年前）。

距今6000 ~ 5000年间，祭坛规模更大，燎祭遗址众多，使用非常普遍。

上海市青浦区的崧泽遗址是一处新石器时代至春秋时期的遗址，遗址中发现了距今6000多年前的马家浜文化时期人工堆筑的祭坛。由人工堆筑成土台作祭坛，并在祭坛上举行祭祀祖先或神灵等礼仪活动，在距今4000多年前的良渚文化中极其盛行。这次发现的马家浜时期祭坛将人工堆筑祭坛的历史向前推进了一大步。

牛河梁遗址位于辽宁省朝阳市，该遗址内发现了距今5000多年的大型祭坛、女神庙和积石冢群址，属于我国北方新石器时代红山文化晚期的遗存。牛河梁遗址的布局和性质与北京的天坛、太庙和十三陵相似。牛河梁遗址中已发现的女神庙由一个多室和一个单室两组建筑物构成。在女神庙中还发现了一些祭祀用的陶器，说明当时女神庙中曾经有过较大规模的祭祀活动。在该遗址的考古过程中发现了陶质熏炉器盖（见后文图2-3）。

东山嘴遗址位于辽宁省朝阳市喀左县兴隆庄镇章京营子村东山嘴，距今有5000多年的历史，它是牛河梁遗址以外又一处具有代表性的红山文化晚期大型祭祀性遗址。其圆形祭坛遗迹是中国最早的古代祭坛之一。遗址中发现有数十米厚的灰土和大片的火烧痕迹，以及动物烧骨等燎祭的遗存物。遗址内有象征天圆地方的圆形祭坛和方形祭坛，总体布局按南北轴线分布，注重对称，有中心和两翼主次之分。这与后世祭祀中“祀天于圜丘，祀地于方丘”的礼制一致。

福泉山遗址位于上海市青浦区重固镇，是一处重要的良渚文化遗址，距今5300 ~ 4300年。该遗址中出土了灰陶竹节纹熏炉（见后文图2-4）。福泉山遗址最大的特色是所出土的玉器，挖掘自墓葬中的玉器包含玉璧、玉琮、玉钺等。这与《周礼 · 春官》中所记载的“以玉作六器，以礼天地四方：以苍璧礼天，以黄琮礼地，以青圭礼东方，以赤璋礼南方，以白琥礼西方，以玄璜礼北方”的祭礼相符。此时期燎祭形式盛行，农业已率先进入犁耕稻作时代；手工业趋于专业化，琢玉工业尤为发达；大型玉礼器的出现揭开了中国礼制社会的序幕；贵族大墓与平民小墓的分野显示出社会分化的加剧。其中发现了数十座大型祭坛及类似“金字塔”形状的贵族坟山，燎祭遗存分布尤为广泛。

禹墟位于安徽省蚌埠市禹会区涡淮交会处涂山脚下的禹会村，距今已有4000多年的历史，考古人员在禹墟的发掘中发现了祭祀场所，通过对内部出现的火烧杯、方土台、“大脚印”里的柱洞等形制的研究，将禹墟定性为大型祭祀性遗址。在禹墟中的夯土祭祀台附近发现了大型居住场所，为解释当年祭祀人群在何处生活、工作提供了一种答案。在其中的棚屋遗迹处发现了大量散布的陶器和烧坑，说明此处也可能是大型的陶器作坊群，为大型祭祀活动提供祭祀礼器和贡品。

距今4000 ~ 3000年间（夏商时期），燎祭已遍及南北、沿海与内陆的广大地区。四川广汉的三星堆遗址中发现两个距今3000多年的祭祀坑，其中一号坑内藏着各种祭器近400件。在器物的中间和上面分别有一层烧骨碎渣。商代的燎祭遗址尤其多，可见于河南的偃师商城、郑州小双桥、郑州商城等。

图1-2
南宋_马和之
《周颂清庙之什图》
局部

## 燎祭

燎祭又称燔燎、燔柴、郊柴、柴燎，是一种十分古老的祭天仪式，属于自然崇拜范畴。燎祭的出现和使用既是对远古祭祀形式的继承和发展，同时也是香烟升始的先秦香文化的开端。它不仅展示了中华文明的古老历史渊源，同时也开启了香飘神州的千年之旅。

《周礼 · 春官 · 大宗伯》记载："以禋祀祀昊天上帝，以实柴祀日、月、星、辰，以槱燎祀司中、司命、风师、雨师。"所祭神灵除了日月星辰、风雨雷电外，主要是"昊天上帝"。3000多年前的殷商甲骨文已有了"祡（柴）、燎、香"等字，"祡"意为"烧柴焚燎以祭天神的祭礼"。"燎"，放火也，从火尞声，即为"焚烧柴木的祭礼"。《说文》记载："柴，焚燎以祭天神。"《尔雅 · 释天》记载："祭天曰燔柴。"《礼记 · 祭法》记载："燔柴于泰坛，祭天也。"孔颖达*疏解："燔柴于泰坛者，谓积薪于坛上，而取玉及牲置柴上燔之，使气达于天也。""以天之高，故燔柴于坛"，"天神在上，非燔柴不足以达之"。由此可见，在万物有灵观念的支配下，古人希冀借助升腾的烟、气、味来取悦天神，祈求风调雨顺，农畜丰产。

在中国古代，燎祭是一种重要的祭祀仪法。据有文字可考的历史，自商周至明清，燎祭一直为帝王邦君所施行，在近代一些少数民族的祭祀活动和一些地区民间风俗中仍保有这一古老礼仪。燎祭的方法主要是燔柴致祭，多将祭牲和玉帛入内焚烧。燎祭所用物品可大致划分为柴薪、牲畜、玉帛三类。最初燎祭作为

*孔颖达（574—648），字冲远、仲达，冀州衡水（今河北省衡水市）人。隋唐间儒家学者、经学家。

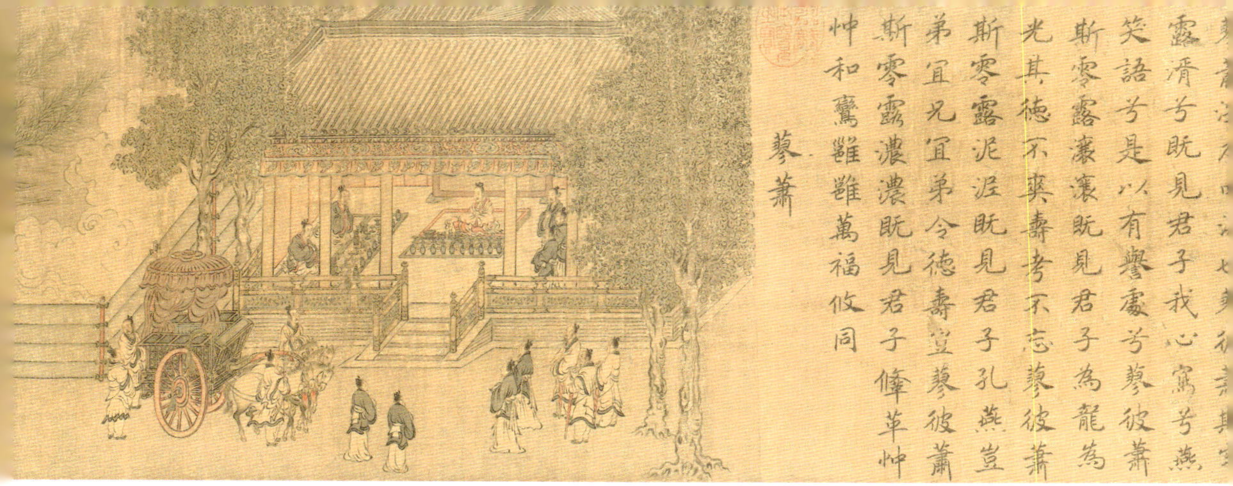


图1-3
南宋_马和之
《小雅南有嘉鱼篇图》
局部

殷商时期祭祀制度中的一种祭法，仅积薪而燎之。燎祭是远古时期极其重要的一种祭祀神灵的仪式，属于当时整个氏族的头等祭祀典礼。燎祭是祭祀上天（主要是雷神），祈求雨水，祈求上天保佑风调雨顺的一种祭天仪式。燎祭是非常古老的仪式，其原始对象是天神，而殷人盛行燎祭，其主要目的是求雨。

## 先秦的祭祀用香

后李文化遗址位于山东省淄博市临淄区齐陵街道后李官庄村，距今9000 ~ 7000年，前后延续了约两千年的时间。通过对遗址中发现的孢粉进行分析，发现样本中均以草本植物的花粉居优势，据统计，最多可占孢粉总数的76.3% ~ 91.1%。在草本植物花粉中，数量最多的是蒿。“萧，香蒿也。”《诗经 · 大雅》记载：“取萧祭脂。”《礼记 · 郊特牲》记载：“焫萧合膻芗。”《毛诗正义》记载：“萧所以共祭祀。”由此可以得知，被后世广泛用作香料的香蒿，古代称为“萧”，早在7000多年以前就已出现。

先秦时期，祭祀中燃萧的祭礼尤为广泛。《诗经 · 大雅 · 生民》中记载：“取萧祭脂，取羝以軷，载燔载烈，以兴嗣岁。”《诗经 · 国风》中记载：“于以采蘩？于沼于沚。于以用之？公侯之事。”这里的“蘩”即指白蒿。意为“哪儿采白蒿？去那洲与池。哪儿用白蒿？公侯的祭祀。”《诗经 · 周颂》中赞颂文王订立禋祀祭天的典制：“维清缉熙，文王之典。肇禋，迄用有成，维周之祯。”这是周公制礼作乐时祭祀文王的宗庙乐歌。意思是：政治的清明与光耀，文王法典是根本。自从开始禋祀祭天，直到今天大功告成，这是周朝的祥瑞。

在《周礼·春官·大宗伯》中记载："大宗伯之职，掌建邦之天神、人鬼、地示之礼，以佐王建保邦国。以吉礼事邦国之鬼神示，以禋祀祀昊天上帝，以实柴祀日、月、星、辰，以槱燎祀司中、司命、风师、雨师。"意为：大宗伯的职责，是掌管建立王国对于天神、人鬼、地神的祭祀之礼，以辅佐王建立和安定天下各国。用吉礼祭祀天下各国的人鬼、天神和地神。用禋祀来祭祀天帝，用实柴来祭祀日、月、星、辰，用槱燎来祭祀司中、司命、风师、雨师。"禋祀"即为古代祭天的一种礼仪。先燔柴升烟，再加牲体或玉帛于柴上焚烧。

西周至春秋的祭祀用香主要体现为燔烧柴木、香蒿、烧燎祭品及供香酒谷物等祭法。而香蒿则被视为美好的物品，比如《诗经·蓼萧》中记载："蓼彼萧斯，零露瀼瀼。既见君子，为龙为光。"意为：又高又长的香蒿，露珠点点闪亮；已见周朝天子，承受恩宠荣光。

## 郁鬯之香

在先秦的祭祀中还经常用到香酒，主要目的是以五谷之气取悦天神。《诗经·江汉》中记载："厘尔圭瓒，秬鬯一卣。"意为：赐你圭瓒，以玉为柄，黑黍香酒再赐一卣。"秬鬯"即指以黑黍和郁金香草酿造的酒，用于祭祀降神及赏赐有功的诸侯。《周礼·郁人》中记载："凡祭祀、宾客之祼事，和郁鬯以实彝而陈之。"意为：凡是祭祀或招待宾客有行祼（guàn）礼的事，就调和郁鬯盛在彝中而加以陈设。《毛诗正义》记载："《礼》有郁鬯者，筑郁金之草而煮之，以和秬黍之酒，使之芬芳条鬯，故谓之郁鬯。鬯非草名，而此《传》言鬯草者，盖亦谓郁为鬯草。"

《周礼·春官》中记载："鬯人掌共秬鬯而饰之。"意为：鬯人掌管供应秬鬯，并用布巾覆盖。在祭祀的过程中，这种香酒由"鬯人"专门掌管。《尚书·洛诰》中记载："乃命宁予以秬鬯二卣。"

## 中华香祖

中华香文化的始祖是神农，被尊称为"炎帝"，与黄帝、蚩尤并称为"中华三祖"。

图1-4
明_仇英
《帝王道统万年图册》
神农

图1-5
中华香祖——
炎帝神农

神农作为中华文化的人文始祖之一，对中华文化的贡献很多，如：亲尝百草，发明医药，播种五谷，发明耒耜，作五弦琴，制作陶器，日中为市，治麻为布，重卦观象，创制蜡祭等。因此神农也被称作农皇、先啬、先农、五谷先帝、药王、田祖等，是中华民族医药业、农业、贸易业等诸多行业的鼻祖。

《说文解字》记载：“香（䅹），芳也。从黍从甘。”也就是说，篆书的“香”字是个会意字，表示黍米饭香可口。其本义指食物味道好，引申为气味好闻。《春秋传》记载：“黍稷馨香。凡香之属皆从香。”意为：黍和稷的香气非常浓郁，所有与香相关的字，都采用“香”作偏旁。“黍”表谷物，“甘”表味美，“香”指禾黍的美好气味。神农氏发明耒耜以耕种五谷，尝百草以辨识药性，并且制作陶器蒸煮食物、熬炼药物，五谷花草的芳香被神农氏最早辨识，以此开启了中华民族后世人对自然界中香料的认知与使用。

自然界中很多花草有芳香之气，而这种香气为自然之香，并非人为之香。这些被后世之人称为香料的物质，在高温的环境中将升发出全新的香气，因此火成为自然之香延伸至用香文化的关键因素。而神农氏作为中国上古部落的首领，传说由于懂得用火而得到王位，故称作炎帝。因此神农氏与中华香文化的开启密切相关。根据《史记·补三皇本纪》记载：“（神农氏）作蜡祭，以赭鞭鞭草木，尝百草，始有医药。”神农氏设立了蜡祭之礼，在岁末之时蜡祭百神，作为年终大祭，此礼沿袭至明清。由此可见，火的产生与使用促进了香文化的形成，芳香物质在后世祭祀

图 1-6
南宋_马和之
《诗经·小雅·鸿雁之什图》局部

活动中的运用成为中华香文化最早的用香形式。炎帝神农则当之无愧地成为中华香文化的始祖。

## 生活用香的开启

我国第一部诗歌总集《诗经》，收录了自西周初年至春秋中叶五百多年的诗歌300多篇。其中《大雅·生民》中记载："或舂或揄，或簸或蹂。释之叟叟，烝之浮浮。载谋载惟。取萧祭脂，取羝以軷，载燔载烈，以兴嗣岁。卬盛于豆，于豆于登。其香始升，上帝居歆。胡臭亶时。后稷肇祀。庶无罪悔，以迄于今。"意为：有舂谷也有舀米，有簸粮也有搓壳。沙沙淘米声音闹，蒸饭喷香热气扬。筹备祭祀来谋划，香蒿牛脂燃芬芳。大肥公羊剥了皮，又烧又烤供神享，祈求来年更丰穰。祭品装在碗盘中，木碗瓦盆派用场，香气升腾满厅堂。（天帝）因此来受享，饭菜滋味实在香。后稷始创祭享礼，祈神佑护祸莫降，至今仍是这个样。

此间提到"取萧祭脂"，其中"萧"即为香蒿，"脂"即为"牛油"。通过焚烧香蒿和牛油，以此来得到芬芳的香气。这也正是在祭祀活动的不断演化过程中，人类对祭祀有了更高的要求，逐渐由最初的产生烟气转变为促使产生香气，以此达到祭祀活动的本真诉求。

《周礼·天官·甸师》记载："祭祀，共萧茅。"意为：甸师负责供给祭祀所需的香蒿和白茅。到了春秋战国时期，祭祀用香主要体现在燃烧香蒿、烧燎祭品、燔烧柴木及使用香酒和供谷物等方面。对此，有众多典籍记载，后世千年皆以此为法。《东观汉记·丁鸿传》记载："柴祭之日，白气上升，与燎烟合，黄鹄群翔。"《后汉书·祭祀志下》记载："封者，谓封土为坛，柴祭告天，代兴成功也。"《吴录》记载："谨择元日，登坛燎祭，即皇帝位。"

西周的《周礼·秋官》中记载："庶氏掌除毒蛊，以攻说禬之，嘉草攻之……穴氏掌攻蛰兽，各以其物火之。"意为：庶氏负责驱除危害人的毒虫，用攻祭和说祭（以祈求神）除去毒虫，用嘉草熏毒虫……穴氏负责攻捕冬季蛰伏的野兽，用它们喜欢吃的食物在洞穴外用火烧，用香气引诱它们出来然后捕获。同文中又记载："翦氏掌除蠹物，以攻禜攻之，以莽草熏之……蝈氏掌去蛙黾。焚牡蘜，以灰洒之，则死。以其烟被之，则凡水虫无声。"意为：翦氏负责灭除蠹虫，用禜祭、攻祭（祈求神帮助）灭除蠹虫，用莽草熏杀蠹虫……蝈氏负责除去蛙类，焚烧牡菊，用焚烧后的灰洒在蛙类身上，蛙类就会死。用焚烧牡菊的烟散布在水面上，水虫就不叫了。

以上所提及的嘉草、莽草、牡菊均为古人在生活中对香草的运用，通过燃熏香草来清净生活环境。而穴氏捕兽则通过香味引诱野兽出来然后捕获，表现出古人在生活中对香气的运用。《周礼·春官》记载："郁人掌裸器。凡祭祀、宾客之裸事，和郁鬯以实彝而陈之……"意为：郁人掌管行裸礼的器具。凡祭祀或招待宾客有行裸礼的事，就调和郁鬯盛在彝中而加以陈设……鬯酒是商周时期重要的祭品之一，使用频率很高，多用于祭祀降神及赏赐有功的诸侯，或供贵宾享用。这种酒是用郁金、黑黍等制成。由此可见，自中国香文化的萌芽时期开始，就兼具了崇高祭祀与庸常生活的双重意义。

西周至春秋战国时期，祭祀用香延续了远古传统，以燃烧香蒿，燔柴祭天，供奉香酒、谷物为主。生活用香所涉范畴也不断扩大，兰汤沐浴、佩戴香囊等种种行为也成为日常礼仪的一部分。香品在避邪、除秽、驱虫、疗疾等诸多领域的使用，不断丰富着生活用香的形式。以上各种用香方法是古人生活用香的开端，以至于在后世得以扩展至生活中的其他领域，从而使得生活用香与祭祀用香成为中国香文化初始阶段的两大主线，并与之后的宗教体系用香、民俗用香并行发展至今。

图1-7
南宋_马和之
《唐风图》局部
"采苓"

## 民俗用香兴起

先秦时期不仅祭祀用香得到了很好的发展，生活用香也得到了蓬勃的发展。以"兰、柏、蒿"为主要香料的生活用香体系开始形成。屈原的《九歌》中记载："浴兰汤兮沐芳，华采衣兮若英"，"蕙肴蒸兮兰藉，奠桂酒兮椒浆"。意为：用兰汤沐浴，带上一身芳香，穿上五彩的华服，打扮得像花朵一样；用以蕙草蒸制并以兰草衬底的肉食，以及用桂、椒酿造的琼浆作为贡品和祭酒。屈原的诗歌中描述了用香草沐浴和用最好的祭品"蕙、兰、桂、椒"来敬事天神。

中国的三月初三为上巳节，在春秋时期非常流行。"上巳节"正处于季节交换，阴气还没有完全退去，人容易患病，去水边沐浴可以祛除病痛和灾祸，并祈求福祉降临。人们聚集在水边，手执兰草蘸水洒在身上，以此祛除污渍与秽气。《诗经·溱洧》记载："溱与洧，方涣涣兮。士与女，方秉蕑兮……维士与女，伊其将谑，赠之以勺药。"上巳节又称女儿节，其风俗是青年男女在春天聚会、在聚会时祭祀高禖和祓禊于水滨以求子。王羲之的《兰亭集序》中即描写了上巳节的风俗："暮春之初，会于会稽山阴之兰亭，修禊事也。"在这里，文人墨客曲水流觞，已趋风雅。

先秦时期，松柏被视为高洁的香木。《礼记·杂记》记载："畅，臼以椈，杵以梧。"意为：制作鬯酒时用柏木为臼，以梧桐做杵。《礼记·丧大记》记载："君松椁，大夫柏椁，士杂木椁。"

图1-8
南宋_郑思肖
《秋兰图全卷》
局部

意为：天子使用松木椁，诸侯使用柏木椁，士使用杂木椁。这反映了松柏的地位，能代表身份的尊贵。在古代的制香过程中，柏也是重要的原材料，柏子、柏木等均可入香。

不仅如此，先秦时期对兰的使用也非常广泛。生活中插香草、佩香囊成为当时流行的用香习俗。《礼记·内则》记载：“男女未冠笄者，鸡初鸣，咸盥漱，栉縰，拂髦总角，衿缨，皆佩容臭。”其中的“容臭（xiù）”就是香囊，也称为“佩帏”。古人也常常将香草作为衣带佩饰。《离骚》记载：“扈江离与辟芷兮，纫秋兰以为佩。”意为：将江离、白芷、兰草这些美好的香草都佩戴在身上。

在建筑领域也会用到香料。屈原的《九歌》记载：“桂栋兮兰橑，辛夷楣兮药房；罔薜荔兮为帷，擗蕙櫋兮既张。白玉兮为镇，疏石兰兮为芳。芷葺兮荷屋，缭之兮杜衡。合百草兮实庭，建芳馨兮庑门。”意为：用桂木作栋梁，用木兰为桁椽；用辛夷装门楣，用白芷装饰卧房；编织薜荔做成帷幕，析开蕙草做的幔帐也已支张；用白玉做成镇席，各处陈设石兰，一片芳香；在荷屋上覆盖芷草，用杜衡缠绕四方。汇集各种花草来布满庭院，建造芬芳馥郁的门廊。文中描述的精妙陈设，堪称古代香舍的典范。

随着在祭祀活动、民风民俗中对香料的不断使用，香料的芳香功能与药用功能逐渐凸显。古人不仅通过熏焚香料来除虫祛秽，还会用灸、熏、燔、浸、蒸等方法疗疾除病。《五十二病方》记载："睢（疽）病：治白蔹、黄芪、芍药、桂、姜、椒、茱萸，凡七物。骨疽倍白蔹，肉疽倍黄芪，肾疽倍芍药。"该著作中大量记载了对蒿、兰、桂、姜、椒、芍药、甘草等香药材的使用。《黄帝内经》中也有以兰草疗疾的记载："治之以兰，除陈气也。"由此可见，先秦时期就已形成了中国香文化与传统医学中"香药同源"的基础理论。

## 先秦的明德馨香

先秦时期燎烟升始，开启了中华香文化的千年之旅。从燔柴升烟、祭告天地的祭祀用香初成，到避邪、除秽、驱虫、疗疾的生活用香领域的扩大，再到民俗节气中对香料的使用，此间历经了千年之久，也因此形成了香文化中形而上的"以香明德"的理念。先秦的《尚书·周书·君陈》中记载："至治馨香，感于神明。黍稷非馨，明德惟馨。"意为：至治之世的馨香，感动神明。黍稷的香气并不是最好的香气，明德才是最好的香气。古人所说的"馨"即今天的"香""香气"，并且将香的意义进一步升华，将日常生活中的谷物之香与人的德行相比较，认为只有开明大德才是真正的治世真香。由此可见，中华香文化的核心价值观"明德"思想，早在3000年前已经形成。

中国香文化在先秦之前已经形成祭祀用香、生活用香、民俗用香为主的三大香文化主线，并且形成了升烟祀天、以气养性、以香疗疾、以芳佩帏的用香形式，及以"明德"思想为核心的传统香文化理念。

# 第二节　汉晋成长期

秦朝的统一为后世政治、经济、文化、军事的发展奠定了基础。紧随其后的汉代，由于丝绸之路的开辟，成就了中国香文化历史上第一个高峰。这个时期也是中国香文化用香人群基础架构的形成时期，同时也促使香文化开始国际化。用香方法上，随着西域和南洋各国香料的传入，促使用香方法发生了巨大的转变，和香术（合香）开始初步形成。宫廷香文化成为汉代香文化的主流，生活用香得到了全面的发展；精细化的用香方法开始形成，朝堂用香、厅阁熏香、衣被熏香、宴饮熏香等开始细分；生活用香中带有古人哲思的博山炉开始出现，并迅速流行。

## 和香术的形成

汉武帝派张骞出使西域，开辟了以首都长安（今西安）为起点，经甘肃、新疆，到中亚、西亚，并连接地中海各国的陆上通道。后世德国地质地理学家李希霍芬在其著作《中国》一书中，将中国与中亚、印度间以丝绸贸易为主要媒介的这条西域通道命名为“丝绸之路”，并得到国际学术界和大众的认可。由于该贸易通道的建立，域外的多种香药进入汉地，特别是以檀香、沉香、苏合香、丁香、迷迭香、艾纳香为代表的香药，为和香术的形成奠定了良好的材料基础。加之乳香、龙脑香等高油脂含量香料，为多种香料混合使用提高了燃烧的稳定性。在此之前，先秦香料主要以草本、花果类为主，由于此类香料油脂含量较低，使用的过程中需要充足的空间及氧气，并且主要以一种香料单独使用的方法（单方香）为主。当丝路香料传入后，从原材料的角度进行了相互的补益，不同油脂含量的香混合在一起，大大增加了香料持续燃烧的可能性，从而促进了“和香术”的广泛使用。

汉代形成了中国文化的基础架构。随着本土宗教道教的产生、佛教的传入、儒家思想及中医的盛行，以香祛秽的用香目的逐渐升华至芳香养鼻、以香养性、明德馨香的高度。《荀子》中记载：“五味调香，所以养口也；椒兰芬苾，所以养鼻也。”“乘大路趋越席以养安，侧载睪芷以养鼻，前有错衡以养目。”《吕氏春秋》中记载：“物也者，所以养性也，非所以性养也。今世之人，惑者多以性养物，则不知轻重也。不知轻重，则重者为轻，

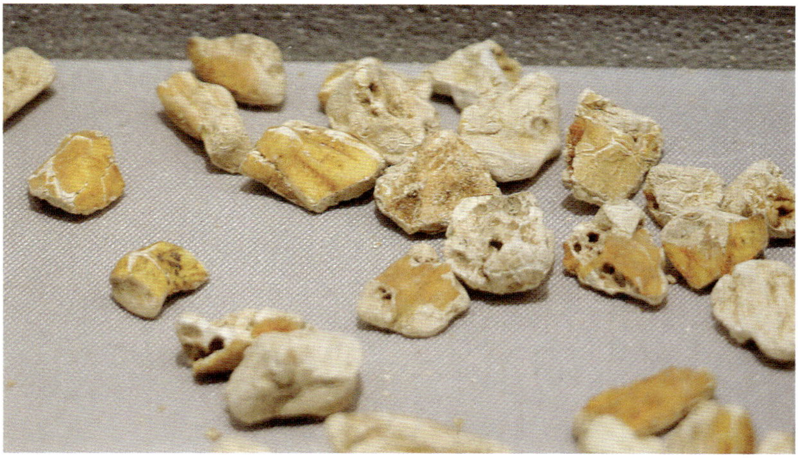

图1-9
西汉南越王墓
出土的乳香

轻者为重矣。”“天全，则神和矣，目明矣，耳聪矣，鼻臭矣，口敏矣，三百六十节皆通利矣。”由此可见，在先秦思想的影响下，随着不同思想体系的建立，汉代用香净心养德、养性的观念受到推崇，并开始流行。

在道家的思想体系中，炼丹术尤为重要，主要分为内丹术和外丹术。内丹术以身为炉。外丹术以鼎为炉，是一种将药物加温升华的制药方法。古人通过各种秘法烧炼丹药，用来服食，或直接服食某些芝草。炼丹是古人为追求“长生”而炼制丹药的方术，汉代非常盛行。《太清金液神丹经》中记载：“祭受之法，用好清酒一斗八升，千年沉一斤，乃沉香也。”“众香杂类，各自有原。木之沉浮，出于日南。都梁青灵，出于典逊。鸡舌芬萝，生于杜薄。幽简茹来，出于无伦。青木天竺，郁金罽宾，苏合安息，熏陆大秦，咸自草木，各自所珍，或华或胶，或心或枝。唯夫甲香螺蚌之伦，生于歌营句稚之渊，萎蕤月支，硫黄都昆，白附师汉，光鼻加陈，兰艾斯调，幽穆优钱，余各妙气，无及震檀也。”在长生思想的影响下，丹术与香药之间有着密切的关系，外丹术的部分技法也运用到和香术中。现存最早的本草专著《神农本草经》中记载了365种药材，并分为上、中、下品，其中麝香、兰草、甘草、辛夷等诸多香药位列其中。在“香药同源”的思想指导下，传统医学体系中的组方原则“君臣佐使”也运用到和香术中，以此完善了多种香药混合使用的方法。

图1-10
西汉铜杵臼
（广州市文物考古研究院藏）

古代众多典籍中都有和香术的记载。《西京杂记》中记载："杂熏诸香，一坐此席，余香百日不歇。"《后汉书·西域传》中记载："合会诸香，煎其汁以为苏合。"《黄帝九鼎神丹经诀》中记载："先斋七日，沐浴五香，致加精洁。"马王堆一号墓中出土的陶熏炉里，混合盛放着高良姜、辛夷和茅香。西汉南越王墓出土的四连体铜熏炉，可将多种香料分别投入各炉体使用。由此可知，汉代用香在中医、丹术、宗教体系的影响下，多种香料混合使用的方法及和香术（合香）已经形成。生活用香中的专用香炉开始出现，代表古人对生命终极思考的博山炉正式登上香文化历史的舞台。祭祀用香、生活用香、民俗用香、宗教用香，四大主线并行发展至今的中国香文化架构正式建立。

## 魏晋南北朝的多元化用香

魏晋南北朝时期，中国文化艺术极其活跃，香文化进入多元化用香时期。佛教、道教用香在国际化交融背景下得到精细化发展。宫廷用香及文人用香成为重要的用香群体。香文化的礼仪规范开始形成并成熟。大量的丝路香料涌入，鸡舌香、沉香、青木香、乳香、甲香等香料均有大量记载。《法苑珠林》中记载："《南州异物志》曰，鸡舌香出杜薄州云，是草萎可含香口。"《南方草木状》中记载了沉香的详细分类："蜜香、沉香、鸡骨香、黄熟香、栈香、青桂香、马蹄香、鸡舌香，案此八物，同出于一树也。"各类文献中关于香料的记载开始增多，如《三

图 1-11
晋_王珣
《伯远帖》局部

国志·魏志》以及《魏书·西域传》等典籍中开始出现波斯香料，如熏陆、苏合、郁金等。中国的第一本香学专著《和香方》由南朝宋官员范晔编撰，成书于430年前后，其自序中记载："麝本多忌，过分必害。沉实易和，盈斤无伤。零藿虚燥，詹唐黏湿。甘松苏合、安息郁金、柰多和罗之属，并被珍于外国，无取于中土。又枣膏昏钝，甲煎浅俗，非唯无助于馨烈，乃当弥增于尤疾也。"随后《香方》《杂香方》《杂香膏方》《龙树菩萨和香法》等多部香文化著作出现，反映了当时和香术的使用已非常普遍，本土香料与丝路香料种类繁多，多种香料混合使用的和香方法已经非常成熟。

随着本草著作的不断修订，香药在化病疗疾方面的使用得到详细的记录，大量的香料新增在魏晋的医学著作中。如《名医别录》对檀香、沉香、藿香等诸多香料的汇集；《本草经集注》中365种药的补充，其中也大量出现当时流行的香料。香药不仅在去污除秽、芳香养鼻上得以发展，在医疗上也得到了很好的运用。葛洪、陶弘景等诸多名医用内服、涂敷、佩戴、熏蒸等多种方法治病。如葛洪以青木香、附子、石灰制成粉末，用涂敷的方法治疗狐臭；用苏合香、水银、白粉等制作蜜丸内服，治疗腹水；用香草"青蒿"治疗疟疾。陶弘景以雄黄、松脂等制成香丸熏烧，治疗"悲思恍惚"；用鸡舌香、藿香、青木香、胡粉制成药粉，治疗狐臭等。由此可见，中国香文化在魏晋时期已经在医疗养生领域得以发展。

在这一时期，文人士大夫对香的使用及记载也非常丰富。文人不仅熏香、制香，同时对用香过程进行文学创作及艺术升华，香文学从此贯穿中国历代文人用香记载。当时各类用香方法，如熏香、佩香、涂香，以及香炉、香药等内容在文人诗赋中广泛出现。如曹植在《洛神赋》中写道："践椒涂之郁烈，步蘅薄而流芳。"刘绘在《咏博山香炉》中写道："上镂秦王子，驾鹤乘紫烟。"吴均在《行路难》中写道："博山炉中百和香，郁金苏合及都梁。"谢惠连在《雪赋》中写道："携佳人兮披重幄，援绮衾兮坐芳褥。燎薰炉兮炳明烛，酌桂酒兮扬清曲。"大量关于香的描写，将香文化从实用功能中的术法层面提升至艺术高度，为后世香学艺术的形成奠定了基础。

# 第三节　隋唐成熟期

随着政治格局的统一，隋唐时期，国民经济得到很好的发展，文化得到了很好的传承与发扬，香文化进入成熟期。周边各国香料经丝绸之路不断传入，丝路国家的文化开始成为流行时尚，并融入隋唐文化中。大食国、波斯国等国的香料大量涌入，域外商人久居中国，长安、洛阳、开封、广州、泉州、杭州等地常出现他们的身影。香料的贸易量开始增大，种类开始增多，一些高级的域外香料传入中国，如龙涎香。在唐代小说集《酉阳杂俎》中记载："拨拔力国，在西南海中，不食五谷，食肉而已……土地唯有象牙及阿末香。"其中的阿末香即为龙涎香的阿拉伯语称谓。由此可见，被后世尊崇的龙涎香开始进入唐代用香者的视线。不仅如此，沉香、乳香、没药、丁香、龙脑香、安息香、苏合香等香药也成为域外商人主要的经营内容。

随着香料的不断传入及增多，生活用香的形式也开始多种多样，焚烧、爇熏、佩戴、涂敷等方式成为普遍的用香形式。香浴、香汤、香食、香饰、香酒、香茶、熏香、熏衣等成为日常用香方式。用香人群涉及文人雅士、商贾富户、佛道人士、朝堂君臣。特别是在宫廷中，不仅生活中有各种形式的用香，皇室丧葬奠礼、祭祖等场合也会明文规定用香。颜真卿的《大唐元陵仪注》中记载："内谒者帅中官设香案于座前，伞扇侍奉如仪。"《通典·禘祫》中记载："三焚香以代三献。"除此之外，朝堂政务场所更是用香的主要场地之一。朝堂上须设熏炉、香案，并由专门负责殿堂陈设的尚舍局和专门负责香药使用的尚药局负责。杜甫在《奉和贾至舍人早朝大明宫》一诗中写道："朝罢香烟携满袖，诗成珠玉在挥毫。"贾至在《早朝大明宫呈两省僚友》中写道："剑佩声随玉墀步，衣冠身惹御炉香。"王维在《和贾舍人早朝大

图 1-12
五代十国_徐熙
《花卉草虫图》
局部

明宫之作》一诗中写道："日色才临仙掌动，香烟欲傍衮龙浮。"该类诗句描写出朝堂之上瑞气染衣、香烟映面的场景。

隋代宫廷用香较唐代更显奢靡。不仅焚香、熏香，而且会以香药涂刷在建筑上，用香木搭建屋宇，用香药涂撒地面等。《太平广记》中记载："隋主每当除夜至岁夜，殿前诸院，设火山数十，尽沉香木根也，每一山焚沉香数车。火光暗，则以甲煎沃之，焰起数丈。沉香甲煎之香，旁闻数十里。一夜之中，则用沉香二百余乘，甲煎二百石。"从文中记载可以看出，隋代皇家用香极其奢侈，一晚上会焚烧沉香二百多车，甲香两万多斤（古代一石等于一百二十斤）。正是因此，唐太宗李世民登基以后，反对这种过分奢侈的用香，倡导使用柏子香，即将侧柏果实炮制后直接使用的一种香品，后来流行于唐宋的文人及佛道修行人之中。

至唐代，香药在医疗养身、治病疗疾方面更加精细化。孙思邈在《千金要方》《千金翼方》中对香药的使用更是有详细的记载和收录，不仅记录了用香熏衣、除秽、消毒、护肤，还记录了用香治疗风热中毒、心腹膨胀等。他将香药养生提升到了养性的层面，在《千金要方·养性序》中写道："夫养性者，欲所习以成性，性自为善，不习无不利也。性既自善，内外百病自然不生，祸乱灾害亦无由作，此养性之大经也。善养性者则治未病之病，是其义也。"孙思邈倡导"养性"是养生祛病之本，大量的熏衣、口含、内服、佩戴的药方中涉及诸多的香药，丸散汤剂各类形式均有涉猎。

由于用香方式的增多，香品种类在唐代也开始丰富起来，后世流行于宋代的印香，在唐代开始走进人们的视野。唐代诗人王建在《香印》一诗中写道："闲坐烧印香，满户松柏气。"白居易在《酬梦得以予五月长斋延僧徒绝宾友见戏十韵》一诗中写道："香印朝烟细，纱灯夕焰明。"元稹在《和友封题开善寺十韵》一诗中写道："灯笼青焰短，香印白灰销。"李煜在《采桑子》中写道："绿窗冷静芳音断，香印成灰。"由此可见，这种利用模具规范香粉，使其成连续不断香末线条和图案的用香方法，在唐代已经非常流行，同时也作为后世计时的方法之一。不仅如此，南北朝诗人何楫在《班婕妤怨》中写道："独卧销香炷，长啼费锦巾。"唐代诗人陆龟蒙在《华阳巾》一诗中写道："须是古坛秋霁后，静焚香炷礼寒星。”唐代诗人李中在《赠念法华经绶上人》一诗中写道：“五更初起扫松堂，瞑目先焚一炷香。”从这些诗句中的“香炷”“一炷香”等词中可以看出，后世称作“线香”的香品在南北朝时期就已有使用，唐代使用已经很多。这种香品至宋代已相对普及，并作为“龙舟香漏*”计时器的主要元件之一。

## 鉴真东渡、香文化东传

唐玄宗时，日本邀请唐代高僧东渡传法，并派遣唐使来华研学。鉴真和尚五次东渡受阻，第六次终获成功，于天宝十二载（753年）抵达日本。他不仅带去了大量的佛经、医书，还将中国佛前供花、中国茶文化以及用香、制香文化传入日本，后世称为日本花道、茶道、香道。根据《唐大和上东征传》记载，天宝年间，广州“江中有婆罗门、波斯、昆仑等舶，不知其数。并载香药珍宝，积载如山，舶深六七丈。”天宝二载，除法器等物，还带有“麝香二十脐，沉香、甲香、甘松香、龙脑香、胆唐香、安息香、栈香、零陵香、青木香、薰陆香都有六百余斤，又有毕钵、呵梨勒、胡椒、阿魏、石蜜、蔗糖等五百余斤，蜂蜜十斛，甘蔗八十束”；天宝七载，“造舟，买香药，备辨百物，一如天宝二载所备”。鉴真和尚多次东渡日本，成为中国香文化传播至日本的过程中的重要人物，为后世日本香道的形成奠定了坚实的基础。

*『龙舟香漏』是指在竞渡龙舟形状的盛器上放上一支香，香上横着数条两端系着金属球的线，点燃香后，随着时间的推移，线被香烧断，球落入下面的盘中作响，以此闻声计时。详见王立兴的《民间计时仪器『香漏』考》。

图1-13
五代十国_佚名
《浣月图》局部

图1-14
鉴真和尚坐像
（日本唐招提寺藏）

# 第四节　宋元鼎盛期

宋代文化繁荣、经济发达，迎来了空前的盛世。宋代，国家人口首次过亿，汴京的手工业是唐代长安的四倍；水稻种植面积大唐代一倍。北宋的城镇总量已接近2000个，城市人口占全国总量的12%以上，商品流通量折合现价60亿~70亿美元，经济达世界领先水平。由于经济的繁荣，文化艺术得到了巨大的发展空间。宋徽宗赵佶建立了翰林书画院，将画家推到了中国历史的最高位置，培养和教育了一大批绘画人才。中国十大传世名画之一的《千里江山图》便是宋徽宗的学生王希孟所作。

宋代的香文化更是可以用市井飘香来形容，宋代也成为中国历史上香文化最为普及的时代。从《清明上河图》（图1-16、图1-17）中可以看到，那时的街上有专门售卖香药的香铺“刘家上色沉檀拣香”，有售卖香饮料的街边小摊招牌为“香饮子”。宋代海上丝绸之路的兴盛更是将香料贸易推向巅峰。朝贡和贸易成为获取域外丝路香料的两大主要途径。据《宋代香药贸易史》记载，宋代是香药朝贡最盛的时期，各国香药朝贡次数达二百余次。香药的贸易占宋代总收入的五十分之一至十分之一。据《宋会要辑稿 · 职官四四》记载：“自今惟珠贝、玳瑁、犀象、镔铁、鼊皮、珊瑚、玛瑙、乳香禁榷外，他药官市之余，听市于民。”乳香被列为朝廷专卖。“太平兴国初，京师置榷易院，乃诏诸蕃国香药宝货至广州、交趾、泉州、两浙，非出于官库者，不得私相市易。”中央的香药储销机构在宋朝被称为“香药库”，据《宋史 · 职官五》记载：“香药库，掌出纳外国贡献及市舶香药、宝石之事。”意为：香药库的主要职责是管理外国进贡的以及海外贸易所得的香药和宝石，并负责这些物品的出入库工作。至宋真宗时期，共设有二十八个香药库。地方上在广州、杭州、泉州、宁波一带设立市舶司，掌管海外贸易。

在用香、制香方面，宋代更是极其精细化。宫廷用香中设四司六局负责各类宴会，其中香药局主要负责熏香、香汤、香茶、香酒等各类用香事宜。相比隋唐时期，宋代宫廷用香更为节俭，但祭祀用香、生活用香中香药的使用量却很大。宋代的和香术更为精妙，名贵香料的运用更为讲究，对气味的追求也更为极致。杨万里笔下“诗人自炷古龙涎，但令有香不见烟”的隔火熏香方法，利用炉中炭火的高温，通过香灰或隔片传热，让香料在恰当

图 1-15
北宋_赵佶
《听琴图》

图 1-16
北宋_张择端
《清明上河图》局部
（刘家上色沉檀拣香）

图 1-17
北宋_张择端
《清明上河图》局部
（香饮子）

的温度下生发香气，并且不见明火不见烟。这一方法将用香推到了历史最高峰，成为迄今为止激发香料生发香气的最佳方法。

而在单方香使用方面，宋代将沉香置于众香之首的位置。北宋宰相丁谓在《天香传》中记载："琼管之地，黎母山酋之，四部境域，皆枕山麓，香多出此山，甲于天下。"从文中可以看出，丁谓认为海南黎母山的沉香是最好的。蔡絛在《铁围山丛谈》中记载："沈水、婆菜、笺香各别有种也。三者其产占城国则不若真腊国，真腊国不若海南诸黎峒，又皆不若万安、吉阳两军之间黎母山。至是为冠绝天下之香，无能及之矣。"同样认为海南沉香为第一，其名冠绝天下。

在宋代用香中，不仅对单方香的研究和使用尤为独到，而且对和香的使用也成为当时的流行与时尚。特别是在文人雅士间，研制香方、配制香药互赠为礼，成为乐事。苏轼曾经专门研制了一种和香，并且配了印香银篆盘送给苏辙做寿礼，并作诗写道："旃檀婆律海外芬，西山老脐柏所薰。香螺脱黡来相群，能结缥缈风中云。一灯如萤起微焚，何时度尽缪篆纹。"黄庭坚也曾以和香赠友人，并且为香方题跋："闻茂深闭阁焚香，作此香馈之。"黄庭坚还曾以"江南帐中香"为主题作诗赠苏轼："百炼香螺沈水，宝薰近出江南。一穟黄云绕几，深禅想对同参。"苏轼和应："四句烧香偈子，随香遍满东南。不是闻思所及，且令鼻观先参。"黄庭坚复答二首："迎笑天香满袖，喜公新赴朝参。""一炷烟中得意，九衢尘里偷闲。"而宋代记载和香方的专著也非常多，如叶廷圭的《名香谱》、颜博文的《颜氏香史》、陈敬的《陈氏香谱》、沈立的《沈氏香谱》、洪刍的《洪氏香谱》等，为后世和香术的发展奠定了理论基础，成为中国香文化的核心内容。

后世称为篆香的印香法，在宋代开始盛行，成为公共场合常见的用香形式，并且有专门的人负责制作印香，香钱往往会按月结算。宋代洪刍在《香谱·香篆》中记载："镂木以为之，以范香尘为篆文，然于饮席或佛像前，往往有至二三尺径者。"意为：将木头做成镂空的连线图案，以此来规范香粉，形成吉祥图案或文字，点燃一端持续燃烧，用于饮席或供佛，同时可以计时。比篆香更为方便的用香方法"线香"在当时也逐步开始使用。苏洵在《香》中描述了线香的制作方法："捣麝筛檀入范模，润分薇露合鸡苏。一丝吐出青烟细，半炷烧成玉箸粗。"但在宋代，线

图 1-18
南宋_金大受
《十六罗汉图》
局部

图 1-19
元_钱选
《听琴图页》
局部

香仅作为方便香使用，到元代才更为流行。

元代香文化中，宫廷香文化较宋代相对减弱，而文人富贾用香依然繁盛。元代作为中国戏剧文化的鼎盛期，在众多的作品中均有对香的记载。元代王实甫的《崔莺莺待月西厢记》中的剧情变化皆和香有关，并且有与香相关的大量唱词，如《西厢记诸宫调》中的“霎时雨过琴丝润，银叶龙香烬”。莺莺忧愁难眠时的“夜迢迢，睡不着，宝兽沉烟袅”。宋代常见的香品形态及用香方式被保留下来，如香丸、香饼、香汤、香酒、香茶、印香等。香器具的使用在元代有了新的变化，元代之前以单件香炉陈设为主，其香盒、箸瓶、香箸等均作为辅助工具，较少示人。至元代，从《祇园大会图卷》《元人丰登报喜图》等画作中所绘香器具可以看出，香炉、箸瓶、香盒套装“炉瓶三事”开始成组陈设。这种成套使用的方法元代已经开始，流行于明清时期。

元代作为中国历史上第一个由少数民族统治阶级统治的朝代，因文化的多样性融合，用香形式上也大有改变，线香逐渐开始流行。李存的《慰张主簿》中记载：“谨具线香一炷，点心粗菜，为太夫人灵几之献。”熊进祥的《析津志》中记载：“湛露坊自南而转北，多是雕刻、押字与造象牙匙箸者……并诸般线香。”从这些文章中可以看出，成条如线的香被正式命名为“线香”，这种比篆香更方便使用的香品形态开始流行。

宋元香文化作为中国香文化的鼎盛时期，不仅在香品的种类上极为丰富，用香的方法也极为讲究，对香料的研究和使用也呈现出较隋唐更精细化的状态，大量与香相关的香文学作品将香文化从技法和功能层面升华至文学、艺术的高度，以此去承载和表达思想，促进了香学艺术的发展。该时期的绘画作品，如宋徽宗的《听琴图》（图1-15）、李公麟的《维摩演教图》（图1-20）、马远的《竹涧焚香图》（图3-1）、赵光辅的《番王礼佛图》（图1-21）等，均对香炉与熏香有详细的刻画，加之香文学的繁盛，助推了用香从实用功能上升至文学艺术的转变，使之成为五感中不可或缺的嗅觉艺术、气味审美，以此来表达思想。

图1-20
北宋_李公麟
《维摩演教图》
局部

图1-21
北宋_赵光辅
《番王礼佛图》
局部

# 第五节 明清发扬期

明清的香文化承袭了宋元香文化的诸多内容，香品形态基本保留，并且逐步丰富。香炉香具开始流行三件套组合的“炉瓶三事”，并且成为书房、宴席中不可缺少的部分。香料贸易方面，虽然在明代有“海禁”，但香料交易中的巨额利益依然促使着域外香料与中国香料的流通。明清时期东莞寮步的香市与罗浮的药市、合浦的珠市、广州的花市并称为“东粤四市”。广东东莞一带的沉香种植兴盛，莞香盛极一时。屈大均在《广东新语》中记载：“岭南香国，以茶园为大。茶园者，东莞之会，（其地略）人多以种香为业，富者千树，贫者亦数百树。香之子，香之萌蘖，高、曾所贻，数世益享其利。”“当莞香盛时，岁售逾数万金。苏、松一带，每岁中秋夕，以黄熟彻夜焚烧，号为薰月。莞香之积阊门者，一夕而尽。故莞人多以香起家。”香料多集中在香埠头（即今天的尖沙咀）和石排湾（即今天的香港仔）转运集散，香港的地名由此而来。

明清宫廷用香及文人用香相对发达，一些和香名品备受文人雅士的推崇，芙蓉香、万春香、黑香饼等香品颇有名气，香丸、香饼、香粉形态不一。宫廷以“内府”为专制，大量的香药输入为其提供了充足的原材料。据《广西通志》记载，康熙十四年安南（今越南）进贡的贡品中“沉香九百六十两，降真香三十株重二千四百斤，中黑线香八千株”。文人则将香视为名士日常生活的重要标志之一，孙枝蔚在《溉堂文集》中记载：“时之名士，所谓贫而必焚香，必啜茗。”高濂在《遵生八笺》中记载：“焚香

图1-22
明_丁云鹏
《兰亭修禊图》局部

图1-23
明_仇英
《西园雅集图》
局部

鼓琴，栽花种竹。”伍绍棠在《长物志》中记载：“有明中叶，天下承平，士大夫以儒雅相尚，若评书、品画、瀹茗、焚香、弹琴、选石等事，无一不精。”可见明清时期文人用香之风尤为常见。《遵生八笺》中还记载：“烧香取味，不在取烟。香烟若烈，则香味漫然，顷刻而灭。取味则味幽，香馥可久不散。隔火焚香，妙绝。”这种流行于宋代的隔火取香方法在明代仍然受到文人墨客的推崇。

另外两种方便用香的方法——线香和盘香，在明代也得到了很好的推广，并且大量存在。李时珍在《本草纲目》中记载：“今人合香之法甚多，惟线香可入疮科用，其料加减不等……以榆皮面作糊和剂，以唧筩（筒）笮成线香，成条如线也。亦或盘成物象字形，用铁铜丝悬爇者，名龙挂香。”而流行于宋代的印香，作为线香和盘香的前身，在明代似乎已被线香和盘香取代。直至清代南通制炉名家丁月湖设计制作了印香炉（芸香炉），这种将宋代印香方法所有器具合为一体的香炉，成为当时书斋文房的清供雅玩之物。其造型十分丰富，有圆形、方形、长方形、秋叶形、海棠形、菱花形、如意形、瓜形、古琴形、古币形、花瓣形、瓶形、钟形、梅花形、竹节形等近百种形状。这种带有吉祥图案和篆文的香炉使印香这一用香方法再次回归到生活用香领域，并得以发扬，传续至清末民国时期。

谈及明清香文化的发扬与传承，不得不提的就是明代收藏家周嘉胄，其在《香乘》一书中自序："余好睡嗜香，性习成癖，有生之乐在兹，遁世之情弥笃。每谓霜里佩黄金者，不贵于枕上黑甜，马首拥红尘者，不乐于炉中碧篆。"这种用香成癖的状态，不得不让人回忆起宋代黄庭坚"天资喜文事，如我有香癖"。而《香乘》这本明代中国香文化的集大成著作，不仅将香药、香方进行了详细的记载，还对赏鉴诸法，旁征博引，各种用香方法一应俱全。全书共二十八卷，含香品五卷、佛藏诸香一卷、宫掖诸香一卷、香异一卷、香事分类二卷、香事别录二卷、香绪余一卷、法和众妙香四卷、凝合花香一卷、熏佩之香和涂傅之香共一卷、香属一卷、印香方一卷、印香图一卷、晦斋香谱一卷、墨娥小录香谱一卷、猎香新谱一卷、香炉一卷、香诗香文各一卷，采摭非常繁富。

明清在香文学方面，不仅传承了唐宋诗词对香的风雅意境描述，还将元代戏剧中焚香的妙趣发挥得淋漓尽致。清代小说《红楼梦》中对制香、用香、香炉、香具的描述充满了浪漫主义色彩，而又理法并重。书房、庭院、厅堂、闺房皆有用香；宴会、祭祀、庆典、疗疾氤氲飘香；香丸、香饼、香篆、香粉、香珠、香露、香囊尽在其中；百合香、福寿香、梅花香、伽南珠各类香品应有尽有。而宝钗所服用的"海上仙方儿"冷香丸，则更是体现出明清制香的精要与严谨，表达了传统制香与四时节气之间的关系。书中记载了冷香丸考究的制作流程：要春天开的白牡丹花蕊十二两，夏天开的白荷花蕊十二两，秋天的白芙蓉蕊十二两，冬天的白梅花蕊十二两。将这四样花蕊于次年春分这日晒干，和在药末子一处，一齐研好。又要雨水这日的雨水十二钱，白露这日的露水十二钱，霜降这日的霜十二钱，小雪这日的雪十二钱，把这四样水调匀，和了药。再加十二钱蜂蜜，十二钱白糖，丸了龙眼大的丸子，盛在旧瓷坛内，埋在花根底下。若发了病时，拿出来吃一丸，用十二分黄柏煎汤送下。由此看出明清时期香文化在文学和艺术领域的极致呈现，制香、用香、赏香、鉴香、喻香、咏香、悟香，在天地和合、道法自然的和谐变易逻辑下，香文化从术、法、道不同层面立意而相融，且和合而统一，近乎于道。

图 1-24
清_冷枚
《春闺倦读图》

# 第六节　当代复兴期

清末以后的中国香文化受到政治格局及诸多因素的影响，祭祀用香、宗教用香、生活用香、民俗用香四大领域都分别进入下行期，特别是生活用香领域，受到西方香水文化和日化体系的影响，欧洲香文化占据了人们的主要日常用香。文人阶层对传统香文化的推动与理解发生了巨大的转变，书斋香文化逐渐淡出人们的视野。传统文化中诸多精髓部分与糟粕文化一同被摒弃，遗留下已是不完整的祭祀用香、民俗用香和宗教用香。现代随着科技的进步，化工香与合成香料进入了民俗用香及宗教用香领域，香文化的研究者与传播者逐步减少，中国传统香文化进入了短暂的冰封期。

改革开放以来，人们的经济水平与生活水平不断提高，在逐步满足物质需求的情况下，精神需求显得尤为重要。中国是拥有悠久历史与灿烂古文明的多民族国家，随着非物质文化遗产名录的建立、传统文化的不断复兴，以及传统工艺的振兴，传统经典、优秀典籍回归大众视野。以人为核心的技艺、经验、精神被不断挖掘保护，传统文化研习人群不断增加。2008年北京奥运会后，中国的国际人文形象回归国际视野。中国社会的进步推动着文化的复兴，相关政策法规为传统文化保驾护航；“一带一路”的合作倡议受到各国的积极响应，在文化包容、文明互鉴的理念下，中国香文化迎来了全面的复兴期。在传统香文化研究和传播工作者的积极推动和挖掘保护下，中国香文化文脉重现于当代，并以多元化的属性、国际化的视野积极参与到世界香文化文明建设中。在大健康时代全局理念的推动下，2018年由中国领先的香文化工作者的共同发起，数十位香文化专家聚首海南，成功举办了首届天香使者中华香文化大赛。本次大赛的主题曲《天香》以儒释道思想诠释香文化。2021年6月，中国首所香文化高等教育机构“莆田学院香文化产业学院”成立，香文化教育跨入新的时代，人才培养与储备方式逐步完善，中国当代香文化行业正式进入稳步复兴、健康发展的历史新时期。中国香文化中天然香料的运用核心理念与传统制香“和”的思想将不断为世界文明和人类和平的共建添砖加瓦。

# 第二章 历代香器

图 2-1
明_佚名
《粤绣博古图屏》
局部

图 2-2
各种瓷质香器

中国古代香器见证了中华文化、中华文明的发展与传承。其材质众多，可分为陶器、瓷器、青铜器、金银器、木器、玉器、石器、漆器、铁器等多个类别。而在见证历代文化传续与文明互鉴的众多材质的香器中，平凡与高贵并存的便是瓷质香器，它打破了中国古代材质与等级的限制，既可作为王侯将相庭府中熏香的重要器物，也可成为古代书斋中不可或缺的案头之物，还可以是百姓生活中祈福烧香的便捷工具。

中国古代香器文脉的梳理，为中国香文化的当代复兴提供了宝贵的历史线索与佐证。古代香器以实物的方式，呈现了中国古代各时期香文化的审美、工艺、思想与精神追求，见证了香文化的千年传承与发展。

# 第一节 以器为名

中国香文化源远流长，亘古弥香，千年传续至今。火的产生与运用让自然界中各类芳香类物质由原来的自然常温发香状态，变化为人类所参与创造、创新的可控发香状态，促使“自然之香”变为“人为之香”，为中国香文化开启了千古传续的旅程。火神炎帝神农被当今国人称为中华香祖师。

中国香文化在不断发展、成熟的过程中，承载和传递着中华文明中重要的思想，并且在中国古代广泛运用于祭祀活动、宫廷生活、书房书斋、宗教活动、传统医学、民俗活动等众多领域。见证这一文化脉络的即是中国古代香炉、香具。而这些不同材质的器皿和工具，根据环境的变化，器型的使用和要求也随之变化。历代香器伴随过无数个宫廷中决胜千里的思考、书斋中文思泉涌的创作、生活中颐养开智的日常。它们既是庙堂之上的神圣礼器，也是生活中书斋、厅堂焚香的必备用具，不断见证着历史的演变、朝代的更替和文化的传承。

中国古代香器的发展历程，可分为先秦前的萌发期，汉晋的成熟期，唐宋的高峰期，明清的发扬期，当代的复兴期。香器按材质分类，可分为陶器、瓷器、青铜器、金银器、木器、玉器、石器、漆器、铁器等类别。按用途分类，又可分为庙堂香器、宗教法器和日用香器。而瓷器类的香器，成为贯通上下各阶层的唯一香器类别，是上至君王、下至百姓均可使用的香器。

## 香器源流

中华民族对香器的使用可追溯至新石器时代晚期，在此之前，没有专用焚烧类香器的记载，而鼎、鬲、簋、豆等器具既是生活中的食器，同时也作为祭祀中的重要礼器。燔柴祭天、燃烧香蒿作为重要的祭祀行为，并无专用的承载之器物。根据后世香炉形制特点及名称，推断鼎、鬲、簋、豆作为古代香炉的“祖形”开始逐渐演变开来，形成后世特定的焚烧香料的器具。距今5500 ~ 5000年前的牛河梁遗址（红山文化晚期遗址）中出土的陶质熏炉器盖（图2-3），可视为对祭祀活动中的礼器“豆”的多用途沿用。距今5300 ~ 4300年的福泉山遗址（良渚文化遗址）中出土的灰陶竹节纹熏炉（图2-4），是我国新石器时代首次发现的完整香器具，见证了中国香文化在新石器时代的萌芽。

## 以圆为器、以器载道

在早期出土的灰陶类香器中，主要形状为圆形。老子在《道德经》中说："有物混成，先天地生，寂兮寥兮，独立而不改，周行而不殆，可以为天地母。吾不知其名，字之曰道。"形象地表明了古陶器中"圆"的造型内涵。"圆"的周而复始，生生不息，无始无终，极动而极静，带给人无限的生机。正如"无为而无不为"的自然之道，人要遵循自然规律，向自然学习："人法地，地法天，天法道，道法自然。"道家认为天既是"自然"，且包含了宇宙大地和人。人为自然的一部分，应与天地和谐，所以"天地人"密不可分。"天人合一"思想由此而立。

远古时期，人们相信"土为有生之母"，人的生命源自土。《本草纲目》中写道："水为万化之源，土为万物之母。饮资于水，食资于土。饮食者，人之命脉也。"古人以圆为器，以土而生，周而复始；盛以火，生于烟，通达天地，以为香器。《周易·系辞上传》中说："形而上者谓之道，形而下者谓之器。"器可载道，法天则地，天人合一。古代陶质香器的出现为后世香文化建立了术、法、道合一的核心思想。

图 2-3
陶质熏炉器盖
（辽宁省考古文物研究院藏）

图 2-4
灰陶竹节纹熏炉
（上海青浦博物馆藏）

# 第二节　先秦香器

从香器的使用及用香方法角度看，古代香器大致可分为不带盖的香炉和带有炉盖的香熏两大类别。在中国香文化的发展初期，由于本土香料主要以草本为主，如萧蒿之类均为低油脂含量的香料，在使用的过程中不易燃烧，需要充足的氧气及空间，主要用香形式为“明火烧香”，祭祀用香领域尤为明显。所以早期的香器多以不带盖的炉的形式出现。随着香料种类的增加，一些高油脂含量的香料逐步进入用香之列，用香方法更加精细化，出香形式更为细腻，从明火烧香的方法向“暗火熏香”迈进，生活用香领域尤为突出。所以带镂空纹饰的熏炉开始出现。

## 原始青瓷中的香器

先秦之前，香器的材质主要集中在青铜、陶、原始青瓷上。从目前考古界出土的相关文物看，有大量的陶鼎、镂空瓶、三足小陶鼎等器型与后世香器形制一致。原始青瓷类香器占了很大比例。2020年绍兴漓渚瓦窑山出土的盆形鼎（图2-5），1995年绍兴福全洪家墩出土的甗形鼎（图2-6），以及多处窑址均出土过的战国原始青瓷镂空瓶（图2-7）都与后世的香器在形制上极为相似。原始青瓷香器中，一件战国晚期由浙江余姚老虎山一号墩出土的青釉鸟盖熏（图2-8），将中国古代先民对飞鸟的崇拜，立体地与香器进行了结合。而鸟的形象早在7000多年前的河姆渡文化中，就被装饰在一些工具、器皿上。先民们通过平日观察，发现鸟在飞翔迁徙的过程中，嘴中草籽无意中落在地上会生根发芽，这让原始人联想到鸟具有繁衍生命的神力，鸟类被人们视为生命之神。《史记·殷本纪》中记载，商契的母亲简狄在郊外，因吞玄鸟之卵怀孕而生下商契。这就成为后人所谓玄鸟是商祖先

图2-5
盆形鼎

图2-6
甗形鼎

图2-7
原始青瓷镂空瓶

图2-8
青釉鸟盖熏

这一传说的根据。《诗经·商颂·玄鸟》中写道："天命玄鸟，降而生商。"这种生殖崇拜的思想加之对天帝的敬畏，使人们将玄鸟看作穿行于天地间的使者，正好与古人燎祭燔柴的诉求结合统一。通过焚烧具有香气的物质，以此产生烟气，烟气由下往上升腾，伴随玄鸟直上青云，以此完成祭祀活动中的信息传递。可见香器的价值不仅体现在使用功能上，同时承载着中国古人的哲思。

图2-9
战国凤鸟衔环熏形器
（宝鸡市凤翔区
博物馆藏）

## 香器中的天外飞仙

在1999年岳麓书社出版的《中国历史暨文物考古研究》（作者为傅举有）中记载："战国时期的熏炉发现也不多，到目前为止，还没有超过十件。"早在春秋战国时期，中国古人在生活用香领域已将薰草、郁金、茅香等草本香料运用在香身、避秽、驱虫、医疗养生中。1997年陕西省的秦雍城遗址出土的战国凤鸟衔环熏形器（图2-9），通高35.5厘米，重约4千克。熏炉顶端凤鸟衔环，圆形的炉体和下方虎纹和人物造型组成的四方形镂空炉座，寓意天圆地方，颇有"半壁见海日，空中闻天鸡"的感觉，堪称战国时期香器中的上乘佳作。由此可见，青铜香器从战国时期开始已经非常成熟。中国青铜器制作精美，在世界青铜器中享有极高的美誉，因艺术价值高而被世界推崇。青铜器因人类智慧而生，青铜香器，因香而制、抒意而造、无中生有、法天地而为，好似香器世界的天外飞仙。

湖南战国中晚期楚墓中出土了一定数量的熏炉：湖南益阳赫山庙的战国中晚期楚墓出土了熏炉两件，长沙子弹库战国晚期29号楚墓和月亮山战国晚期8号墓各出土了熏炉一件。这些熏炉均为豆形形制，炉盖有三角形镂空出烟孔，炉体下方连接喇叭形圈足。这种形制的熏炉后来成为两汉时期香器的主要形制。

战国时期出土的文物中还出现了杯形镂空熏器，虽用途尚存疑，但此器物中有残留的灰和植物残片，因此推断其为香器。1978年，湖北随州曾侯乙墓中出土的一件杯形镂空铜熏器（图2-10），与河南信阳长台关1号楚墓出土的两件镂空杯形熏器、湖北包山楚墓出土的两件镂空杯形熏器、湖北江陵望山1号楚墓和雨台山264号楚墓分别出土的一件镂空杯形器，形制、器形类

图 2-10
杯形镂空铜熏器
（湖北省博物馆藏）

图 2-11
铜杯形熏
（湖北省博物馆藏）

图 2-12
凤纹铜杯形熏
（湖北省博物馆藏）

图 2-13
蒜头筒形盖熏炉
（湖北省博物馆藏）

似，杯身有镂空孔。在湖北省博物馆编写的《曾侯乙墓》一书中记载："从器内残留有烟灰看，有可能是燃熏香草的器具，故暂名熏。"现藏于湖北省博物馆的两件战国时期的铜杯形熏（图2-11、图2-12），其中一件出土于湖北江陵望山1号墓，另一件出土于荆门包山2号墓。包山墓发掘于1986年，总计出土两件杯形熏，另一件藏于湖北省文物考古研究所。据出土的竹简遗册记载，器物名为镂空杯。另外在重庆奉节永安镇遗址M99出土有类似器物，藏于重庆市文化遗产研究院，名为"战国·镂空鸟纹铜熏炉底座"。

1978年，在曾侯乙墓中还出土了一件蒜头筒形盖熏炉（图2-13），炉体为圆形盘状，通高42.8cm，盘口径14cm，现藏于湖北省博物馆。

春秋战国时期，正是中国思想最活跃的时期，史称"百家争鸣"，涌现出了一大批杰出的哲学家和思想家。陶质熏炉的简约造型与青铜香器的复杂镂空纹饰，体现出这一时期不同思想的追求，从工艺和造型上为后世的香器奠定了两条截然不同的审美主线。

# 第三节　汉晋香器

## 博山炉的诞生

秦朝的统一为后世香器的繁荣奠定了坚实基础。两汉时期，受道家思想的影响，“长生”成为帝王的毕生追求。传说海上有三座仙山：蓬莱、方丈、瀛洲，山中有仙道真人、长生不老药。据《西京杂记》记载：“长安巧匠丁缓者……又作九层博山香炉，镂为奇禽怪兽，穷诸灵异，皆自然运动。”丁缓将对海上仙山的憧憬，制作成香炉的炉盖，并且镂空雕琢奇禽怪兽，山与山之间连绵不断，镂空处恰为出烟孔，焚香时烟气环绕，如同海上仙山一般，故取名为博山炉。博山炉作为中国香文化中早期的重要香器，承载着我国古人对生命的思考。它不仅用于日常焚香，也是帝王封赏的重要器物。北宋考古学者吕大临在《考古图》中记载：“按汉朝故事，诸王出阁则赐博山香炉。”这种博山香炉在目前的考古发掘中多有出现。

1968年河北省满城汉墓中出土了一件错金铜博山炉（图2-14），高26厘米，足径9.7厘米。器型呈豆形，通体错金。底座呈透雕三龙出水状，龙首顶托炉体。炉体装饰错金流云纹饰，炉盖铸有峻峭的山峦，山间雕刻虎豹神兽、狩猎人物。炉烟升起，呈现出一幅海上仙山的画面。

1981年陕西省茂陵出土了一件西汉鎏金鎏银铜竹节熏炉（图2-15），通高58厘米，口径9厘米。整件香器通体鎏金，炉口外侧和圈足外侧刻有铭文，记其原为未央宫物，后归阳信家。炉盖口外侧刻铭文一周三十五字：“内者未央尚卧，金黄涂竹节熏炉一具，并重十斤十二两，四年内官造，五年十月输，第初三。”底座圈足外侧刻铭文三十二字：“内者未央尚卧金黄涂竹节熏炉一具并重十一斤四年寺工造五年十月输第初四”。从炉盖外侧铭文可知，此炉是西汉皇家未央宫的生活用器。后来汉武帝将其赐给姐姐阳信长公主及其丈夫卫青。熏炉由底座、承柱、炉体三部分组成，底座透雕两条蟠龙，两条蟠龙张口向上咬住竹节承柱，竹节为五节并刻有竹叶。承柱上端三条蟠龙将炉体托起，炉体浮雕四条金龙，龙首回顾，龙身穿梭于波涛之间。炉盖为海上仙山形状。整件香器造型奇妙，工艺精绝。九条龙和五节竹节，取吉数五、九，是九五至尊的体现。该件香器为目前馆藏博山熏炉中最高的一件，并且通体鎏金，刻有铭文，出自未央宫，代表九五至尊，精雕细琢，极为罕见，堪称国宝级香器。

图2-14
西汉错金铜博山炉
（河北博物院藏）

西汉错金铜博山炉和西汉鎏金鎏银铜竹节熏炉这两件博山炉形制大体相似，除此之外还有一类博山炉，底座带有承盘。《晋东宫旧事》中记载："太子服用则有博山香炉，象海中博山。下有盘贮汤使润气蒸香，以象海之回环。此器世多有之，形制大小不一。"带有承盘的博山炉，在使用过程中会在盘内加入热水。通过热气升腾与炉中香烟形成交融，化为雾气，该类香器可用于熏衣。燃香过程中氤氲缭绕，更有一番海上仙山的景象。1968年河北满城西汉中山靖王刘胜墓中出土了一件西汉鎏银骑兽人物博山炉（图2-16）。2011年开始发掘的江西省南昌市西汉海昏侯

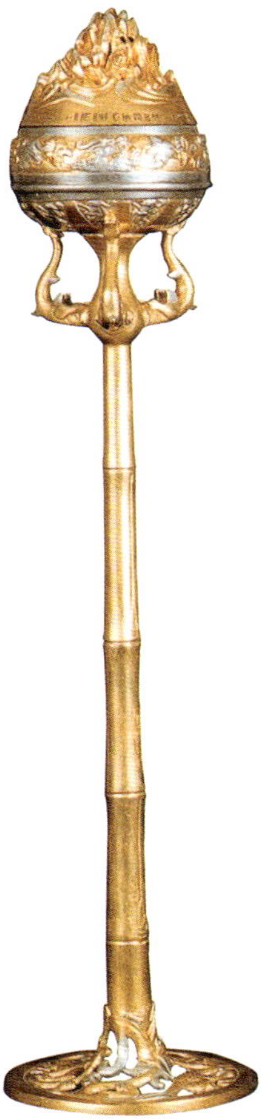

图2-15
西汉鎏金鎏银铜竹节熏炉
（陕西历史博物馆藏）

图2-16
西汉鎏银骑兽人物博山炉
（河北博物院藏）

图 2-17
西汉鎏金青铜博山炉
（南昌汉代海昏侯国遗址博物馆藏）

图 2-18
西汉四连体铜熏炉
（南越王博物院藏）

刘贺墓，出土了一件带有承盘的鎏金青铜博山炉（图2-17）。这种形制的博山炉被保留下来，成为后世博山炉追古再造的经典原型。

博山炉是中国香文化中古代香器的重要符号，该形制的香器自汉代首创以来，广泛运用于后世香炉的制作中，成为中国古代香器文脉中的标志性香器。

## 和合大美衣染香

汉代香文化是中国香文化历史发展过程中第一次国际化的开端，随着丝绸之路的开通，南洋各国的香料和西域各国的香料涌入汉地，丰富了我国对香料的使用。汉代以前，本土香料以草本香料为主，在使用的过程中其因含油量低、不易燃烧，影响着香器的设计与创造。而丝路香料的涌入，恰好弥补了这一缺点，外来香料如乳香、安息香、龙脑香等均为高油脂香料。之后，多种香料混合使用的方法"和香术"开始出现并逐渐发展成熟。1983年6月，考古人员在广东省广州市西汉南越王墓的西耳室中发现了乳香21.22克。该墓中还出土了铜熏炉11件，分单体和四连体两种，其中四连体铜熏炉（图2-18）出土5件。四连体铜熏炉是由四个互不连接的小方炉合铸而成，平面呈"田"字形，有方形的底座，炉盖有菱形镂孔，镂刻有星条纹和三角纹。四个炉体中可同时焚烧不同的香料，散发出复合的香味。

汉代作为中国香文化的成熟发展期，熏香广泛运用于生活中，熏衣成为古人香身的重要手段之一。1968年河北省满城汉墓中出土了一件半球形镂空炉盖的铜长錾熏炉（图2-19）和一件网格形镂孔提笼（图2-19）。长錾熏炉又称行炉，长錾手柄方

图 2-19
西汉铜长鋬熏炉和
镂孔提笼
（河北博物院藏）

图 2-20
明_陈洪绶
《斜倚熏笼图》局部
（上海博物馆藏）

便在行走或运动中熏香，出土时置于提笼中。两者应为一套器物，主要用于日常熏衣。1972年湖南长沙马王堆1号汉墓出土了一件西汉竹熏罩，高21厘米，底径30厘米，口径10厘米。该件熏罩与满城汉墓出土的提笼在熏香时的用法一致，主要用于熏衣时支撑衣物。这便是唐代诗人白居易在《宫词》中所描写的“红颜未老恩先断，斜倚熏笼坐到明”诗句中的“熏笼”。熏笼也是上海博物馆藏品、明代画家陈洪绶所绘绢本画轴《斜倚熏笼图》（图2-20）中所画的主要元素。宋代洪刍在《香谱》中记载：“凡欲熏衣，置热汤于笼下，衣覆其上，使之沾润，取去，则以炉爇香，熏毕，叠衣入笥箧隔宿，衣之余香，数日不歇。”这种用熏衣来香身、祛秽的方法自汉代开始沿用了2000多年，传续至近代。

## 夺目的陶瓷香器

两汉时期，香器材质较为丰富，除铜香器以外，彩陶类香器和低温铅釉陶香器广泛烧制。1972年湖南长沙马王堆1号汉墓出土的彩绘陶熏炉（图2-21），高13.5厘米，子母口，盖顶微拱，

图 2-21
西汉彩绘陶熏炉
（湖南博物院藏）

图 2-22
汉绿釉高足镂空陶熏炉
（广东省博物馆藏）

图 2-23
滑石熏炉
（湖南博物院藏）

图 2-24
高浮雕滑石熏炉
（湖南博物院藏）

图 2-25
短鋬滑石博山熏炉
（湖南博物院藏）

炉盖顶端立一鸟。通体先涂黑，再刷黄色，然后施加彩绘和镂孔。盖壁和盘壁刻划有卷云纹、三角纹、方格纹、篦纹和弦纹。出土时这件熏炉炉盘内盛有茅香、高良姜、辛夷等香料。马王堆1号汉墓还出土了一件绿釉博山炉，通高21.2厘米，口径7.1厘米，盘径21.6厘米，这是一件仿青铜博山炉式样而烧造的低温铅釉陶博山炉，其用途为明器。相同类别的还有广东省博物馆藏的汉绿釉高足镂空陶熏炉（图2-22），高34.4厘米，口径10.5厘米，底径7厘米。低温铅釉陶制品诞生于西汉，流行于东汉，以铅为助熔剂，以铁和铜矿物为着色剂，经过600至900摄氏度的高温，烧成酱、褐黄、淡黄、绿、黄绿等色。从低温铅釉陶问世之日起，其功用一直未变，多为陪葬器物。后世唐代厚葬之风盛行，低温铅釉陶器也迎来了它的巅峰之作，即众所周知、绚丽多姿的唐三彩。

除陶瓷之外，这一时期石质香器也开始出现。如1976年长沙杨家山的一座汉墓M186出土了多件滑石熏炉（图2-23），其形制与高足杯相似，喇叭口底座、竹节承柱支撑豆形炉体，炉盖呈圆锥体镂孔状。同时还出土了一件高15.1厘米、口径7.3厘米、盖径8.2厘米、足径6.9厘米，形似博山炉形制的高浮雕滑石熏炉（图2-24），以及一件高17.8厘米、口径6.9厘米、底径6.7厘米，行炉制式的短鋬滑石博山熏炉（图2-25）。

截至汉代，香器形制基本以喇叭口底座博山炉和豆形为主。从材质上统计，以铜器、陶器、瓷器为主，也出现了石器、玉器、竹器类香器。其以“道法自然”与“天人合一”思想为核心造物体系。从元素上看，融入了山峦、凤鸟、瑞兽、植物、家禽、人物等。从纹饰上看，以三角形、云纹、网格纹、水波纹、弦纹为主。从工艺上看，以镂空透雕、高浮雕、错金银为主。这一时期是原始青瓷向瓷器过渡的重要时期，瓷质的香炉开始出现，并为后世瓷质香炉的发展奠定了坚实的基础。

## 推陈出新的巨变

魏晋时期，域外文化不断通过丝绸之路传入我国，香器的纹饰和元素开始丰富起来。特别是受佛教文化的影响，许多佛教文化元素开始出现在香器中，如莲蓬、莲瓣、火焰纹等。原始青瓷逐渐退出历史舞台，瓷器逐渐取代了铜器、漆器，瓷质香炉开始成为重要香器。绿釉、黄釉、青釉香器众多，以浙江德清窑为主的黑釉香器开始出现。饰有西域元素的两晋香器成为当时国际化舞台的主角。从材质的角度看，瓷器、金银器开始成为后世香器的主流。

魏晋南北朝时期，瓷器的烧造开始成熟，从釉色的角度看，除常见的青釉以外，还出现了施黑釉的香器。浙江省博物馆馆藏东晋德清窑黑釉熏炉（图2-26），依然传续了汉代熏炉底部带承盘的形制，炉体为豆形，透雕三角纹出烟孔。而在这一时期，熏炉底部承盘形制逐渐开始转向三足形制。中国国家博物馆馆藏西

图2-26
东晋德清窑黑釉熏炉
（浙江省博物馆藏）

晋青釉球笼形熏炉（图2-27），高19.5厘米，盘径17.7厘米，底部盛盘下方出现直立躬背熊形三足，炉体呈圆球形，透雕三角形出烟孔，熏炉顶部装饰自战汉时期开始流行的鸟形钮。浙江省博物馆馆藏东晋越窑青瓷点彩香熏（图2-28），底部承盘同样出现三足形制。特别是在洪州窑中，完整地出现了由带承盘、带盖博山炉，到承盘带三足、不带盖香炉，到承盘变化成简易圈足底托，再到去掉承盘、去掉底托，仅剩三足，不带盖香炉的不同形制变化的香器。而三足形制香炉的出现与运用，主要源自本土道家文化思想，代表着“天地人”三才和“三生万物”“法天则地”。

图2-27
西晋青釉球笼形熏炉
（中国国家博物馆藏）

图2-28
东晋越窑青瓷点彩香熏
（浙江省博物馆藏）

# 第四节　隋唐香器

隋唐时期，中国香文化步入成熟期，以香熏衣、以香入酒、以香入茶、以香香身、以香疗疾的各类用香方法开始盛行。博山炉这一代表古人对生命终极思考的香器形制依然沿用，并且出现了与佛教元素相结合的博山炉。隋代香器助推了唐代香器走向成熟。隋代丰宁公主与驸马韦圆照合葬墓（位于西安市）出土的绿釉蟠龙博山炉（现藏于陕西省考古研究院，见图2-29），与现藏于故宫博物院的隋代绿釉塑贴盘龙托莲花形带盖博山炉（图2-30）形制及元素一致。香器通体绿釉，底部为喇叭形圈足承盘，立轴部分由双龙盘旋而成，龙爪力顶莲瓣形炉体，熏炉盖由佛像背光中的火焰纹组成，顶部装饰宝珠钮。这两件香器堪称丝路文化融合的经典之作。瓷器的香炉在唐代各窑口中均有烧造，如浙江临安唐天复元年（公元901年）水邱氏墓出土的唐越窑青釉褐彩云纹五足熏炉（图2-31），以及故宫博物院藏唐长沙窑青釉四足盖炉（图2-32）、唐巩义窑绞胎三足炉（图2-33）。

图2-29
隋代绿釉蟠龙博山炉
（陕西省考古研究院藏）

图 2-30
隋代绿釉塑贴盘龙托莲花形带盖博山炉
（故宫博物院藏）

图 2-31
唐越窑青釉褐彩云纹五足熏炉
（临安博物馆藏）

图 2-32
唐长沙窑青釉四足盖炉
（故宫博物院藏）

图 2-33
唐巩义窑绞胎三足炉
（故宫博物院藏）

## 香炉中的古代黑科技

随着丝绸之路的不断发展，各国文化开始互融互鉴，唐代香器在大的历史背景下呈现出强大的包容性，融入了许多丝路国家的文化元素。而在这一时期，金银器也成为唐代香器中重要的组成部分。1970 年，西安何家村唐代窖藏出土了一件葡萄花鸟纹银香囊（图2-34、图2-35），这件香器的外壁用银制，呈圆球形，由上下两个半球形组成，通体镂空透雕葡萄花鸟纹。下部球体内部由两层同心圆机环组成，外层机环与球壁相连，内层机环分别与外层机环和中心部位的金盂相连，可自由转动，且保持金盂平衡不倒。这样的球形香器早在汉代便有记载，汉代刘歆所著的《西京杂记》中记载："长安巧匠丁缓者……又作卧褥香炉，一名被中香炉。本出房风，其法后绝，至缓始更为之。为机环，转运四周，而炉底常平，可置之被褥，故以为名。"这种始作于汉代的香器，不仅见证了中国香文化的发展，同时也见证了丝绸之路的发展。人类种植葡萄的历史悠久，这种水果早在先秦之前就在西域地区非常流行。丝绸之路开通以后，葡萄传入中国。因葡萄

图 2-34
葡萄花鸟纹银香囊（关闭图）
（陕西历史博物馆藏）

枝叶蔓延，果实累累，有子孙延绵、多子多福的美好寓意，所以葡萄纹在唐代广为盛行，并被运用在瓷器、铜镜、壁画、锦缎上。而香器中的机环装置更是堪称古代“黑科技”，与今天的陀螺仪原理如出一辙，广泛应用于当代船舶、飞机、航天器中。

在1987年陕西扶风县法门寺地宫后室出土的121件（组）金银器中，同样出现了这种圆球形香器，包括唐鎏金双蜂团花纹镂空银香囊（图2-36），以及中国国家博物馆藏唐鎏金鸿雁纹镂空银香囊（图2-37）。这种球形香囊又称为“香球”，不仅用在被褥中熏香，也常作“行炉”使用。南宋陆游的《老学庵笔记》中记载：“京师承平时，宗室戚里岁时入禁中，妇女上犊车皆用二小鬟持香球在旁，而车中又自持两小香球，车驰过，香烟如云，数里不绝，尘土皆香。”在《旧唐书》卷五一讲中记载：安禄山反叛，玄宗等逃离长安，途经马嵬坡时，赐死杨贵妃，并葬于此地。玄宗后来自蜀地重返京都，念及旧情，密令改葬。当挖开旧冢时，发现当初埋葬时用于裹尸的紫色褥子以及尸体都已经腐烂，唯有香囊还好好的。据相关学者推断，杨贵妃身上所佩戴的香囊，就是这种球形香器。

图2-35
葡萄花鸟纹银香囊
（打开图）
（陕西历史博物馆藏）

图2-36
唐鎏金双蜂团花纹
镂空银香囊
（法门寺博物馆藏）

图2-37
唐鎏金鸿雁纹
镂空银香囊
（中国国家博物馆藏）

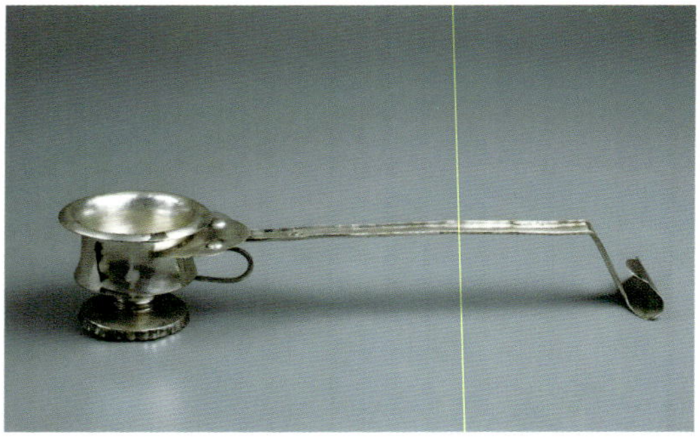

图2-38
唐鎏金卧龟莲花纹五足银熏炉
（法门寺博物馆藏）

图2-39
唐鎏金象首金刚五足熏炉
（法门寺博物馆藏）

图2-40
唐如意长柄行炉
（法门寺博物馆藏）

在法门寺地宫中出土的还有唐鎏金卧龟莲花纹五足银熏炉（图2-38）、唐鎏金象首金刚五足熏炉（图2-39）、唐如意长柄行炉（图2-40），以及素面银香匙及系链银火箸。西安市南郊何家村窖藏出土了唐忍冬纹五足银熏炉（图2-41），现藏于陕西历史博物馆。从这些香器的材质及纹饰分析，唐代宫廷香文化尤为繁盛，并且受佛教文化影响，融入了宗教元素，出现了佛事法会专用的“行炉”，并流行于唐宋时期。

## 步步莲华妙生香

在唐代的《法苑珠林》中记载：“香炉有柄者曰鹊尾炉。”北宋释道诚在《释氏要览》中“手炉”条引用《法苑珠林》记载：“天人黄琼说迦叶佛香炉，略云：前有十六狮子、白象，于二兽头上别起莲花台以为炉，后有狮子蹲踞，顶上有九龙绕承金

图2-41
唐忍冬纹五足银熏炉
（陕西历史博物馆藏）

图 2-42
宋代赵光辅
《番王礼佛图》
（美国克利夫兰
艺术博物馆藏）

图 2-42
局部①

图 2-42
局部②

图 2-43
唐紫檀金钿长柄
狮子镇香炉
（日本正仓院藏）

图 2-44
宋银鎏金莲花
宝子香炉
（南京博物院藏）

华，华内有金台宝子盛香。佛说法时常执此炉，比观今世手炉之制，小有仿法焉。”由此可见，长柄行炉在唐代名为鹊尾炉、手炉。宋代吴曾在《能改斋漫录》卷七“鹊尾香炉”条中记载：“东坡诗有‘夹道青烟鹊尾炉’。按《松陵唱和集》，皮日休《寄华阳润卿》诗云‘鹊尾金炉一世焚’，注云：‘陶贞白有金鹊尾香炉。’又《珠林》云：‘宋吴兴人费崇先，少信佛法，每听经，常以鹊尾香炉置膝前。’费崇先事，又见王琰《冥祥记》。”《南史·王僧达传》中记载：“何尚之致仕，复膺朝命，于宅设八关斋，大集朝士，自行香，次至僧达。”根据文中内容分析，这种香器主要用于行走中熏香。后随佛教传入日本，其用法沿用至今。现藏于美国克利夫兰艺术博物馆、由宋代赵光辅所作的《番王礼佛图》（图 2-42）中生动地表现了行炉的使用场景，并且出现了瓷器类高足折沿行炉。

除文字记载以外，行炉在各大博物馆机构中均有馆藏。如：日本正仓院南仓 52 号藏唐紫檀金钿长柄狮子镇香炉（图 2-43）；南京博物院藏、南京长干寺真身塔地宫出土的宋银鎏金莲花宝子香炉（图 2-44）；内蒙古自治区文物考古研究所藏、赤峰宁城埋王沟辽墓出土的辽金时期莲花形鹊尾香炉（图2-45）。

行炉这一特殊的熏香器，从汉代长錾熏衣香器（前文满城汉墓出土）逐渐演变为佛事斋会中的法器。从材质上分析，行炉由金属器逐渐演变为瓷器，并于宋代广为流行，各大瓷器窑口均有烧造。如：2002年三门峡市庙底沟出土、河南省文物考古研究院藏的宋耀州窑刻花行炉（图2-46），耀州窑博物馆广场基建出土的北宋耀州窑青釉镂空复层式熏炉（图2-47），磁州窑博物馆藏、磁县观台镇磁州窑遗址出土的宋白地褐彩草叶纹行炉（图2-48），山西临猗县仁寿寺北宋嘉祐元年（公元1056年）塔基地宫出土的宋白瓷折沿刻花炉（图2-49）。

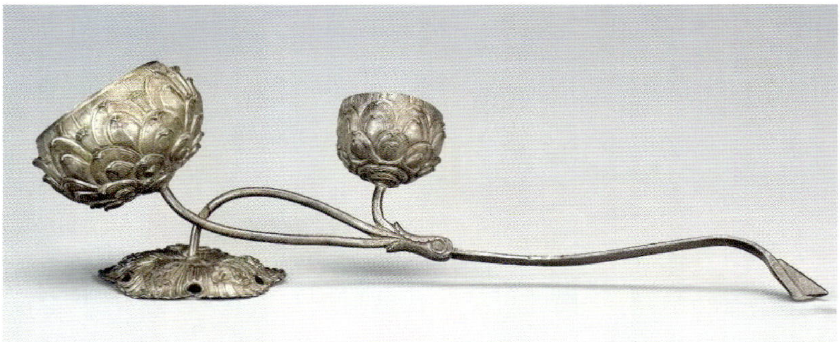

图2-45
辽金时期莲花形鹊尾香炉
（内蒙古自治区文物考古研究所藏）

图2-46
宋耀州窑刻花行炉
（河南省文物考古研究院藏）

图2-47
北宋耀州窑青釉镂空复层式熏炉
（耀州窑博物馆藏）

图2-48
宋白地褐彩草叶纹行炉
（磁州窑博物馆藏）

图2-49
宋白瓷折沿刻花炉
（临猗县博物馆藏）

# 第五节　宋代香器

## 巅峰时代的来临

宋代香文化进入前所未有的鼎盛时期，一直延续至元代。不仅宫廷香文化、文人富贾香文化、宗教香文化得到了很好的发展，民俗香文化更是繁荣丰富。唐代雍容华贵、外扬绽放的香器风格在宋代戛然而止。从目前现存的宋代香器文物资料看，宋代香器主要以简素的单色釉瓷器为主。从北宋宋徽宗赵佶创作的《听琴图》(图1-15、图2-50)可以看出，宋代的宫廷用香与音乐、插花等生活艺术相互融合，香学艺术也进入了巅峰时代。图中抚琴者为宋徽宗赵佶本人，右侧通体黑色的极简香几上，陈设着西域高足杯形制的白色熏炉，其炉盖中央设玄鸟，炉体与四足炉座相连，中柱以八方灵台过渡。熏炉置于西汉形制的银盘之中，烟气缭绕，气韵高洁。图中同时出现了西周形制的青铜鼎作为“花器”，纤细灵动的插花置于自然山石花几之上，在凌霄花缠绕的古松之下，细竹随风摇动，仿佛一场闭目“听香”的雅集。同样，在元代画家王振鹏创作的《伯牙鼓琴图》(图2-51)中，清晰地体现了伯牙身边自然随形木雕香几上，放置着带有承盘的博山熏炉。宋元时期焚香抚琴，乐香和合、大音希声、大象无形，听觉和嗅觉的完美融合，将香学艺术推向了最高峰。

在南宋画家李公麟创作的《维摩演教图》(图2-52)中，四足束腰六菱雕花香几上，

图2-50
《听琴图》局部

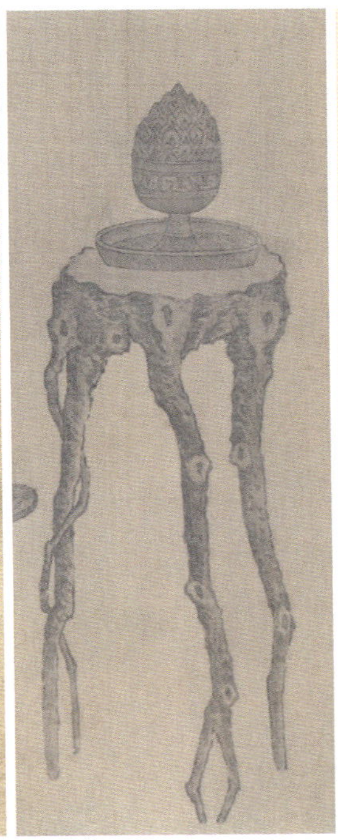

图2-51
《伯牙鼓琴图》局部

图2-52
《维摩演教图》局部

图 2-53
北宋绿釉狻猊熏炉

图 2-54
汝窑天青釉莲瓣
鸳鸯钮熏炉

图 2-55
宋龙泉窑三足鬲式炉

图 2-56
宋钧窑天蓝釉红斑
三足鬲式炉

放置着挺拔高挑的仰莲瓣瑞兽熏炉，狮子形出香口吐出青烟，集结成香云，好似清凉寺汝窑址出土的狮形香器盖残片复活。狮子作为文殊菩萨的坐骑，常出现在宋代佛教熏炉元素中。安徽省宿松县北宋元祐二年（公元1087年）吴正臣夫妇墓出土的北宋绿釉狻猊熏炉（图2-53）同样为仰莲瓣瑞兽熏炉。清凉寺汝窑址出土的汝窑天青釉莲瓣鸳鸯钮熏炉（图2-54），同时佐证了在宋代仰莲瓣熏炉的盛行。虽然这两个熏炉纹饰略显复杂，但在单色的瓷器釉面包裹下，依然显得素雅大美。由此可见，宋代香文化大道至简，简由繁而生。这些栩栩如生的动物形制香器，有一个动听的名字，叫“出香”。

从故宫博物院馆藏的宋龙泉窑三足鬲式炉（图2-55）、宋钧窑天蓝釉红斑三足鬲式炉（图2-56），四川遂宁金鱼村抢救性发掘出土的南宋末年瓷器铜器窖藏，以及各大博物馆馆藏的宋代香器看，鬲式炉成为宋代香器中最具特色的代表。这一追古的器型，在沿用先秦礼器的思想下，显得更为生活化。圆形的炉口承袭着周而复始、生生不息的思想，内收的直颈连接丰韵的扁圆腹炉体，凸起的出筋顺足而下直达釉末处，因釉水的厚薄而呈现出三条极美的曲线，可谓宋代香器美学之典范。

## 五大名窑香器

宋代五大名窑之说，始见于明代皇室收藏目录《宣德鼎彝谱》：“内库所藏汝、官、哥、钧、定名窑器皿，款式典雅者，写

图进呈。”

清代许之衡在《饮流斋说瓷》中说：“吾华制瓷可分三大时期：曰宋，曰明，曰清。宋最有名之有五，所谓柴、汝、官、哥、定是也。更有钧窑，亦甚可贵。”由于柴窑未发现窑址，又无实物，因此通常将钧窑列入，与汝、官、哥、定并称为宋代五大名窑。

汝瓷属五大名窑之首，窑址在今河南省汝州市。事实上，自宋初以来便有了汝窑的烧制，北宋晚期更是其鼎盛时期。（图2-57、图2-58）

宋代官窑由官府直接营建，分为北宋官窑和南宋官窑。北宋官窑在北宋末年宋徽宗时才开始烧造，具体的窑址没有发现。宋高宗南渡后，在临安（今杭州）另设新窑，一个“置窑于修内司”，后又在“郊坛下别立新窑”。据分析，“修内司官窑”在杭州凤凰山脚下，而“郊坛下官窑”则位于杭州的乌龟山一带。为了作出区分，北宋官窑被称为“旧官”，南宋官窑就称为“新官”。其中，“旧官”厚重，“新官”轻薄。（图2-59）

哥窑与官窑类同，也有紫口铁足，也有开片，不过其窑址不明，学界对其烧造年代也有分歧，有人认为并非宋代，而是元代。（图2-60、图2-61）

钧窑的主要烧造时期有说为宋、金、元。钧窑有钧官窑和钧民窑之分，钧官窑窑址在河南省禹州市（时称钧州）。（图2-62、图2-63）

图2-57
北宋汝窑天青釉刻花莲瓣纹熏炉
（河南省文物考古研究所藏）

图2-58
北宋汝窑淡天青釉弦纹三足樽式炉
（故宫博物院藏）

图2-59
南宋官窑粉青釉三足炉
（故宫博物院藏）

图2-60
南宋哥窑灰青釉鱼耳簋式炉
（故宫博物院藏）

图2-61
南宋哥窑灰青釉双耳鬲式炉
（故宫博物院藏）

图2-62
北宋-金钧窑天蓝釉三足筒式炉
（故宫博物院藏）

图2-63
宋钧窑红斑三足鬲式炉
（大英博物馆藏）

图2-64
北宋定窑白釉弦纹三足樽式炉
（故宫博物院藏）

图2-65
北宋定窑白釉圈托五足熏炉
（河北省静志寺塔基地宫出土）

定窑是最早为北宋宫廷烧造御用瓷器的窑场，也是宋代五大名窑中唯一烧造白瓷的窑场。定窑窑址在河北曲阳。（图2-64、图2-65）

## 香器美学“天边一色”

宋代瓷器香炉尤为鼎盛，从形制上看，多数为对前朝礼器的再创造，同时也具有时代的创新。宋人成功地用瓷器模仿了青铜器和金银器，制作出了千姿百态的香器。而在成千上万的窑口中，五大名窑“汝、官、哥、钧、定”和八大窑系“定窑系、磁州窑系、耀州窑系、钧窑系、龙泉窑系、景德镇窑系、建窑系和越窑系”的制瓷工艺高度发展。宋代名窑蜂起、名瓷迭出，为中国古代香器构建了后世香器高山仰止的器物美学。

宋代瓷器美学源自传统的“天人合一”思想，在自然崇拜中，“天”被视为最根本的崇拜对象。最好听的声音被誉为天籁之音，最上乘的香，被宋人喻为“天香”。而五大名窑之首的汝窑，因能烧出天青色而备受推崇。官窑和哥窑的釉面因为时间的推移而呈现不同程度的开片，而这些开片恰好代表着时间所留下的残缺美。钧窑因为“釉具五色”而闻名，最重要的是依然表现出天的颜色，如落日红霞、天蓝月白。而定窑能烧出天地间的底色“白色”，被誉为“类银似雪”的极致釉色。在“天地人”的思想框架下，五大名窑均具备了表达天和时间的特质，成为人可以接近于天、近乎于道的载体。而这种特殊的哲思，源自易学的“动变”思维，最为重要的是既是人为，又非人造，浑然天成。所有的釉色结果仅靠未知的自然呈现，不受人力所控。这种特殊

图 2-66
宋龙泉窑三足
鬲式炉
（故宫博物院藏）

图 2-67
南宋龙泉窑青瓷
鬲式炉
（浙江省博物馆藏）

的思辨，诞生于文化艺术最鼎盛的宋代，也指引了器物美学登上最高峰。

在这样的极致美学追求下，即便宋代龙泉窑所烧出的山峰青翠、湖光碧色，也因仅代表大地之色而无缘问鼎天极（图 2-66、图 2-67）。其他的窑口和后世的窑口更是如此，过于追求人的力量，重视人为的刻画。在“天地人”的审美框架下，宋以后的器物美学一落千丈，香器美学亦是如此。

## 青青白白清白间

宋代香器不仅创新了具有国际视野的香器，同时承袭了商周时期礼器的思想。香器的材质繁多，但由于瓷器业的高度发达，瓷质香炉几乎掩盖了其他材质香炉的所有光芒。“汝官哥钧定”五大名窑均有香器的烧造，不仅如此，各地窑口中也为后世留下了许多香器精品。此时期形成了“南青北白”的瓷器格局，南方以青瓷为主，北方以烧白瓷见长。龙泉窑、湖田窑、耀州窑、磁州窑、邢窑、当阳峪窑、吉州窑、长沙窑等，均有瓷器香炉的产品。除香炉的烧造以外，香箸瓶、香盒也成为宋代香器中不可缺少的器具。宋代瓷器的香炉仿佛在用人类的智慧模仿天空的颜色，雨后的天青、飘浮的白云、朝日的吉金、落日的晚霞、浩瀚的星空、寂静的黑夜，在宋代瓷器香炉中体现得淋漓尽致。这种对天体颜色的敬慕，来自“象天法地”“天人合一”的思想。追求大道至简的简素审美和道法自然的天然窑变风格，使得宋代瓷器香炉成为历代香器中不可逾越的巅峰。

值得一提的是，在青色与白釉色之间，湖田窑选择了两者的结合。致使宋代器物审美得以延续。湖田窑是宋、元、明时期景德镇的一处著名瓷窑，其遗址位于今景德镇市东南竟成乡湖田村，遗址总面积约26万平方米。考古发掘证明，其在五代主要烧造青瓷和白瓷，宋代创造性地烧造青白瓷，元代主要烧造卵白釉瓷、青花瓷、釉里红瓷、青白瓷等，明代以烧造青花瓷为主。特别是其在宋代所首创的青白瓷，代表了当时青白瓷烧造的最高水平，用“青如天、明如镜、薄如纸、声如磬”来形容，恰如其分（图2-68、图2-69）。

图2-68
宋湖田窑青白瓷水禽香熏
（美国芝加哥美术馆藏）

图2-69
南宋青白釉凸雕花卉纹鬲式炉
（四川宋瓷博物馆藏）

# 第六节　元代香器

元代香器在整体风格上延续宋代的特点，特别是早期形制与宋代香器一脉相承。后出现了连座器的香炉和箸瓶，也出现了明显具有草原民族风格特点的香器。后期开始注重香器的纹饰，并吸收了青铜器、金银器香炉的特点，以此打破了宋代香器“天边一色”的主流审美意趣，香器上的纹饰开始具象地表达某一主题。

元代香器在使用过程中，从单个香炉的使用，开始形成“炉瓶三事”的固定组合。此时的香炉、香盒、箸瓶成套地出现在各种生活场景中。已知最早展现“炉瓶三事”的画作是《祇园大会卷》，这幅画作由日本释氏僧作于元代“至正丙午佛生日”。

元代香器在材质上最为常见的依然是瓷质，其烧造窑口众多，景德镇窑、龙泉窑、枢府瓷、磁州窑、钧窑、湖田窑等均有香器的烧造。这些瓷质香器整体上较宋代瓷器釉色更为肥厚、圆润，胎体更为厚重，器型更圆，纹饰更为丰富。元代香器以大为美，出现草原文化风格，这种风格与当时蒙元贵族的审美和文化直接相关。这一时期的香器款式多样，除鬲式、簋式、樽式、鱼耳式之外，还出现了冲耳炉、绳耳炉、悬足炉、贴花炉等。

## 山色松风尽缥缈

在审美意趣上，元代的钧窑香器保持着宋代追求自然流变的妙趣。天蓝色中闪烁着红色或紫色的斑块，古人以朱砂红、玫瑰紫、葱翠绿、月白等名目赞美着这种万般变化的、绚丽的“窑变”。内蒙古博物院藏的元代钧窑“小宋自造”香炉（图2-70），口径25.5厘米，高42.7厘米。器型硕大，施天青釉，三足鬲式，

图 2-70
元代钧窑
“小宋自造”香炉
整体及局部

口沿至肩部两侧装饰兽形冲天耳，炉身有兽纹装饰，颈部刻有三只麒麟，正面两只对称分布，中间题记“巳（己）酉年九月十五小宋自造香炉一个”。该香器采用独特的“斜装窑法”入窑烧制，入窑时两只底足被垫高呈倾斜状，因施釉浓厚而在烧制时釉水流于器表，形成浓淡不一的“流云”纹理，致使天青釉色彩丰富，成就各种深浅不同的蓝色乳浊釉。釉色与露出的黄土色胎骨形成强烈的对比，使得整件香器具有铜器和玉器的双重质感。整件香器轮廓与装饰虚实相映、匀净含蓄，是现存最大、最完整的元代钧窑香器。这件香器出土于元代贸易繁荣的丰州，即今内蒙古呼和浩特，见证了历史悠久的民族融合，也印证了文化自信和开放、互鉴。

## 瑞雪皑皑衬幽蓝

元代香器中非常值得一提的是青花瓷香炉的涌现，它们将“青白”的理念更为具体地表达了出来。青花瓷这一从唐代滥觞的品类，在宋代并没有发展起来，直至元代开始备受推崇。在景德镇窑中除生产传统青白瓷外，还成功地烧制了青花瓷、釉里红、卵白釉瓷、高温铜红釉瓷、高温钴蓝釉瓷等品种。除瓶、盘、碗、碟、罐、壶、杯等生活用器的烧造外，香器一直是历代瓷器烧造的重点。从故宫博物院藏元青花折枝花纹三足鼎式炉（图2-71）可以看出，其形制从“鼎”变化而来，纹饰有了具体内容的表达。故宫博物院藏元青花太玄纹筒式炉（图2-72），由“奁”演变而来，具象地表达了易学思想。除此之外，云龙纹、莲花、牡丹、团菊、牵牛花、松竹梅、瓜果、海棠、灵芝、芭蕉、龙、凤、仙鹤、鸳鸯、奔鹿、麒麟、狮子、海马、游鱼、昆虫、锦纹、海涛、细浪、枝蔓、葫芦、如意、回纹、杂宝、人物等，数不胜数的元素开始出现在元代的香器中。

## 湛碧平湖照青松

元代的龙泉青瓷香器是该时期的重要品类，在继承宋代造物艺术特色的同时，逐渐形成了新的风格。技法上多采用刻花、划花、印花、贴花、镂刻和堆贴等工艺。香器的表面注重装饰，以寓意吉祥的纹饰和文字为主。产品分为两大类：传统的龙泉青瓷

图 2-71
元青花折枝花纹
三足鼎式炉
（故宫博物院藏）

图 2-72
元青花太玄纹筒式炉
（故宫博物院藏）

图 2-73
元龙泉窑青瓷三足炉
（浙江省博物馆藏）

图 2-74
元龙泉窑青瓷三足炉
（浙江省博物馆藏）

图 2-75
元龙泉窑青瓷贴花炉
多角度图
（浙江省博物馆藏）

和紫口铁足的仿官窑香器。文化元素上受到蒙古族文化、汉族文化、伊斯兰文化、宗教文化的多元影响。龙泉的香器和其他生活用品，作为常见商品与丝织品、佛像等一起远销国外。近年在朝鲜、日本、菲律宾、印度尼西亚、泰国、印度、埃及、索马里、土耳其、英国等许多国家和地区先后发掘出龙泉青瓷。龙泉窑无论是数量、种类还是生产规模，在当时全国瓷器业中均有盛名，成为南方青瓷窑系中规模最大、烧瓷数量最多的窑系（图 2-73 ~图 2-75）。

# 第七节　明清香器

中国香文化发展至明清时期，由于线香的流行、用香形式的变化，香文化进入转折发扬期。香器的使用开始变得复杂多样，特别是代表生活用香的炉瓶三事套装开始流行。明代之前，辅助类香具如香盒、箸瓶、香箸、香铲，仅作为幕后英雄隐藏于用香环境之外。自明代开始，这些器具正式走向前台，并成为书斋空间中重要的陈设器物，各类材质的炉、瓶、盒常搭配组合（图2-76）。

在诸多明清的书画作品中也出现了炉瓶三事的身影，在明代仇英所作《千秋绝艳图》中（图2-77），崔莺莺焚香祷月，站立于四足束腰梅花香几右侧，左手拿香盒，右手拈香丸投于鱼耳簋式炉中，香炉左侧的束口箸瓶中盛放着香箸与灰押（图左）。同样此图中的东汉才女班昭画扇场景中，班昭坐于四足方香几右侧，香几上陈设高足冲耳香炉、尊形箸瓶、剔红香盒炉瓶三事套装（图中）。此图中还有陈宣帝之女乐昌公主，她站立并注视着镂空石雕香几上的三足冲耳鼎式香炉，而宋代才女罗惜惜坐在该香几的左侧（图右）。

在明代香器当中，由于线香的流行，各类材质的香插和香筒开始盛行。至清代，香插和香筒的材质进一步丰富，有瓷器香插（图2-78、图2-79）、珐琅彩香插（图2-80、图2-81）、玉香插（图2-82、图2-83）、珐琅香筒（图2-84）、玉香筒（图2-85）、竹雕香筒（图2-86）、金嵌碧玉香筒（图2-87）等。

图2-76
明宣德铜勾云纹冲耳三足炉与箸瓶、香盒
（故宫博物院藏）

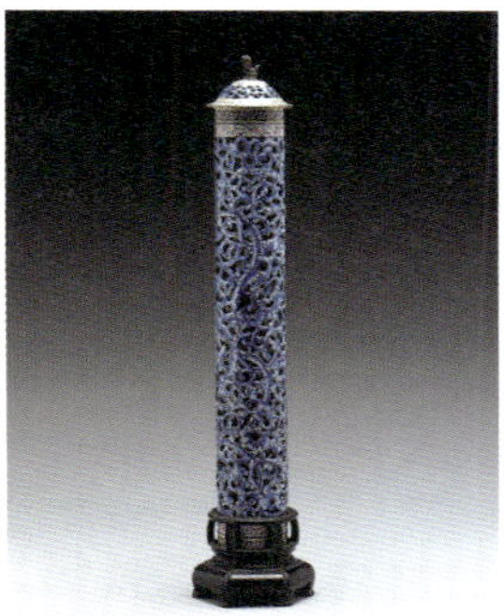

图2-77 《千秋绝艳图》局部
图2-78 嘉庆款绿地粉彩双人背筒香插（故宫博物院藏）
图2-79 嘉庆款绿地粉彩象驮瓶香插（故宫博物院藏）
图2-80 清掐丝珐琅暗八仙纹香插（故宫博物院藏）
图2-81 清掐丝珐琅寿字暗八仙纹香插（故宫博物院藏）
图2-82 清青玉光素托莲蓬式香插（故宫博物院藏）
图2-83 清青玉象驮宝瓶式香插（故宫博物院藏）
图2-84 清画珐琅镂空夔龙纹香筒（故宫博物院藏）
图2-85 清青玉镂雕山水人物香筒（故宫博物院藏）
图2-86 清竹雕观松图香筒（故宫博物院藏）
图2-87 清金漆莲蝠纹嵌碧玉塔式六方香筒（故宫博物院藏）

图 2-88
宣德款铜冲耳
三足熏炉
（故宫博物院藏）

## 铜器香炉的精工时代

对于金属香器而言，明代最具代表性的当属宣德炉（图 2-88）。明代宣德三年，皇帝朱瞻基（朱棣之孙）在位时，为满足玩赏香炉的嗜好，特下令从暹罗国进口一批红铜，由宫廷御匠吕震和工部侍郎吴邦佐，参照皇府内藏的柴窑、汝窑、官窑、哥窑、钧窑、定窑名瓷器的款式，以及《宣和博古图录》《考古图》等史籍，设计和监制香炉。由于在红铜中加入金银等十几种贵金属，并经十几次铸炼，宣德炉宝光四射、大气异常。该时期共铸造出3000座香炉。大明宣德炉是明代香器中的珍品，后由于诸多原因，宣德炉在当代存世极少。

## 追古出新的时代符号

在明清的香文化中，宫廷香文化依然保持极大的热度，从故宫太和殿上的香器陈设可以看出，景泰蓝香器成为宫廷香器的主流。作为中国著名的特种金属工艺品，这种工艺在明代已达到巅峰状态。景泰蓝（Cloisonne）正名为“铜胎掐丝珐琅”，俗名“珐蓝”，又称“嵌珐琅”，是一种在铜的胎型上，用柔软的扁铜丝，掐成各种花纹焊上，然后把珐琅质的色釉填充在花纹内烧制而成的器物。因为在明代景泰年间盛行，工艺成熟，使用的珐琅釉以蓝色为主，因而得名“景泰蓝”。这种材质的香器在明清宫廷中较为常见，故宫博物院藏有各时期的景泰蓝香器（图 2-89 ～图 2-91）。

在文人用香中，宋代印香之法再次出现在书房文化中，清代铜炉制作大家丁月湖，曾设计出各式印香炉（亦称芸香炉），全新炉盖图样97幅，各式印香篆刻模平图44幅。丁月湖将各司其

图 2-89
清掐丝珐琅勾莲花卉纹
委角四足方熏炉
（故宫博物院藏）

图 2-90
清景泰款掐丝珐琅
夔龙纹兽耳簋式盖炉
（故宫博物院藏）

图 2-91
清乾隆款掐丝珐琅
夔纹双耳四足盖炉
（故宫博物院藏）

图 2-92
清丁月湖制琴式印香炉
（南通博物苑藏）

图 2-93
清丁月湖制竹节式
印香炉
（南通博物苑藏）

图 2-94
清丁月湖制圆形
印香炉
（南通博物苑藏）

图 2-95
清如意式印香炉
（南通博物苑藏）

位的炉瓶三事全新组合，形成了追古出新的极简套装，建立了中国古代香器的全新符号。这种形制的香器在民国时期依然较为流行，常以白铜为主兼用紫铜制造，同时也出现了锡制作的印香炉（图 2-92 ～图 2-95）。

在明清香文化的转折发扬过程中，香器、香具种类繁多，加之明清香者对历代香器的总结（宣德炉、印香炉）、历代香学的总结（《香乘》），使得中国香文化从历史、器物、香料、香方等内容上很好地被梳理出来，为当代的香文化复兴提供了便利的研究条件。如今诸多实物依然存于各大博物馆中（图 2-96 ～图 2-109）。

民国后，香文化中的生活用香逐渐淡出大众的视野，香器具除少量的宗教用器具有生产外，生活用香中的香器极为少见。2021 年，中国工艺美术学会主办的首届“中香杯”香器、香具设计大赛在福建莆田成功举办，为中国当代香器具的市场繁荣拉开了序幕。中国香器见证了中国香文化的历代发展，见证了香文化从祭祀媒介到生活运用，再上升到艺术形式而承载思想的千年演变。

图 2-96
清白地矾红彩描金镂空饕餮纹香熏（故宫博物院藏）

图 2-97
清康熙素三彩锦地镂空香熏（故宫博物院藏）

图 2-98
清金嵌宝石朝冠耳炉（故宫博物院藏）

图 2-99
清乾隆款黄铜博山炉（故宫博物院藏）

图 2-100
清德化窑白釉凸弦纹三足炉（故宫博物院藏）

图 2-101
清德化窑白釉狮耳炉（故宫博物院藏）

图 2-102
清芙蓉石双耳三足炉（故宫博物院藏）

图 2-103
清黑漆描金缠枝莲纹菊瓣式手炉（故宫博物院藏）

图 2-104
清嘉庆款青花八吉祥纹四足长方炉（故宫博物院藏）

图 2-105
清青玉三事-三羊纹飞龙耳活环盖炉（故宫博物院藏）

图 2-106
清乾隆文竹附耳方炉（故宫博物院藏）

图 2-107
清铜胎嵌兽式熏炉（故宫博物院藏）

图 2-108
清天然木雕双耳三足炉（故宫博物院藏）

图 2-109
清光绪款琥珀色玻璃光素冲耳炉（故宫博物院藏）

# 第八节　苍宇繁星

中国古代香器在历史的长河中经过了数次的更新迭代，不同历史时期呈现出不同的工艺水准及文化风貌。不同时期、不同材质、不同形制、不同工艺拼接出古代香器的脉络，而在此脉络中，某些材质或形制犹如宇宙中的繁星，曾经闪烁过耀眼的光芒。

## 陶瓷香器：厚德之载

中国古代对陶的使用由来已久，直至商朝晚期原始青瓷出现，经过不断的发展与革新，汉代窑术趋向成熟，瓷器开始产生。这一融合了“木火土金水”五行元素的器物，吸收了中国古人“天人合一”的思想，广泛运用于香器的烧造中。在《易经》思想中，乾为天，天行健，君子以自强不息；坤为地，地势坤，君子以厚德载物。陶瓷中的主体物质“土”均来自大地，中国古人将其融于水，创造出千姿百态的形状，如瓶、盘、碗、碟、盏、罐等以及香炉，甚至还有人物或各类造像，再通过木生火而高温煅烧，形成具有金石之声、质坚如玉、温润高洁的全新产物“瓷器”。

古人比德如玉，不仅将玉视为君子之佩，同时也用于天地祭祀活动中。玉并非凡俗之物，受古代等级制度的限制，成为寻常百姓不可得的神圣之物。中国古人对瓷器的喜爱，源自对玉的崇尚。瓷器打破了通过材质划分等级的限制，成为历史长河中唯一上至君王、下至百姓均在使用的材质。所以在历代瓷器等级分类中，类冰似玉者可为上乘之器。这一通过中华先民智慧创造的全新物质，在历代人们的生活中扮演着重要的角色，同时见证着丝路国家文化的交融与互鉴，以及不同时代背景、文化背景下的审美意趣。

瓷之所属，坤德之象；静纳百川之流而水火既济；方圆变化之形而万物灵长。瓷器的用途以“载”为核心，上盛先古哲思、中载术法匠心、下示珍凡俗物。炉之所属，当以器为名；源鼎、鬲、簋、豆之形，可礼祭祀天地；庙堂、高堂之列可行正气；书斋、案几之设可达文思妙趣。瓷器的香炉，不仅可以用在祭祀活动中礼敬天地，也可用于庙堂、高堂之上，以正八方，还可用于文房案几之上，焚香若芳、启迪文思。

图 2-110
汉短柄铜博山炉
（故宫博物院藏）

## 行炉：移动的芬芳

在中国古代用香场景中，不仅有室内空间，也有室外空间，甚至有移动空间。由此可将古代香器分为静置类和移动类两种，静置类香器在历代作为主流香器，种类繁多，多用于室内陈设或置于几案之上。移动类香器主要用于行进或移动过程中，如手持、悬挂、佩戴等。

移动类香器自两汉时期已经开始出现，河北满城汉墓出土的西汉铜长錾熏炉（图2-19），就是在三足半球形香炉的基础上加上了柄，使得移动香炉的过程中更方便取放。故宫博物院藏的两件短柄铜博山炉（图2-110），采用了相似的设计，在博山炉身上加上了短柄，以方便在移动中使用。在此时期，按汉代刘歆所著的《西京杂记》记载，早在2000多年前就已设计出球状的被中香炉，后世唐宋时期广泛流行，如唐葡萄花鸟纹银香囊（图2-34、图2-35）。内设平衡机环的香球，以银链和挂钩的方式悬挂使用，唐宋时期广泛用于马车或行进队列中。正如辛弃疾在《青玉案·元夕》中所描述的“宝马雕车香满路”。不仅如此，这类球状的移动香器，甚至可以悬挂在身上，平衡机环的陀螺仪原理，使得香盂中的香不会溢出。

自汉代短柄的移动香器出现以后，两晋时期还出现了提梁香器。南京博物院藏的西晋元康四年青瓷花篮熏（图2-111）和西晋青瓷提梁香熏（图2-112），可被视为清代所流行的提梁手炉的前身，即在香炉上安装了提梁，方便移动过程中用香。类似的还有故宫博物院藏清乾隆款画珐琅开光人物图手炉（图2-113）、清黑漆描金开光山水图手炉（图2-114）。

图 2-111
西晋元康四年
青瓷花篮薰
（南京博物院藏）

图 2-112
西晋青瓷提梁香薰
（南京博物院藏）

图 2-113
清乾隆款画珐琅开光
人物图手炉
（故宫博物院藏）

图 2-114
清黑漆描金开光
山水图手炉
（故宫博物院藏）

图 2-115
唐敦煌壁画莫高窟
057窟甬道北壁

图 2-116
莫高窟057窟甬道南壁

随着汉代丝绸之路的开通、域外文化的涌入，汉代的短柄移动香器与中亚犍陀罗佛寺的帕提亚手炉相结合，在南北朝时期出现了长柄移动香器“鹊尾炉”。南齐的王琰在《冥祥记》中记载：“（费崇先）每听经，常以鹊尾香炉置膝前。”这类长柄香器广泛运用于后世的宗教用香和生活中，如唐敦煌壁画莫高窟057窟甬道北壁（图2-115）、莫高窟057窟甬道南壁（图2-116）、南宋周季常和林庭珪的《五百罗汉图》（图2-117）、宋张胜温的《大理国梵像卷》（图2-118）、元永乐宫三清殿壁画《朝元图》（图2-119）中所示，手持长柄香器的场景常常出现在各类宗教活动

图 2-117
南宋周季常、林庭珪《五百罗汉图》局部

图 2-118
宋张胜温《大理国梵像卷》局部

图 2-119
元永乐宫三清殿壁画《朝元图》局部

图 2-120
同治款金镶木柄提炉
（故宫博物院藏）

中。而长柄香器的实物在各博物馆中均有收藏，如法门寺地宫出土的唐如意长柄行炉（图 2-40）、辽金时期莲花形鹊尾香炉（图 2-45）、日本正仓院藏的唐紫檀金钿长柄狮子镇香炉（图 2-43）。

至宋代，随着瓷器的发展，宋人还设计出瓷质的高足折沿炉，也是在行进或移动中使用的香器，并广泛用于宗教活动和生活中。如宋代的《番王礼佛图》（图 2-42）中所示，手捧高足移动香器的礼佛人出现在队列中。该类瓷质高足移动香器在两宋各大瓷器窑口中大量烧造，在各大博物馆均有馆藏。

随着时间的推移，移动香器的发展还在继续。至清代，长柄香器与锁链香球和静置类香器融合到了一起，出现了长柄悬挂式提炉。如故宫博物院藏的同治款金镶木柄提炉（图 2-120）、清铜刻八卦寿字勾莲纹象足提炉（图 2-121）。其中金提炉在清宫“金八件”中名列第一，从清代宫廷画《光绪皇帝大婚图》中的陈列可以看出，香器在众多器物中的重要性。光绪皇后使用的“金八宝”陈设在太和门大门口处，大门左侧依次为金提炉、金香盒、金唾壶、金瓶；大门右侧依次为金提炉、金香盒、金盥洗盆、金瓶。左右两侧，香炉均位列第一。在清代的《万寿盛典图》（图

2-122）行进队列中，大轿的正前方引路的两位侍者，手持金提炉随队伍前行。这样的金提炉也出现在了清人所绘的《弘历雪景行乐图》（图2-123）中。除金提炉外，清代也使用短柄的移动香器，如故宫博物院藏宣统款银柄檀香炉（图2-124），它与金提炉相比虽稍显简陋，但极为便捷，可能为日常生活中清洁室内外空气时焚香所用的器具。

这些移动的香器，伴随中国人行进千年，在不同的文化背景下呈现出不同的模样，或长，或短，或提，或悬，无一不是在体现灿烂的中华香文化。它们见证了历史的变迁，见证了朝代的更替，见证了中华文明的传承与发展。而今，随着香文化在21世纪的复兴，今人依然在梳理、谈论、创造、使用移动的香器（图2-125）。

图2-121
清铜刻八卦寿字勾莲纹象足提炉
（故宫博物院藏）

图2-122
《万寿盛典图》局部

图2-123
《弘历雪景行乐图》局部

图2-124
宣统款银柄檀香炉
（故宫博物院藏）

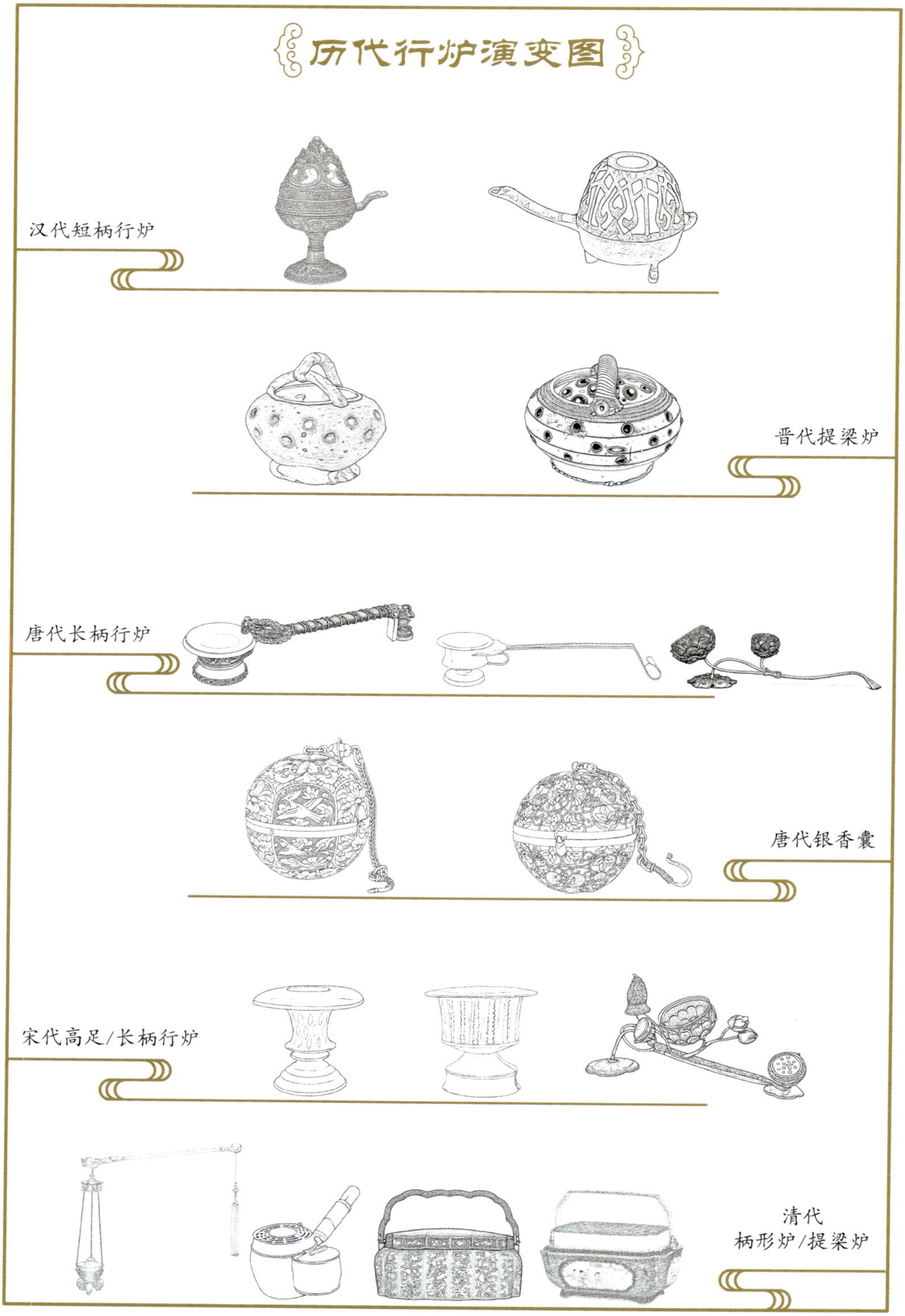


图 2-125
历代行炉演变图

## 流变：一脉相承

中国古代香器见证了香文化的历代发展，目前考古界可鉴识的最早香器，是出土于距今5500 ~ 5000年前的牛河梁遗址中的陶质熏炉器盖（图2-3）和距今5300 ~ 4300年的良渚文化遗址中出土的灰陶竹节纹熏炉（图2-4）。直至春秋战国前期并没有出现焚香专用器，而此间的用香主要从祭祀用香延伸到生活用香。而祭祀活动中的礼器“鼎、鬲、簋、豆”作为后世香器的“祖形器”，一直出现在历代的香器形制中。也极有可能春秋战国前的香器即为祖形礼器，而这些礼器既作为盛放祭品的器皿，也作为焚香的香器。这些器物深藏着古人对天地神祇、自然万物的虔敬，用于祭祀天地山川、沟通祖先神灵，承载着古人“天人合一”的思想，反映了当时的宗教礼仪制度。在“天地人神”的思想推动下，袅袅的香烟成为祭祀活动中传递愿望的桥梁，焚香的工具也作为重要的礼器出现。

周朝末期出现了一种新的生活器皿“奁”，春秋时期主要用于盛放食物。该形制也逐步成为后世香器的形制之一。至秦汉时期，在寻求“长生之法”的愿望推动下，博山炉于汉代正式诞生。这一形制在豆形器（图2-126）的基础上，加上了形似海上仙山的炉盖，甚至部分博山炉下方加上了盛盘，用于盛放水，更似海上仙山。而带有盛盘形制的香器从汉代开始出现，至南北朝时期较为流行。在汉代的生活用香中还出现了动物仿生形香器，如故宫博物院藏汉青铜凫鸭香熏（图2-127）、河南博物院藏汉五

图2-126
汉镂空陶盖豆形香熏
（河南博物院藏）

图2-127
汉青铜凫鸭香熏
（故宫博物院藏，
馆藏名称为凫形灯）

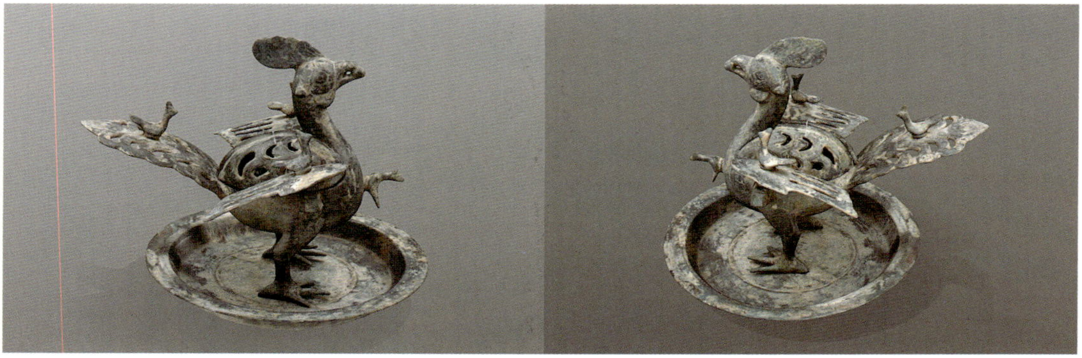

图2-128
汉五凤铜熏炉
（河南博物院藏）

凤铜熏炉（图2-128）。至唐宋时期，仿生形香器开始出现植物仿生形，如以莲花元素为主的宋银鎏金莲花宝子香炉（图2-44）。在仿生形香器中，动物仿生更为常见，主要形制有鸳鸯、狻猊、角端、狮子、望天吼、仙鹤、天鹅、凫鸭等。这些仿生形制的香器在唐宋及元时期，主要将动物、瑞兽作为炉盖或底足、双耳使用，如陕西考古博物馆藏的青釉狻猊香熏（图2-129）。到了明清时期，动物仿生香器又回到如汉代一样的全形仿生。

隋朝以后的静置类香器，去掉了盛盘，以单足、三足、四足、五足为主要形制。单足式香器主要由祖形器中的圈足簋和高足豆形香器发展而来，在汉代高足博山炉中较为常见，至宋代发展成去掉炉盖的高足折沿行炉。三足、四足式香器主要由三足鼎、三足鬲、四足方鼎形制发展而来。五足式多见于唐代金银器和陶瓷香器，主要由五行思想发展而来。

除此之外，香器的形制还有柄形器，又分为短柄式和长柄式。还有球形器，又分圆球式和类球式。又有提梁式，如清代流行的提梁手炉。中国古代香器制式多样，大致可归纳为祖形器、仿生器、柄形器、球形器、足形器等。这些复杂的香器形，万变不离其宗，表达着人们对天地神祇、自然万物的崇敬，以及对人类精神世界的探索。

图 2-129
青釉狻猊香熏
（陕西考古博物馆藏）

图2-130
历代香器形制图

图 2-131
历代博山炉演变图

# 历代动物类香熏演变图

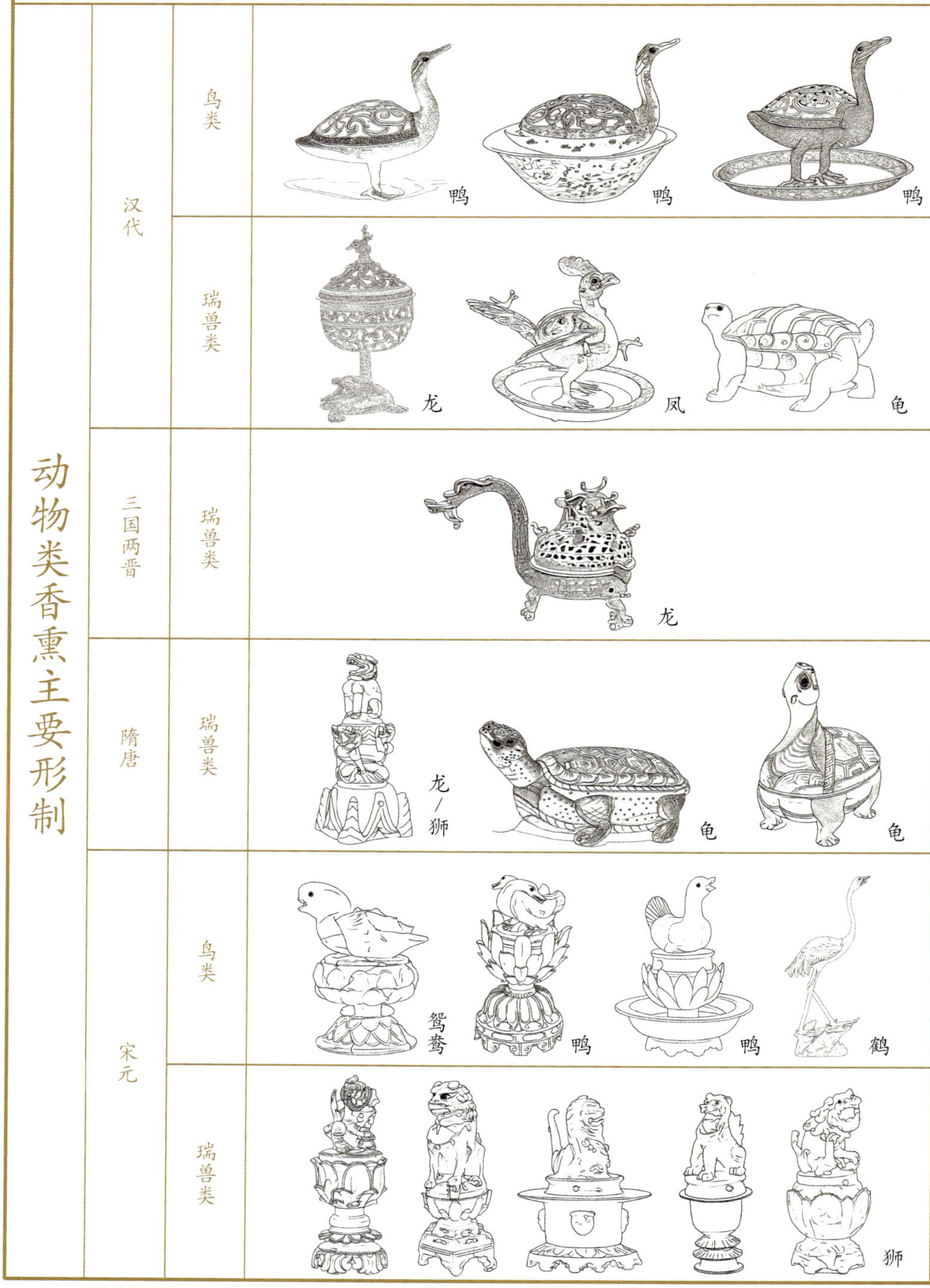
动物类香熏主要形制
汉代
鸟类
鸭
鸭
鸭
瑞兽类
龙
凤
龟
三国两晋
瑞兽类
龙
隋唐
瑞兽类
龙/狮
龟
龟
宋元
鸟类
鸳鸯
鸭
鸭
鹤
瑞兽类
狮

图 2-132
历代动物类香熏演变图

# 第三章 传统用香

# 第一节　用香演变

中国历代用香方法经历了漫长的演变过程，大体分为明火烧香、暗火熏香、隔火熏香、多元用香四个历史发展进程。在先秦前的香文化萌芽初期，主流的用香方式是“明火烧香”，主要体现在祭祀用香中，古人将香料置于明火中进行使用，以此产生烟气，其特点是有明火、有烟气，也有香气。主要原因是在香文化萌芽初期，古人对香料的使用并没有成为独立行为，仅作为祭祀活动中的一部分，加之当时的香料以本土的草本、木本植物香料为主，大部分香料如蒿类，含油量不足，燃烧过程中需要充足的氧气和空间。而且当时独立香器的概念也没有形成，用香的工具多与祭祀活动中的器皿混合使用。直至生活用香诞生，专用的香器才开始出现，人们开始关注香的实用功能。

自春秋战国时期开始，随着人们对用香的精细化追求，明火作为用香过程中的危险因素，逐渐被隐藏起来，同时出现了带盖的熏炉，用香方法由此演变至“暗火熏香”，主要体现在生活用香过程中，将香料切碎或磨成细粉，置于炉中使用，其特点是隐藏了明火，变成暗火，有烟气，也有香气。“暗火熏香”在两汉时期成为非常成熟的用香方式。造成这一变化的主要原因是，南洋各国和西域各国的香料涌入汉地，这些香料多为纯油脂或高油脂含量的香料，如乳香、安息香等。这些香料，与本土相对低油脂的香料配合使用，促使香品更易在小空间中燃烧发香。同时各种形制的带盖熏炉也大量出现，在日常生活中使用，没有了明火，既方便又安全。这种暗火熏香的方法一直沿用至今，其中典型的方法是流行于唐宋时期的印香。印香不仅安全，而且更为精细化，通过各类图案或文字还能表达美好的寓意。

随着宫廷用香和文人用香的不断发展，带有烟气的用香方式并不能满足大家的需求。特别是对香的品鉴，更需要细微感受纯粹的香气，并营造出似烟非烟的空灵感。流行于唐宋时期的隔火熏香、煎香备受推崇，其特点是没有明火，不见暗火，只有纯粹的香气，如杨万里在诗中描述的那般“但令有香不见烟”。这种方法主要体现在对香丸、香饼的使用上：将炭火埋在香灰中，隐藏火源；将香品置于隔片或灰上，通过炭火的温度煎烤香品，以达到微烟或无烟的状态。这是一种对香气最为极致的追求，已经从香的基础功能上升到气味审美、嗅觉艺术的高度。

除了用火促使香料发香以外，还有一种常温的用香方式，一

图 3-1
南宋_马远
《竹涧焚香图》

直伴随着香文化的发展，至少从汉代就开始出现了这种形式，如马王堆汉墓中出现的“香枕”，里面塞满了佩兰和香草。司马相如在《长门赋》中记载：“抟芬若以为枕兮，席荃兰而茝香。”宋陶穀在《清异录·陈设·青纱连二枕》中记载：“舒雅作青纱连二枕，满贮酴醿木犀瑞香散蕊，甚益鼻根。”意为枕头中塞满了酴醿、桂花和瑞香的花瓣。除香枕之外，还有香囊、香包等。至明清时期还流行香珠、香牌、香扳指等。这种常温使用香料的方式还包括了萃取之后的运用，如香膏、香脂、香露、香油等。包括元代开始记载、一直沿用至今的线香，这些都是多元化用香的体现。直至当代，人们开始使用电炉熏香。

# 第二节 用香人群

在中国香文化的历史发展长河中，用香人群极为广泛，所涉领域众多。从先秦前的祭祀用香，延伸至生活用香，再逐渐发展至民俗用香、宗教用香领域。用香人群可分为祭祀官、帝王、朝臣、医家、文人、僧道、商贾、百姓等。

祭祀用香在发展初期仅限于祭祀官使用。祭祀官是主祭祀之官，《周礼》中谓为春官，设大宗伯，卿一人，以小宗伯为副，所属有肆师、大司乐、大祝、大史等官，辅佐天子掌管宗室之事，掌管对天神祖先的祭礼，并掌管宗庙中和宗族内各种礼仪。秦朝时称奉常，西汉时称太常，至梁、陈与北齐始加寺字，称太常寺。祭祀官是负责祭祀的官职，向神灵求福消灾的传统礼俗仪式，被称为吉礼。祭祀官主要将香料作为礼敬天帝、祖先的工具。

自春秋战国起，宫廷用香开始兴盛，帝王和朝臣在用香上更多关注医疗养生，通过医家的专业能力，利用香料的药用功能。许多香料往往既是药物，也是香料，故后世称之为“香药”。《史记·礼书》记载：“故天子大路越席，所以养体也；侧载臭茝，所以养鼻也。”在医家手中，香药主要用于治病疗疾，外治法中的熏、蒸、烧、沐、浴、灸、佩、戴等均是对香药的使用。晋葛洪的《肘后备急方》中“治瘴气疫疠温毒诸方第十五”记载了“太乙流金方”：“雄黄三两，雌黄二两，矾石、鬼箭各一两半，羖羊角二两，捣为散，三角绛囊贮一两，带心前并门户上，月旦青布裹一刀圭，中庭烧温，病人亦烧熏之，即差。”这种焚烧香药的方法在历代医家著录中均有记载，如唐王焘的《外台秘要》卷四中的“杀鬼丸去恶毒方”，明高濂的《遵生八笺》中的“太仓公辟瘟丹”，明李时珍的《本草纲目》中记载：“张仲景辟一切恶气，用赤术同猪蹄甲烧烟。陶隐居亦言术能除恶气，弭灾沴。故今病疫及岁旦，人家往往烧苍术以辟邪气。”清吴尚先的《理瀹骈文》中记载了“免疫法”“驱瘴辟疫线香”等。而除焚烧以外，制成香包、香囊佩戴在身上，也是医家常用的外治之法。

在文人用香当中，除香药的基本功用以外，更多的是关注气味上的审美，上升到嗅觉层面的艺术行为，主要目的是启迪文思。正因如此，历代文人对香贡献最大的就是，将香上升至文学层面，产生了诸多“香文学”作品。

在僧道修行人群中，用香的主要目的是“助修开智”，通过香药芳香养鼻、芳香开窍的作用提升修为，参悟、证道。

在商贾和百姓中，香主要用于净化空气、香身和节气中的礼敬与祭奠。由于唐宋时期香文化的普及，香的生活运用不再是上层精英人群的专属，百姓日常生活中或民俗节气中也会用香，并且用香习惯被逐渐保留下来。

### 用香第一目的

祭祀用香：虔敬达意

宫廷用香：保健养生

医家用香：治病疗疾

文人用香：启迪文思

宗教用香：助修开智

生活用香：净化空气

# 第三节　用香方法

## 焚香

焚香是烧香的书面用语，是将香料或者香品直接点燃的方法。比如将香料、香粉、线香、盘香、塔香等直接用火点燃使用，在此过程中往往需要避免明火。其特点是使用方便、方法简单易操作。这是一种千古不变的方法，从早期焚烧香料，发展至焚烧香粉，再后来焚烧线香等制品。

## 印香

印香又称篆香、百刻香，是在香炉中将香粉置于香印模具中，以此形成香粉图案，点燃一端使其持续燃烧的用香方法。其特点是香料燃烧时间长，烟气适中。古人常将其燃于生活饮席或佛像、神像前，也用于计时。这种方法主要适用于香粉，流行于唐宋时期，至清代、民国时期仍有使用，在当代是重要的古法用香方式之一。宋代洪刍在《香谱·香篆》中记载："镂木以为之，以范香尘为篆文，然于饮席或佛像前，往往有至二三尺径者。"既说明了使用方法，又记载了用途。

## 隔火熏香

隔火熏香是爇（ruò）香的一种，是将炭火掩埋在香灰之中，通过香灰或隔片进行隔火，将香料或香品置于香灰或隔片上方，利用炭火温度熏烤香的一种方法。主要是对香料、香丸、香饼进行使用。其特点是无烟或微烟，能激发出更纯粹的香气。古人常将其用于品香活动或日常熏香中。不同的香使用方法略有区别，熏香料往往会用隔片衬香，至无烟状态。熏香丸、香饼往往不用隔片，直接放在香灰上，至微烟或无烟状态。宋代杨庭秀（杨万里）在《焚香》（烧香七言）中写道："琢瓷作鼎碧于水，削银为叶轻似纸。不文不武火力均，闭阁下帘风不起。诗人自炷古龙涎，但令有香不见烟。"（出自明周嘉胄《香乘》）。这首诗将香炉、隔片、火候、环境、香品、发香方式都做了相应的描述，堪称极致。

## 煎香

煎香是在隔火熏香的原理基础上，将香料蘸水后置于隔片上熏烤的一种方法。也可以在隔片上滴入少量水后再放上香料。其特点是香气不燥、香品不焦。适合品评香料，特别是沉香。清代屈大均在《广东新语》中记载“煎香”的方法：“以生结之囫囵者，浣以新茗，芟其松浮，磨其棱角，而置香面于下，底于上，微沾少水，使香质滋润，火既活而灰复干，乃以玉碟或砂片隔之，使之不易就燥。香质不焦，胶液不流，则香气生空，若无若有。香一片足以氤氲弥日，是名煎香。”这种方法是在唐宋流行的隔火熏香基础上进行的改良，更加精益求精，非常适合单品香料的使用。

## 蒸香

蒸香是利用水蒸气发香的方法。在炭火上放置盛水的鬲炉，再放上铜丝网格，待水沸腾后，将香放在网格上蒸。其特点是无烟火之气，香气润泽、纯正。明末清初，董说在《非烟香法》中记载：“焚香不蒸香，俗太躁，不可不革。蒸香之鬲，高一寸二分，六分其鬲之高，以其一为之足，倍其足之高，以为耳，三足双耳，银薄如纸。使鬲坐烈火，滴水平盈，其声如洪波急涛，或如笙簧。以香屑投之，游气清冷，氤氲太玄，沉默简远，历落自然，藏神纳用，销煤灭烟，故名其香曰非烟之香，其鼎曰非烟之鼎，然所以遣恒香也。”董说认为焚香的效果不如蒸香，通过水蒸气可以去掉香的烟火气。而且他认为四海内外，只要有香气的草木，都可以用来蒸。

## 炙香

炙香又名空熏，是隔空加热的用香方法。先将沉香蒸透，在炉上放一个铜丝架，离炭火半寸左右，然后将沉香放在铜丝架上炙烤。其特点是无烟、无火气，香气润泽清幽。清代沈复在《浮生六记》中记载："静室焚香，闲中雅趣。芸尝以沉速等香，于饭镬蒸透，在炉上设一铜丝架，离火半寸许，徐徐烘之，其香幽韵而无烟。"文中描述芸娘的这种方法，在蒸香的基础上又加了一道工序，使水汽没那么重，香气变得更有韵味。

## 煮香

煮香是直接将香料放在水里煮的方法。在容器中盛上水，放入香料，之后将容器放在炭火上直接煮。其特点是没有烟气、火气，香气融于水蒸气中，润而不燥。明代周嘉胄在《香乘》中记载："香以不得烟为胜。沉水隔火，已佳；煮香，逾妙。法用小银鼎注水，安炉火上，置沉香一块。香气幽微，翛然有致。"文中认为用香的最好状态是没有烟，沉香用隔火熏香已经是非常好的方法了，但是放水里煮更妙。

## 涂香

涂香是将香研成粉末，或者调成汁，直接涂抹在身上的一种方法。在佛经中有很多关于涂香的记载，是六种供养中的一种。佛经中记载，以涂香供养诸佛、菩萨，能获得大功德。在《毗尼母经》卷五中记载："天竺土法，贵胜男女皆和种种好香，用涂其身，上著妙服。"生活中香膏、香油、香脂的使用也属于涂香的范畴，古人在化妆中也会用到这种方法。

## 佩香

佩香是将香料制作成饰品佩戴的方法，常将香料做成香牌、香珠、香囊、香包等佩戴。先秦之前，直接折花进行佩戴，也是佩香的一种。宋代蔡绦在《铁围山丛谈》卷五中记载："（龙涎香）其模制甚大而质古……金玉穴，而以青丝贯之，佩于颈，时于衣领间摩挲以相示，坐此遂作佩香焉。"文中描述了将模仿龙涎香的和香，用模具制作成香牌，穿个孔，佩戴在脖子上，显露在衣领位置，没事的时候用手把玩一下。这种方法，在古代广为流传，至今依然沿用。

## 沐香

沐香是将香料放入水中制成香汤使用的方法。将香料按固定的配方煎成香汤，用于沐浴、浸泡。常用于民俗节气或宗教中，如端午节使用艾草、菖蒲等一起煮成香汤，用于沐浴，可以起到杀菌消毒、预防疾病的作用。南朝梁沈约在《齐禅林寺尼净秀行状》中记载："又尝请圣僧浴，器盛香汤。"清代蔡元放在《东周列国志》第二回中写道："香汤沐浴，食以膏粱之味，饰以文绣之衣，教以礼数，携至镐京。"文中所载，均属于沐香的范畴。

# 第四节　香席仪轨

传统香文化中的用香方法众多，大致可分为自用和共用两类。自用较为自由、随意，所有行为皆为服务自己而产生。共用涉及他人，会考虑人、事、物诸多因素，并结合礼仪、规范形成法度。不同的香事活动因目的、理念、场合、人群的不同，有着不一样的流程和仪轨。古代的用香技法众多，下文第五节和第六节会列举两种在唐宋时期流行并在当代香文化活动中常见的实操技能——印香与隔火熏香。

## 名词释义

香案：指摆放香器具的桌案。

香席（狭义）：指香案之上一切香器物的陈设。

香席（广义）：指以香为主题的文化活动形式。

主香人：指香席中主要实操的人，也称“香道师”或“香艺师”。

## 香席规范

以左为上，主香人位于香案的正中间，正对香席的线，为中轴线；中轴线以左为左侧席，中轴线以右为右侧席。器物陈设以使用方便为上、简洁为主。实操过程中，双手不交叉，行为不越物。取物尽量用双手，用完复归原位。

器物陈设标准：单足向前，双足向自己；花纹向前，背面向自己；双耳冲两侧。美好的东西向外，危险的东西向内。物分阴阳，单为阳，双为阴；外为阳，内为阴；简为阳，繁为阴；多为阳，少为阴；左为阳，右为阴；前为阳，后为阴；上为阳，下为阴；大为阳，小为阴；高为阳，低为阴；和合而生。

## 主香人的规范

中国传统文化是以儒、释、道思想为基础架构的文化体系，在香席活动中，要求主香人（或称“香道师”）对方位、方向，行为、举止、站立行走等有严格的规范；做到沉着平顺、端正优雅、和静自然。而“静”则是事香过程中的核心，儒家认为“静能生慧”。《昭德新编》中记载：“水静极则形象明，心静极则智慧生。”佛家言：“静能生慧，慧能生智。”道家言：“灵台清静，

图3-2
炉瓶三事

静能生定，定能智慧生。”主香人需做到“静定生慧、宁静致远”，以言行感染席中香友，以举止营造安静、和谐的意境。切忌手舞足蹈、夸张夸大。

在香席活动中尊崇“左为尊”“顺时针”的法则。《逸周书·武顺》中记载：“天道尚左，日月西移。”老子曰：“圣人执左契，而不责于人。”《史记·魏公子列传》中记载：“公子从车骑，虚左，自迎夷门侯生。”古人多以左为尊，左上右下。在香席活动中，正如古人一样“虚左”，将左上之位留于尊者。在香席的陈列中和用香的过程中，皆用此法。而“顺时针”方向则是在香席活动中广泛使用。正如日晷左升右降，又如中医中肝木生于左、肺金藏于右的五行定论，以此形成符合客观规律的自然之法。

## 主香人仪容仪表

主香人的仪容仪表是香席礼仪中的重要组成部分，其言行举止、妆容装扮直接影响香事活动的现场氛围，给香友带来的是直观的感受。

净手：主香人在行香之前需要用清水净手，在此过程中尽量不要使用带香味的洗手液或洗涤用品。净手后用纸巾擦干即可，切忌使用有气味的护手霜之类的护肤品。

衣着：主香人的服装尽量以素雅简洁为主，女装可以多选择单色素衣，男装可多选择黑、白、灰色系；服装颜色搭配尽量控制在三种颜色以内。尽量少佩戴复杂的首饰及带香味的佩饰等。

整体感觉需做到端庄、优雅、沉着、大方，切忌浮华、妖艳、夸张。

妆容：主香人以素妆或淡妆为主，尽量不使用气味过浓的化妆品，切忌使用香气浓烈的香水。尽量做到少浓妆艳抹，多清新自然。

举止：主香人需做到处事不惊、沉稳镇静，切忌浮躁慌乱、急躁不定。坐立行走需要有章有节，面部表情谦和大方，切忌疏忽大意、狂傲不逊。

## 主香人礼仪

中华民族是礼仪之邦，主香人在香事活动中应以礼相待，秉持谦、和、礼、敬的价值观。主香人根据场合的不同可以选择不同的香事礼仪。

周揖（yī）礼：盛行于周至汉朝期间，香席正式场合可行此礼。身体肃立，双手抱圆，左手在外、右手在内，手心向自己，俯身推手时，微向上举高齐额，躬身15 ~ 60度，起身时自然垂手或袖手。礼毕，主香人即可入席。

合十礼：最初仅为佛教徒之间的拜礼，后发展成常见的见面礼。行合十礼时，一般是两掌相合，十指伸直，举至胸前，身子略下躬，头微微低下。合十礼在现代生活中运用广泛，特别是在佛教信仰人群中。主香人可根据自己的学习经历选择合适的合十礼。

作揖礼：此礼多用于道教，以左手拇指入右手虎口内，掐右手子纹（即无名指根部）；右手拇指屈于左手拇指下，掐住午纹（即中指尖），外呈“太极图”形，内掐“子午诀”。自然站立，双手自腹部合抱，缓慢举至鼻子位置，然后躬身行礼，双手自然降至腹部，起身即可。

点头礼：广泛运用于香事活动中，属于最常见的礼仪。此礼可入席之后再行。女主香人行礼时右手拇指置于左手虎口中间，右手四指并拢贴合左手背，双手自然放于香席边缘，头部向下轻轻一点，同时面带笑容。男主香人双手分开与肩同宽，自然半握拳，掌心相对放在席上，头部向前下方轻轻点头行礼，同时面带笑容即可。此礼中正、谦和，男女皆可使用。

# 第五节 印篆之香

印香，是用具有镂空图案的香模，填满香粉后燃烧的一种用香方式。印香又名篆香，因香印中的图案多为篆体文字而得名。古人将一个昼夜分为一百个刻度，以此用印香来计时，故印香又称百刻香。宋代洪刍在《香谱·香篆》中记载："镂木以为之，以范香尘为篆文，然于饮席或佛像前，往往有至二三尺径者。"印香在古代生活中使用极为广泛，常用于各类饮席间，如茶席、宴席、酒席等，宋代也用于供佛。在市井飘香的宋代，印香广泛用于各类公众场合，制作印香的人也形成一种职业，以此为生。宋代的吴自牧在《梦粱录》卷十三"诸色杂卖"条中记载："且如供香印盘者，各管定铺席人家，每日印香而去，遇月支请香钱而已。"由于印香在生活中使用频繁，这种行为更成为一种包月的活动。

印香是古时用香过程中逐渐形成的用香方式，并无创始的记录。这种方法流行于唐宋时期，由于元代末期线香开始出现，并于明代开始流行，印香开始隐退于香事活动中。直至清代，制铜大家丁月湖设计出印香炉（芸香炉），百炉百样，将印香器具合为一体，印香再次开始流行，并成为书房中常见的焚香方式。

## 器具与陈设

印香的器具主要包括炉瓶三事和辅助香具。炉瓶三事即香炉、香瓶、香盒。辅助香具包括香箸（香筷）、香帚、香勺（香匙）、香铲、香印、灰押。辅助器物有搁架、香巾、香台或香席。其中印香炉的选择以"浅腹广口"为宜，材质不限、制式不限、纹饰不限。常见制式有三足炉、圈足炉、高足炉、双耳炉等。

印香器具的陈设遵循前文"香席规范"中的器物陈设标准。陈列设计以简素为主，席中辅助器具可置于香盘中收纳起来，以此形成两个区域：主香区和辅香区。主香区以炉瓶三事为主，辅香区以香盘及收纳的辅助器具为主（图3-3）。

香案之上可选用各类绣品或竹席等作为香席，也可用香台、香盘承载香器具，其材质不限、形制不限，不同风格可选择不同的器物进行陈设。

① 香瓶
② 香炉
③ 香盒
④ 短柄灰押
⑤ 香篆（香印）
⑥ 搁架
⑦ 香帚
⑧ 香羽
⑨ 香铲
⑩ 香匀（香匙）
⑪ 长柄灰押
⑫ 香箸（香筷）
⑬ 香巾

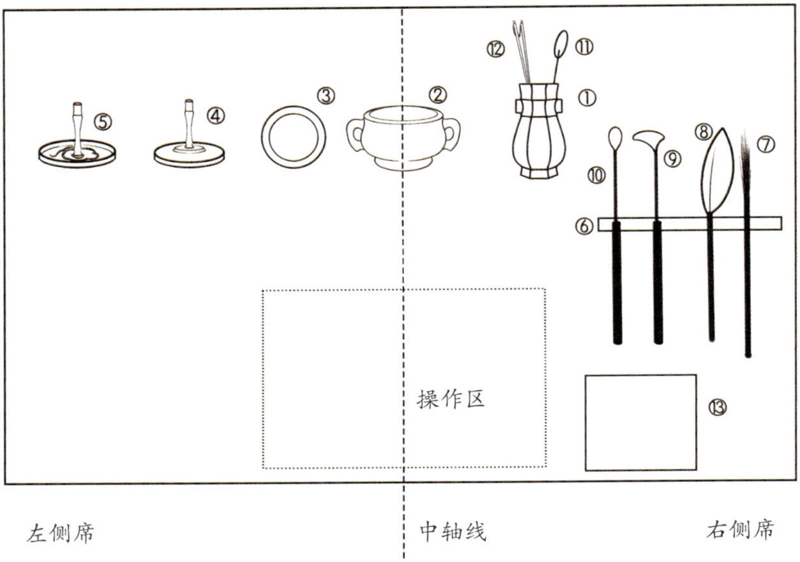


图 3-3
印香器具陈设图

## 事前准备与要求

在香事活动之前，需要充分准备。香炉中的香灰，以无杂味的净灰为宜。添加香灰时，可先将香灰盛于香炉一半的位置，用灰押将其压紧，然后再加入少量香灰。香灰不宜过多，按此方法加至香炉二分之一至五分之三处为佳。香粉的粗细需要适中，采用八十目香粉与一百目香粉按相同体积一比一调和为佳。点香的器物可准备线香、点火器或蜡烛等。

## 印香流程

图 3-4　理灰

**第一步：理灰**

将香箸垂直握于香炉上方，从12点钟方向开始顺时针理灰。香箸切忌碰到炉底或炉壁，以免发出摩擦声。左手扶炉，右手持香箸，大小圈变化理灰，将香灰整理均匀，让香灰平整地分布于香炉中。

**第二步：平灰**

右手持短柄灰押于香炉12点钟方向或持长柄灰押于香炉9点钟方向，固定位置上下运动压灰，左手逆时针转炉，左右手配合，将炉中香灰压至水平。

图3-5　平灰

**第三步：清炉**

右手以45度角持香帚，于香炉6点钟方向，固定位置由外向香炉内清理香灰，左手逆时针转动香炉，左右手相互配合。一圈之后，再将香帚垂直于香炉12点钟方向，固定位置清理炉壁，左手逆时针转动香炉，左右手相互配合。

图3-6　清炉（1）

图3-7　清炉（2）

**第四步：置篆**

先将香炉位置摆放好，右手持香篆（香印）轻放于香炉中间即可。

图3-8　置篆

**第五步：置粉**

用香匙将适量香粉放入香篆（香印）中即可。

图3-9　置粉（1）

图3-10　置粉（2）

图 3-11　填粉

**第六步：填粉**

将香铲以45度角置于香篆6点钟至3点钟方向，往右下角固定位置填香。左手顺时针转动香炉，左右手相互配合，直至香粉均匀填于香篆镂空图案内部。多余的香暂时堆放于香篆的空白处。

**第七步：起篆**

左手扶炉，右手握于香篆柄中部，可短暂屏住呼吸，将香篆缓慢垂直提起。

图 3-12　起篆

**第八步：点香**

取线香一支，将其点燃，线香燃而无明火为佳，再用线香将香篆引燃即可。

图 3-13　点香

图 3-14　香席

# 第六节　隔火熏香

隔火熏香是利用炭火的温度熏烤香料的一种方法。这种方法流行于唐宋时期，并沿用至今，是爇熏的重要方法之一。后传入日本，成为日本香道中主流的用香方式之一。隔火熏香主要用于各类品香活动及香丸、香饼的日常品鉴。这是古法用香中最为极致的一种，主要关注香气的产生，它将用香的功能从基础药用、净化空气上升到气味审美、嗅觉艺术的高度。特别是在各类品香活动中，成为主要用法。自唐宋以来，古人采用这种方法熏沉香或者香丸、香饼。特别是在香事雅会中，将熏好香的香炉置于席的中央，友人各自围坐，品评审美、赋文作诗。这种方法传入日本后，经过加工演变，持炉品香成为日本香道中的竞香游戏。随着传统香文化的复兴，当代香人结合中国传统礼仪、礼节及器物使用规范，再次梳理重塑为当代的隔火熏香法。

隔火熏香重在“但令有香不见烟”，是古人将用香从生活方式上升至艺术行为的重要途径之一。除关注香品本身的气味审美之外，也对香器、技巧、环境、香品、发香状态等提出了较高的要求。通过宋代杨庭秀（杨万里）在《焚香》（烧香七言）中的描述可以看出，宋人对用香的要求已达到极为精细的状态。

《焚香》

宋 · 杨庭秀

琢瓷作鼎碧于水，削银为叶轻似纸。
不文不武火力均，闭阁下帘风不起。
诗人自炷古龙涎，但令有香不见烟。
素馨欲开茉莉折，底处龙涎和檀梲。
平生饱食山林味，不奈此香殊妩媚。
呼儿急取蒸木犀，却作书生真富贵。

（出自明周嘉胄《香乘》）

杨万里的诗文中，前六句从不同的角度对隔火熏香提出了要求。第一句表明炉的选择，使用精心雕琢的、釉色碧于水的鼎式香炉。第二句表明隔片的选择，将银制成轻薄似纸的叶片用于隔火。第三句表明火温的要求，主香人在操作过程中对温度的把控需要做到不高不低、恰到好处。第四句表明对品香环境的要求，

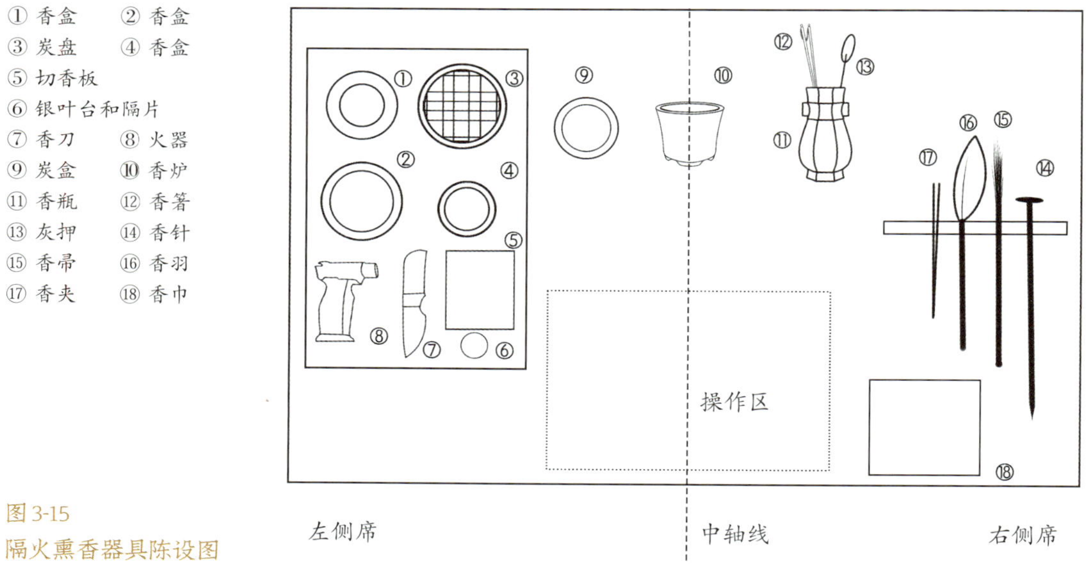


图 3-15
隔火熏香器具陈设图

需要通气不通风的环境，避免空间中有直流风。第五句表明对香品的选择，香事活动中需要选择符合礼法、适合场合的香品。第六句表明对发香方式的要求，需要激发出香气而不产生烟气。诗中前六句对隔火熏香这种方法精微细致的描述，为当代香席活动的规范提供了多维度的借鉴。

## 器具与陈设

由隔火熏香延伸出来的当代香席中，品香炉的材质以瓷器为上。因为隔火熏香须放置炭火，金属器容易产生异味，并且导热过快，不宜持炉品香。陶质的香炉不施釉而散热过快，内部不够光滑，不易操作。综合考虑，持炉品香活动中，瓷质品香炉为最佳选择。

隔火熏香的器具主要包括焕月七星和佐辅九君。香器有香炉、香瓶、香盒、炭盒、炭炉、炭盘、银叶台，谓之七星。香具包括香箸（香筷）、香帚、香羽、香针、香夹（香镊）、灰押、香刀、切香板、隔片（银叶），谓之九君。其他辅助器物有香盘、搁架、香巾、香台或香席。其中品香炉的选择以“深腹小口”的筒式炉为宜，瓷器最佳，纹饰不限。常见制式有三足筒式品香炉、圈足筒式品香炉、乳足长颈鬲式品香炉等。

隔火熏香器具的陈设遵循前文“香席规范”中的器物陈设标

注。陈列设计以简素为主，席中辅助器具可置于香盘中收纳起来，以此形成两个区域：主香区和辅香区。主香区以炉瓶三事为主，辅香区以香盘及收纳的辅助器具为主（图3-15）。

香案之上可选用各类绣品或竹席等作为香席，也可用香台、香盘承载香器具，其材质不限、形制不限，不同风格可选择不同的器物进行陈设。

## 事前准备与要求

在香事活动之前，需要充分准备。品香炉中的香灰，以无杂味的净灰为宜。添加香灰时，可先将香灰盛于香炉一半的位置，用灰押将其压紧，然后再加入香灰，香灰与炉口齐平或略低为佳。香炭以无气味的圆炭或小方炭为宜，香席活动中可提前将香炭燃好，置于炭炉中，以灰掩盖备用。点火器可选用防风类点火器，以小巧为主，置于香盘中。

## 隔火熏香流程

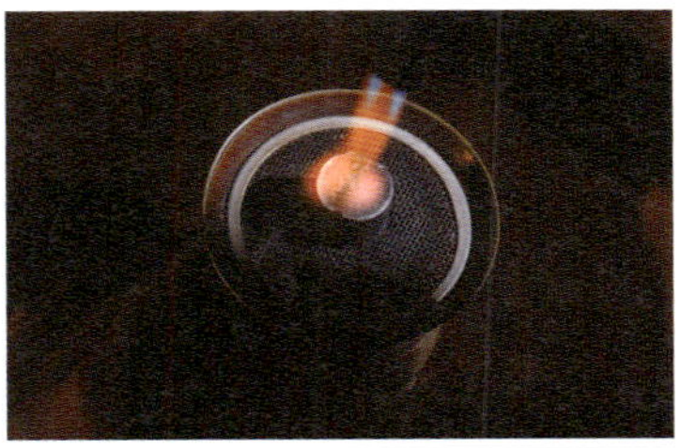

**第一步：燃炭**

将炭盘置于香席中轴线上、主香人正前方，取香炭置于炭网之上。左手扶炭盘，右手持火器垂直于香炭上方，将香炭顶部点燃。再将火器以45度角固定于香炭右侧，左手逆时针转动炭盘，重复数圈之后将香炭点燃。该步骤也可提前将炭烧好，置于炭炉中备用。

图3-16　燃炭（1）

图3-17　燃炭（2）

图3-18　理灰

**第二步：理灰**

将炭盘位置与香炉对换，右手持香箸垂直握于香炉上方，从12点钟方向开始顺时针理灰。香箸切忌碰到炉底或炉壁，以免发出摩擦声。左手扶炉，右手持香箸大小圈变化运动，将香灰整理均匀，使香灰平整、松散地分布于香炉中，再在炉灰中央理出比香炭略大的小孔，用于放置香炭。

### 第三步：埋炭

将香炭置于香炉中，左手逆时针转炉，右手垂直持香箸于香炉6点钟方向挑灰，将香炭埋于香灰中，使香灰成山丘状。

图3-19　埋炭（1）

图3-20　埋炭（2）

### 第四步：成炉

右手持灰押以45度角横握于香炉上方，左手逆时针转炉，右手用灰押于香炉9点钟方向固定位置压灰，将炉中香灰压成山丘状，以便聚热。再用香帚将炉壁清理干净，方法与印香清炉相同。清炉完毕后，取香针在山形香灰表面压香筋，以进一步辅助聚热于香炉中央。

图3-21　压灰（1）

图3-22　压灰（2）

图3-23　清理炉壁（1）

图3-24　清理炉壁（2）

图3-25　成炉

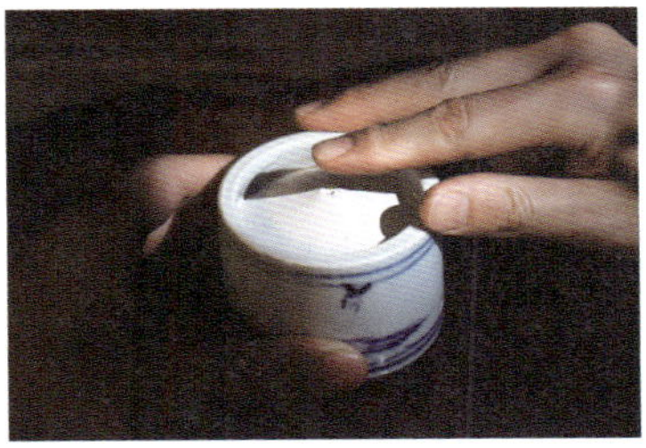

### 第五步：开窗试温

取顶花将山形香灰顶部压平，再用香针垂直在炉中央向下开火窗，火窗深浅根据香品所需温度而定。开窗后，以右手拇指和中指扶炉，食指伸直试炉温。

图3-26　用顶花将香灰顶部压平

图3-27　用香针向下开火窗

图3-28　试炉温

### 第六步：理香

将香炉移至香席中央，将银叶台和隔片置于香席中轴线右侧，将切香板置于香席中轴线正前方。取香材置于切香板上，再取香刀握于右手，左手持香，右手切香，采用削铅笔的方法将香切成香屑。用香羽将香刀和香材清理干净，放回原处。用香羽将香屑置于银叶中，之后将切香板及香羽放回原处，将香炉置于正前方，将银叶台置于香席中轴线处。

图3-29　将香切成香屑（1）

图3-30　将香切成香屑（2）

## 第七步：置香、品香

右手再次试温，确保炉温正常后，取香夹将盛好香屑的隔片置于香炉中央、火窗上方。用香夹将隔片向下压紧，贴合于山形香灰顶部。将香夹归位后，左手持炉以试香。待炉中香料正常发香后，右手四指并拢与拇指成虎口状，以45度角掩盖炉口，用“以香找鼻”的方法品香三次后开始巡香。巡香时以左为先，依次顺时针传递。

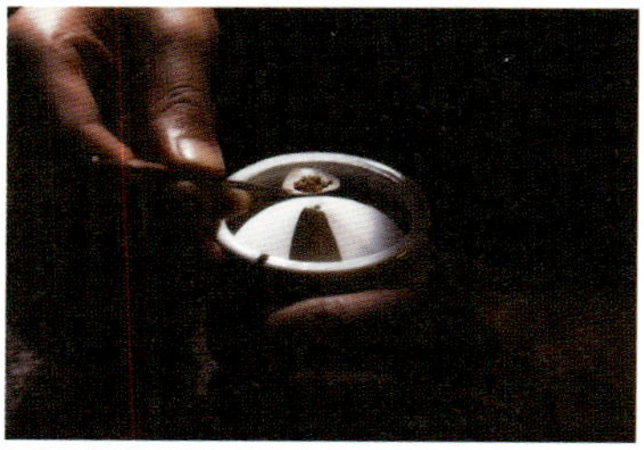

图3-31　用香夹夹住隔片

图3-32　将盛好香屑的隔片置于香炉中央

图3-33　品香

# 第七节　香室陈设

香室又称香阁，是开展香事活动的空间。香室可单独设立，也可与书房、静室混合陈设。香室的风格以简单、素雅为主，多体现人文精神、东方哲思、人与自然的和谐之美。构成传统香室的要素有以下几个。

## 选址

首先要选址，宜选择外部环境安静的场所。内部需要通气不通风，避免有直流风，以有窗户、有阳光、有外部自然环境的场所为佳。场地不宜太大，15 ~ 30平方米为佳。

## 香家具

香室中的常见家具分高型家具和矮型家具，包括香案、香椅、香凳、香几、屏风、书架、罗汉床等。其中常见的香案有八仙桌、长方形香案、圆桌和矮型香案；香椅以低靠背为佳，香椅和香凳的高度与香案成正比；香几单只、成对均可，也可作花几使用；屏风往往置于窗户前或香室入口处，可选用纸质屏风，使其日久染香，别有风趣；书架宜成对摆放，以简素为主，不宜有过于复杂的装饰；罗汉床主要用于静坐、对谈、小憩等。

## 香器具

香室中的器具尤为重要，除印香、隔火熏香的套装工具以外，可多选择单只的香炉，如凫鸭香熏、鸳鸯香熏、瑞兽出香香熏、鬲式炉、双耳炉、高足行炉、香球、竹木香筒等，材质不限、制式不限、纹饰不限。

## 挂画

香室中的挂画以简洁的书画为主，如卷轴、条屏、条幅等，内容以体现山水情怀、香趣哲思为佳。

## 盆景

香室中的盆景以体现文人意趣的植物为主，如梅、兰、竹、

图 3-34
北宋李公麟
《西园雅集图》
局部

菊、松、柏、石菖蒲等。盆景的陈设以独立花几为佳，花几与香几可共用。

## 插花

香室中的插花以枝叶类插花为主，尽量避免使用香气浓郁的花材；以简洁、素雅的传统插花为佳，六大花器均可使用。

## 茶品

香室中的茶可根据节气、主题而定，尽量避免高香的茶，以清新、淡雅的茶品或清水为宜。

## 灯光

香室的灯光可使用两套照明系统，一套日用光，一套聚光。聚光系统以射灯为主，可适当搭配落地氛围灯使用。聚光灯的照明点不宜过多，在香席、香几、挂画、书架、屏风等重要位置照明即可。

## 音乐

香室中的音乐以清雅、舒缓的国风音乐为宜，如琴、瑟、埙、箫、筝等乐器演奏的音乐。室内陈设乐器及现场演奏时，也以此为佳。

# 第八节　香会雅集

香会是指以香为载体进行品评契道的香事活动。香会雅集又称香席雅集，是以香为载体，集多种生活艺术形式于一体的集会。中国历史上有很多著名的雅集，如兰亭雅集、滕王阁雅集、西园雅集、金谷园雅集等，这些雅集以文人雅士吟咏诗文、讨论学问等活动为主。而香会雅集则以品香活动为主，通过仪式、仪轨、品评、鉴赏达到交流互鉴的目的。

## 雅集的筹备

**择日**

香会活动的日期选择，可以以某个节气或事件为主题，如传统节日、二十四节气、月令等。

**取名**

为香会活动取名时可以采用“节气+时间+主题”“事件+时间+主题”“主办方+节气+主题”等方法，如端午香席雅集、跨年迎新香会、春分香会、梅花香会、桃月香席雅集、太月香学中秋香席雅集等。若以月为时间单位，可用十二花神*代替时间；若以年为时间单位，可用生肖代替时间。

*十二花神是古代传说中代表农历十二个月份的司花之神。

**物料**

香会活动的物料大致可按签到区、茶歇区、香会区三大区域来准备。签到区主要物料包含香帖、签到桌椅、签到板、签到册、文房四宝、香器、花器等。茶歇区主要物料包括家具、茶具、茶品、茶点等。香会区主要物料包括家具、香器、香具、香品、香笺、香簿等。

**香帖**

香帖是指香会活动的邀请函，可分为电子香帖和实物香帖两种。香帖的内容包含活动名称、时间、地点、流程、特色主题、敬语、温馨提示、落款等。实物香帖以易懂的软笔书法书写为佳，如楷书、行楷等。配以香帖信封，以火漆印封口为妙。

**签到册**

签到册与签到板可以并用。签到册以宣纸册页、卷轴等体现人文意蕴的材质为佳。

**香笺**

香笺是香会活动中用于记录的便签。香笺可以是便笺，也可以是册页。其书写内容以描写品香后的感悟和意境为主。香笺中书写有每款香品的名称，对应的空白处用于品香者记录。

**香簿**

香簿是指香会活动结束后的留言簿，可以是卷轴、册页或卡纸。主要用于品香者书写寄语、感言、赠言等。

**香品**

香会中的香品是整个活动的主角，可以分为香材和制品两类，制品又可分单方香、和香两类。古代，香会常用制品以香丸、香饼类和香为主。当代，香会常用制品以单品沉香为主。沉香在香会中流行的原因是，使用一种香料便可呈现丰富的自然气息。香会中的香品一般有3 ～ 5种，并以渐优的递进等级排列品香顺序。

**器具**

品香类香会，器具以隔火熏香中所用到的器物为主，包含焕月七星和佐辅九君两套器具。其中品香炉可准备1 ～ 3个，便于使用不同的香品。隔片按香品数量准备。

## 雅集的流程

**签到**

签到区可陈设插花、香器、文房四宝及签到册等。签到区由专人负责，主要内容有收集邀请函、核对名单、签到、引领、答疑等。

**候场**

香会前的候场主要指签到后至正式活动开始前，主要在茶歇区或公共区域进行。其中茶歇区的茶品不限香型、不限类别、不限等级，均可使用。

**净手**

净手是与会香友进入香会区之前的一个环节，与古时沃盥*类似。品香过程中会手持香炉，净手的主要目的是防止手上有异味，同时也表示庄重恭敬。

**行香**

狭义的行香是指行走过程中手持行炉用香的方法，广义的行

*《周礼·春官·郁人》记载：『凡祼事沃盥。』孙诒让在《周礼正义》中记载：『沃盥者，谓行礼时必澡手，使人奉匜盛水以浇沃之，而下以槃承其弃水也。』

图3-35
南宋李唐
《晋文公复国图》
局部

香是指熏香、焚香等用香方法的操作流程及仪轨。狭义的行香有专用的香器，如汉晋时期用于熏衣的短柄熏炉、唐宋时期宗教法会常用的长柄鹊尾炉或镇柄熏炉、宋代《番王礼佛图》(图2-42)中所示的高足折沿香炉、故宫博物院藏清代金镶木柄提炉（图2-120）等。所用香品有香粉、香丸、香饼等。其用香方法多为隔火爇熏。

行香主要用于重要仪仗队伍前列，或重大活动前序部分。将炉中香品备好后，手持行炉行走。清代顾张思在《土风录》中记载："僧道法事有行香……初以香末散行为行香，唐以后则斋主持香炉巡行坛中及街市，至今皆然。"此为宗教活动中行香方法的记载。

行香也可用于当代雅集活动中，多作为活动开场内容，其主要具有礼敬天地、净化空气、启迪文思、增添雅集仪式感等功能。在茶会、琴会、香会、笔会及祭祀类活动中皆可行香。

**开场**

香会的开场可以由司仪或主香人主持。主要内容是介绍活动主题、嘉宾、流程、内容等。同时也可以简短地进行香文化的普及介绍。开场期间也可以加入古琴或其他乐器演奏，以此清净身心，更能引人入胜。

**主香**

主香环节由主香人完成，主要是根据仪轨和隔火熏香流程准备好品香炉。

**品香**

品香环节是将准备好的品香炉传递给与会香友，也称巡香。品香过程按香品排序次第进行，每款香品可巡1 ~ 3圈。

**课香**

课香是用书法的形式在香笺上记录品香的感悟。

**座香**

座香是指香会活动中以座谈的形式展开交流。主要由主香人主持，参与者可以是席中部分香友或全部香友。讨论的话题主要围绕自己香笺上所书写的内容或香会中涉及的内容。

**结语**

结语主要由司仪或主香人完成。内容包括总结香会的成果、主题、亮点及所发生的值得回忆的事件等，同时对与会香友表示感谢。结语中可以引导大家书写香簿，并告知会后安排。

# 第九节　嗅觉审美

香学，气之学；香道，炁之道也。中国传统香学是将万物化为气进行使用。在“天人合一”思想的指导下，古人将香药进行混合，意在保留、模仿或创造出自然界中美好的气味与气息。在利用香药药理作用的基础上，加入文学、艺术的理念，使之成为承载思想、表达思想、品评审美、以香悟道的载体。《黄帝内经》将五臭（即五气）分为臊、焦、香、腥、腐，与五脏肝、心、脾、肺、肾相配应。《黄帝内经·素问·六节脏象论》中记载：“天食人以五气，地食人以五味。五气入鼻，藏于心肺，上使五色修明，音声能彰。五味入口，藏于肠胃，味有所藏，以养五气，气和而生，津液相成，神乃自生。”五气由鼻而入，作用于人的身体，这是对香药使用的重要途径之一，也是传统香学与传统医学密不可分的重要原因。

中国人对气的使用，已经不局限于对香药药理的利用，更上升至嗅觉艺术的层面。中国的嗅觉审美与传统文化中的变易思想、独特哲思密不可分，是建立在易学与儒释道“一源三流”的思想体系下展开的气味审评判断。香气大致可以分为芬芳之气、馥郁之气、远馨之气、自然之气、有无之气五个等级。

## 芬芳之气

中国古人对香气的运用，源自对自然界中气味与气息的判别。气味审美的第一个等级是芳香之气，利用一味或多味香药混合使用，激发其草木、花果、蜜香之气，与五感相融合，形成人对气味的第一感知。而芬芳之气，优于自然界中人类所认知的臭气组合，与之相对应的香气及其散发状态，成为嗅觉审美的第一层阶梯。

## 馥郁之气

从香气的散发多少出发，芳香之气的叠加、重复，使之形成浓厚、浓烈的馥郁之气。较之芬芳之气而言，馥郁之气是加强的浓郁和芬芳状态。同为优质的、美好的自然气息，叠加的芬芳之气所组成的馥郁之气，是大与小、多与少、强与弱之别。馥郁之气是嗅觉审美的第二层阶梯，优于芬芳之气。

## 远馨之气

据《说文解字》记载："馨，香之远闻者。"嗅觉审美的第三个等级是远馨之气。较芬芳之气、馥郁之气，还多了远播的特点，是更上一层的香气状态。古人以香比德，《尚书·君陈》说"明德惟馨"，《国语·周语》说"其德足以昭其馨香"。远馨之气，较之芬芳之气、馥郁之气，更为宽广、博大、悠长，成为嗅觉审美的第三层阶梯。

## 自然之气

中国古人崇尚自然、效法天地。以人力所为，保留、叠加、组合出的香气，终回归于自然。如《道德经》所言："人法地，地法天，天法道，道法自然。""见素抱朴"，回归本来的状态。术法之上是近乎于道，接近于道，合乎于自然。人力所创造的香气，若能超越技能技巧，融于自然、回归自然，随心所欲地调用自然界美好的气息，形成自然之气，即为嗅觉审美的第四层阶梯。

## 有无之气

中国的五感审美标准，均源自特定的历史文化背景。"有无相生，难易相成，长短相形，高下相倾，音声相和，前后相随"，出自《道德经》，同样指引了嗅觉审美。中国人崇尚的色彩如宋人所推崇的变化的天青色，在有无的变化之间、虚实之间，其推崇的嗅觉也是如此，在强弱之间，有无之间。第五层阶梯"有无之气"乃至高的嗅觉审美，香之道也。

图 3-36

# 第十节　当代用香

中国古人对香料的使用从祭祀活动延伸至生活领域，再细分到民俗活动及传统节日当中，经过数千年的演变与发展，直到今天。随着传统文化的复兴、传统工艺的振兴，传统香文化再次进入大众的视野，并成为生活艺术化、艺术生活化的重要载体。古人在香药的功效运用基础上加入了气味的审美与嗅觉艺术的理念，以此通过芳香之气表达思想，探寻人与自然的和谐之道，形成来源于生活，又可高于生活的文化艺术形式。古人以香明德、以香启智，通过芳香之气构建宇宙观、世界观、价值观和道德观。传统香文化再次氤氲四方，在当代以新的方式和姿态参与各国间的文明互鉴、文化交流，服务大众的日常生活。当代的用香也呈现出新的时代特征，既有传承发扬，又有创造创新。

燃香，是一种从古代传续下来的用香方式，在当代逐渐开始流行。线香、盘香、塔香和篆香主要使用燃香的方式。由于线香的使用较为方便，成为书房、茶室、商务空间等常用的香品之一。因为传统线香有净化空气的作用，所以成为许多人出差、旅行的必备物品。而篆香需要时间和技巧，又作为唐宋时期流行的用香方法，具有深厚的文化背景，成为当代年轻人推崇的古法用香之一。燃香不仅可以使空间中香气萦绕，同时每次都会遇见不一样的香烟形状：一气冲天、崭岩若山，层层叠叠、香盖云集，静若幽兰、矗立如松，有无之间、气冠太华。燃香带来的视觉新鲜感是充满妙趣的，这种动变的审美构建，源自“易”的思想，不断为用香者带来新的体验。

爇熏，古法的爇熏方式有很多，主要是对香丸、香饼和香材的使用。这种方法需要专业人士的参与，技巧上的要求更为严格。当代也流行于小圈层中，成为复古风潮中的主要用香方式，也成为中国香文化在世界香文化中的亮点。

电熏，这种以电加温的熏香方式，替代了传统的以炭加温发香的方式。它的即时性、便捷性、安全性、可控性成为新的优势，比起隔火熏香更易操作。将香屑、香粉、香饼等香品放在电炉中熏香，也是“但令有香不见烟”的追求，成为办公室、卧室、车内等空间优选的用香方式。市场中常见的有储电香炉和插电香炉两种，储电香炉常用于香材的品鉴，插电香炉多用于日常熏香。

佩香，是指将香制品佩戴使用。采用佩香这一用香方法的香

图 3-37
香塑画《山水之间》
5.5m × 2.4m

品有香珠、香牌、香囊、香包等。这些香品既能做佩饰又带有微弱的香气，成为国潮爱好者追捧的对象。既有单方香佩饰，也有和香佩饰，品类样式繁多，在当代逐步开始流行。

涂香，是指通过涂抹的方式用香。常见形式有香膏、香脂、香油等。这既是古代重要的香身途径之一，也是当代流行的方便用香方式。这种形式营造了快节奏生活状态下的复古格调，使用便捷、香气天然、故事性强是涂香的主要特点。

倒流香，是指燃烧香品使烟向下流动，如高山流水一般。在塔香的底部开孔，点燃顶端，利用热力促使香烟向下流出，营造出千变万化的流水画面。这种方式因视觉冲击力强，烟气流向打破常规印象，使人有新奇感而备受推崇。

用香的方法在香文化发展的历史长河中不断推陈出新。随着时代的变迁、审美的变化、香料的丰富和香品的多样性发展，不同的时代出现了不同的时代符号，如同一粒粒珠子，串成了漂亮的饰品。新的用香方法依然会继续出现，需要更多的人参与和创造。

第四章

# 传统制香

第一节　制香基础

第二节　常见香料

第三节　沉香概述

第四节　香方集解

第五节　香品制作

传统制香是以天然香药材为原料，遵循历史传承的工艺体系和文化理念，制作具有特定功效或文化象征的香品的过程。传统香品制作技艺作为中国非物质文化遗产保护项目，是中国香文化的核心技艺，作为历代香文化的主体内容，是通过天然香料的运用，结合中国传统文化中的传统医学、四时节气、阴阳五行、生克制化等内容为一体的香品加工制作工艺。经过中国先秦香文化萌发期的不断演变，从简单的制作到复杂的配伍，直至汉代制香技术逐步成熟，基本形成多种香药混合使用的和香（合香）方法和单味香药独立使用的单方香法。其吸收了中医药材学、配伍学、制药学以及中国古代道家外丹术和气味学，从而形成了一套对天然香料进行合理使用并变化创造的制香体系。

和香首要，重在选材，其要在法；其法不一，差之百里；其材不一，差之千里。

# 第一节　制香基础

## 和香与单方香

和香，也称为合香，指多味香药混合使用的方法。

单方香，指一味香药单独使用的方法。

和香术，指按固定法则进行多味香药配合制香的技艺。

和香术源自中国秦汉时期，在传统医学组方原则、道家外丹术、熏香疗疾等内容的影响下，逐步发展形成。广州西汉南越王墓出土的四连体铜熏炉（图2-18）由四个独立的小炉组成，可同时燃烧不同香料，这一发现表明，早在秦汉时期和香术已有初步发展。后由于丝路香料的传入，补充了中国本土香料，从而开始形成系统的制香体系。中国南朝宋时期史学家、文学家范晔所著的《和香方》是目前已知的最早的和香术和香学系统专著。而在汉代大臣伶元所著的《赵后外传》中，描述了汉成帝的皇后赵飞燕以五蕴七香汤沐浴，焚熏百蕴香，而其妹婕妤赵合德以豆蔻汤沐浴，擦露华百英粉（出自《香乘》），文中的七香汤、百蕴香、百英粉均为和香。《汉建宁宫中香》的香方中记录了多种香药混合使用制作成香丸的方法。在湖南长沙马王堆，即西汉初期长沙国丞相、轪侯利苍的家族墓地，出土了花椒、茅香、佩兰、桂皮、辛夷、杜衡、藁本、高良姜、姜九种香料，同时出土了香奁（lián，古代妇女梳妆用的镜匣）、香枕、香囊、熏炉（配有竹熏罩），在5件草药袋和3件香囊中均发现了茅香、花椒等香料混合在一起使用。由此可看出，西汉初期和香术已基本形成。

和香术的形成与春秋战国时期盛行的炼丹文化密切相关。这一时期，方士为寻求《山海经》所载“不死之药”，将丹砂与草药配伍炼制丹药。据《山海经·大荒西经》记载：“有灵山，巫咸、巫即、巫朌、巫彭、巫姑、巫真、巫礼、巫抵、巫谢、巫罗十巫，从此升降，百药爰在。”这段记载中的“灵山十巫”实为巴蜀地区巫山部落的巫师群体，他们既主持占卜，又精通医药。巫山盛产丹砂（朱砂）因其矿物特性，被《神农本草经》列为“上品”，而当地丰富的草药资源，使得巫师们将丹砂与草药配伍的实践，逐渐演变为早期的炼丹术。这种将矿物与植物融合的配伍方法，正是和香术“香药同源”理念的源头。公元7～8世纪，我国炼丹术传入阿拉伯，12世纪传入欧洲。在丹术的理论基础上，和香术逐步分离出来，结合传统医学配伍法则，形成独立的制香体系。

## 香料与香品

香料是指在制香过程中未加工的原材料，亦作香药、香材，它是一切制香活动的基本元素。香料从属性上可分为植物类香料、动物类香料、矿物类香料三大类。其中植物类香料又可细分为草本类香料、木本类香料、花果类香料、根茎类香料、树脂类香料和枝叶类香料等。动物类香料又可分为皮壳类香料与凝结类香料，如甲香、龙涎香等。矿物类香料在制香过程中运用相对较少，如朱砂、牙硝等，也可用于制香。

香品是指通过人为创造创新后形成的各类形状不一、用法不一的香制品。香品从工艺上可分为手工香和工艺香。手工香可分为全手工香和半手工香。工艺香主要指通过机器制作的香品。香品从形态上可分为线香、盘香、塔香、香丸、香珠、香串、香牌、香囊、香粉、香露、倒流香等。香品从用香方法上可分为燃烧类香品、爇熏类香品、佩饰类香品、涂敷类香品、内服类香品、浸泡类香品和灸类香品等。

## 主料与辅料

主料是指制香过程中用到的多种类别的原香料，如沉香、檀香、乳香、龙脑香、丁香等。辅料是指制香过程中用到的黏合类物质及凝合类物质。其中黏合类物质包括黏粉、炼蜜等。

常用黏合类物质如下。

榆皮粉：即榆树树皮磨制的粉末，遇水后具有黏性，曾收录于中国明代李时珍所著的《本草纲目》中。

楠木粉：是分布于中国四川、云南、贵州等地的楠木磨制的粉末，遇水具有黏性，是太月香学体系非遗制香的主要黏合物之一。

炼蜜：指炼制过的蜂蜜。其炼制方法为将蜂蜜放置于锅中，文火加热，去除其中多余的水分和杂质，使其纯净并富有黏性。

凝合类物质主要有水、浆、糊等。水又称“灵水”，即有灵气的水。比如，山泉水、雨水（无根水）、井水、露水、雪水等。浆常见的有米浆等。糊常见的有白及糊、皂角米糊等。

## 主料的使用

中国香文化体系中“香药同源”，大部分主料既是香料，也是药材。所以在配伍过程中沿用中药组方的“君臣佐使”原则。《神农本草经》中记载：上药一百二十种为君，主养命，以应天；

中药一百二十种为臣，主养性，以应人；下药一百二十五种为佐使，主治病，以应地。《黄帝内经》中说："主病之谓君，佐君之谓臣，应臣之谓使。"元代李杲在《脾胃论》中再次申明："君药分两最多，臣药次之，使药又次之。不可令臣过于君，君臣有序，相与宣摄，则可以御邪除病矣。"而和香术的香药使用原则，首先会考虑香药的药理药性，并根据它的性状特点发挥生克制化功能；其次，会对香味进行预判，通过固定法则使其合一。

## 辅料的使用

制香过程中，黏粉主要与灵水配合，主要用于燃烧类香品、佩饰类香品的制作。而炼蜜则可不与灵水配合，单独使用，主要用于爇熏类香品、内服类香品的制作。

## 制香工具

制香工具会涉及各类材质的工具，主要制香工具如下。

碎粉类工具：铁船、石臼、碾磨钵。

筛粉类工具：筛网。特别是在燃烧类香品制作的过程中，如线香的制作，需要将香粉的粗细进行统一。常见筛网目数为80目、100目、120目。

制泥类工具：香碗、香盆、大石臼、石槽等。主要用于将主料、辅料混合并炼制成泥。

成型类工具：唧筒、香模。唧筒主要用于制作线香，在明代的《本草纲目》中记载了线香的制作方法，其中即有唧筒。香模主要用于香珠、香牌等香品的制作。

晾晒类工具：香箩、晾香网。往往是在木质框架结构上绷平网布而制成。

收香类工具：直尺、镊子、小刀等。主要用于量裁及分香。

## 制香流程

太月香学体系中的"制香九式"又可细分为"十八法"，是源自中国四川的独立制香体系。该技法结合了传统医学、道家外丹术、四川民俗制香、四川密宗制香传承等精要，是非物质文化遗产保护项目，其代表性传承人为罗子杰。

图 4-1　选材

## 一、选材

制香过程中，选材为第一步，也是最为重要的一步。和香首要，重在选材，其要在法；其法不一，差之百里；其材不一，差之千里。各类香材均有等级之分，不同的香方需要选择不同等级的原材料。并非所有原材料都要选最好的，需要在等级上做到恰到好处。

图 4-2　炮制

## 二、炮制

古同炮炙，指用烘、炮、炒、洗、泡、漂、蒸、煮等方法对香药进行加工，主要目的是去除杂质、理其药性，特别是消除或降低药物的毒性。炮制分为修制、水制、火制、水火共制和其他制法 5 大类。

图 4-3　碎粉

## 三、碎粉

碎粉指将制好的香药进行粉碎加工，并使其统一至固定的粗细状态。部分香药会用到“水飞”法，即利用粗细粉末在水中的悬浮性不同，将不溶于水的药材与水共研，经反复研磨制备成极细腻粉末的方法。水飞法适用于不溶于水的矿物类香药，如朱砂、雄黄及贝壳类香药等。

## 四、和香

将所有主料和辅料研粉准备好后，即可按照香方所记载顺序进行和香。在此过程中，部分香料会忌讳铁器，所以需要了解所有香药的属性。部分香方在和香之后需要小窨一段时间，如 8 小时、24 小时、48 小时、3 天、7 天等，根据香方的要求，时间不等。小窨是指在香品还没有制作完成前的窨藏。

图 4-4　和香（1）

图 4-5　和香（2）

图4-6　制泥（1）

图4-7　制泥（2）

### 五、制泥

制泥又称炼泥。待所有香药调和以后，即可开始制泥。不同的香方所用黏合物质不同。在调和好的香药中逐步加入炼蜜或者灵水，以此混合香药，用手或者香具炼制香泥。在此步骤中讲究“三光”：器光、手光、泥光。也就是说最好的香泥状态是炼制完后，器皿内部干净光滑，无残料香泥；手干净，不染香泥；香泥表面光滑柔软，不沾器皿。在制作大量香泥的过程中，也可以借助大的石臼进行炼制。部分香方和香药，需要在大的鹅卵石、青石或汉白玉等石头上进行摔打锤炼，以此去除部分香药燥性。

### 六、成型

成型就是将香泥塑造成不同的形状，如线香、盘香、塔香、香丸等。不同的香品需要不同的成型方法，有部分香品需要借助工具完成。比如线香的制作，需要用到唧筒，将香泥放置在唧筒中，通过助推香泥将香泥从固定的出香孔中挤出，形成香泥线条。明代李时珍的《本草纲目》中记载：“以唧筒笮成线香，成条如线也。”在许多藏香的制作技艺中，往往是借用角类做唧筒，将角前端开孔，将香泥填入后用拇指用力挤出。不同的地域制香方法不同，当代部分制香人为求方便，直接使用针筒作为唧筒，也是可行的。线香也可以直接手工搓制。香丸类的香品以手工搓制为主，香牌、香珠多借助模具扣压而成。

图4-8　借助模具扣压香牌

图4-9　线香

图4-10　盘香

图4-11　香丸

图4-12　香饼

**七、晾香**

晾香指将做好的香品置于阴凉处晾干。在此步骤中，不同的香方和不同的地域气候条件，需要不同的晾香环境。中国北方由于空气干燥，晾香时常选在不通风的阴凉处。中国南方部分地区气候潮湿，晾香时可选在微微通风的向阳处。

**八、收香**

收香即将制作好的香品收纳起来。该步骤根据香品的不同，需要的工具不同。特别是手工制作的线香，在收香时需要用到直尺、切刀、镊子等工具，将线香裁切成固定尺寸后，再放置在香筒里。而佩饰类香品，在收香时需要准备打磨工具，将粗糙的衔接处进行打磨，使其平滑，常用到砂纸、锉刀等工具。

**九、窨藏**

窨藏即将制作好的香品放置在密封的容器里。窨藏分为精藏和普藏，精藏又分为洞藏、埋藏、悬藏、和藏、广藏；普藏又称为置藏和封藏。不同的香品由于所用香药不同，为使各类香药和合统一，需要采用不同的窨藏方法。一些珍贵的香品需要精藏，其需要精藏的时间不等，如七日、四十九日、一个月、三个月不等。而单方香以普藏为主。

## 和香原理

和香首要，重在选材，其要在法；其法不一，差之百里；其材不一，差之千里。和香的原理是将自然界中有益的香药，按照“君臣佐使”的法则进行调和使用。其中选材是和香的第一要务，每个香方的呈现都需要选择恰到好处的香药，并非一味地追求等级最高的香药。其次是制香的方法，中国传统制香历代均有各种制香方法，并且存在差异，如同中医治病救人一样，各家各派方法不同。和香就是建团队，让各种香药在团队中各司其职，发挥最好的作用。取其优点、避其缺点，通过生克制化的手法，恰到好处地使用每味香药。在此过程中，多数香药需要各种不同的炮制方法，而炮制的核心思想是“去除杂质、理其药性”。恰当的炮制方法可以令香药发挥最好的作用。

和香就像是一棵大树，其主香便是树根和树干，是框架。辅香就像是旁枝侧叶和所开的花、结的果。主香、辅香相互配合，组成繁茂的大树。而选材的标准须依据香药的五行属性和香方的既定目标进行选择，按“香药法象”的原理组成优质的团队。和香是将万物化为“气”进行使用，是通过高温或特殊常温的方法激发香药的药理药性，使之变成气，弥漫在空气中进行使用。在此目标下，不同属性的香药选择变得尤为重要。在香药的分类中，根茎类、干类、果类的香气往往具备收敛、稳定、持久、聚的特性。枝叶类、花类的香气往往具备外扬、灵动、短暂、易散的特性。根据地上地下的香药属性不同，南北方香药属性不同，高低处香药属性不同，阴阳面香药的属性不同等，亦可细分。充分了解每一味香药的特性，就像了解团队中的每一位成员一样，通过炮制激发优点，避开缺点，形成最佳组合。总之，可用易学中“万物类象”法和《黄帝内经》的“援物比类”“天人相应”认识观去总结和使用。

图 4-13　五行生克图

图 4-14　香药分类示意图

# 第二节　常见香料

## 四大名香

四大名香一般指沉香、檀香、龙涎香、麝香四种香料。由于不同时代理解不一，又可指沉香、檀香、龙脑香、麝香四种香料，即“沉檀龙麝”和“沉檀脑麝”。其中沉香和檀香属于木本类香料，在历朝历代的用香过程中常单方使用，亦作和香用。龙脑香、龙涎香、麝香常在香方中作配料使用。

### 沉香

沉香被誉为“众香之首”“植物中的钻石”“香中阁老”，自汉代开始使用至今，古代典籍中记为“沈香”，常作为和香术中的重要香料。

沉香属于木本类香料，是瑞香科沉香属树木在受到内外因伤害的情况下，伤口分泌出来的油脂与外界真菌长时间发生氧化、聚合、醇化等反应，形成的凝聚物，是树木伤口处的油脂综合体。

### 檀香

檀香属于木本类香料，是檀香科檀香属植物檀香（*Santalum album*）的心材，佛教称旃檀。主要分布在印度、马来西亚、澳大利亚、印度尼西亚等地，中国有少量引种。叶廷珪称：“檀香出三佛齐国，气清劲而易泄，爇之能夺众香。”檀香树干的边材为白色，无气味，心材为黄褐色，有浓郁的香气，是名贵的药材和香料。檀香在市场上常见的分类为老山檀、新山檀、地门香、雪梨香等。按成材时间又可分为老料和新料。檀香自汉代随佛教传入中国后，在佛教用香和宫廷用香中大量使用，曾被武则天定为御用香料。檀香是佛教的第一用香，常用于供佛、制作念珠、雕刻佛像。佛经中也常出现关于檀香的记载，《苏悉地羯啰经》卷上《分别烧香品》记载，胎藏界三部所烧之香不同，佛部燃烧沉水香，金刚部燃烧白檀香，莲华部燃烧郁金香，但也可以一种香通于三部。佛教对檀香极为推崇，故佛寺常被尊称为“檀林”或“旃檀林”。

## 龙涎香

龙涎香又称龙腹香，属于动物类香料，是抹香鲸肠道内分泌物的干燥品，是一种灰色、灰白色或黑色的固态蜡状物。大乌贼和章鱼口中有坚韧的角质颚和舌齿，很不容易消化，当抹香鲸吞食了这些大型软体动物后，它们的颚和舌齿在抹香鲸胃肠内积聚，肠道就分泌出一种特殊的蜡状物，将食物的残骸包起来，经过生物酸的侵蚀和微生物的分解，随消化系统或经呕吐排出体外，然后在海水中经过漫长的氧化过程，并遇到海洋中的盐碱而自然皂化，就形成了干燥的固体香料——龙涎香。古人认为这种香料是龙的口水形成的，如南宋张世南在《游宦纪闻》中记载："龙涎出大食。西海多龙，枕石一睡，涎沫浮水，积而能坚，鲛人采之，以为至宝。"认为龙涎香是大食国（阿拉伯地区）海里的一种龙以石为枕睡着后流出口水的结晶体，故而得名。

龙涎香不仅作为中国香文化中重要的香料之一，在古代香方中经常出现，其酊剂也被广泛用作西方香水的定香剂。龙涎香在中国主要分布于黄海、东海和南海，尤以台湾海域最多。

## 龙脑香

龙脑香古称膏香、婆律香、瑞脑等，属于树脂类香料，是龙脑香科植物树脂凝结成的晶体。因上等龙脑香白莹如冰，类似梅花，又称作梅花脑。龙脑香是中国古代非常名贵的香药，产于婆罗洲北部、马来半岛及苏门答腊岛。龙脑香科植物在我国有五属十三种，主要分布于云南、广西、海南和西藏，分布范围狭窄。中医中所使用的冰片就是龙脑香科植物的干燥树脂，或将龙脑香树的树干、树枝砍下、切碎，进行蒸馏后得到的白色晶体。

天然的龙脑香在熏燃时气味浓烈而烟小，是芳香开窍的香药，在古代香方中常作为辅佐类香料出现。

## 麝香

麝香又名寸香、元寸、当门子、臭子、香脐子，属于动物类香料，是雄性麝（林麝、马麝或原麝）冬季发情期肚脐和生殖器之间的腺囊分泌物形成的干燥物。传统的获取麝香的方法是杀麝取香，即切取腺囊，先行干燥，腺囊干燥后，分泌物变硬，呈棕色，成为一种很脆的固态物质，呈粒状及少量结晶。《华夷草木考》中记载，麝香分为三等，第一等是生香，由麝自己用爪子剔出来，此香聚处草木都会变得焦黄，这种香极其难得；第二等是脐香，即捕杀后所取得的香；第三等是心结香，是麝被大型兽类追捕，狂奔于大山之间坠崖而死后血流凝结成的香块，人们打开心室取得此香，这种香较干燥，不宜使用。

麝香是上等的中药，同时也是难得的香料，对人体中枢神经有兴奋作用。外用能镇痛、消肿。古代香方中大量使用麝香，其走窜速度非常快，常作为渗透类香料使用。

图 4-15
沉香

图 4-16
奇楠

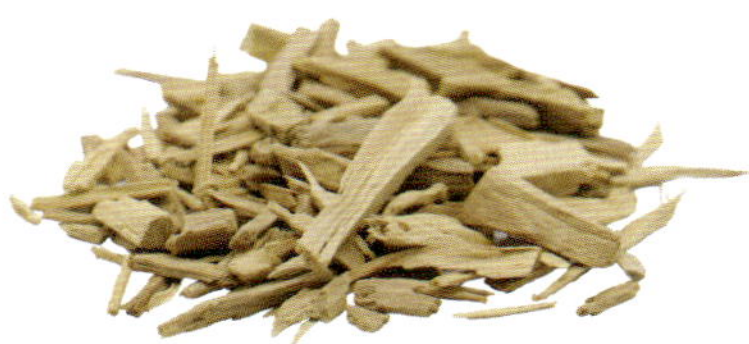

图 4-17
檀香

图 4-18
龙涎香

图 4-19
龙脑香

图 4-20
麝香

## 紫苏

唇形科紫苏属一年生直立草本植物。以茎叶及子实为主入香入药。

产地：中国江苏、湖北、广东、广西、河南、河北、山东、山西、浙江、四川等地。

## 香茅

禾本科香茅属植物香茅的全草，为常见的香草之一。因有柠檬香气，故又被称为柠檬草。

产地：中国广东、广西、云南、四川、福建、台湾、浙江、上海等地。

## 香薷

唇形科香薷属一年生直立草本植物，全草入药。

产地：中国除新疆、青海外，几乎各地均产。

## 麝香草

报春花科麝香草属植物麝香草的全草。

产地：原产地中海沿岸，中国有栽培。

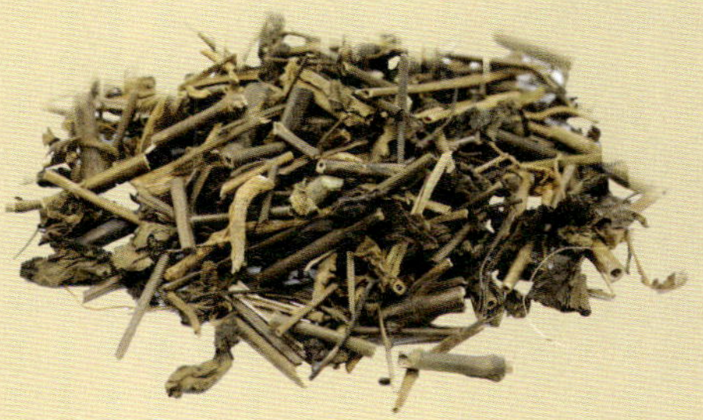

## 芸香草

禾本科香茅属植物芸香草的全草。

产地：中国甘肃、陕西、四川、贵州、云南等地。

## 迷迭香

唇形科迷迭香属植物迷迭香的全草。

产地：原产南欧各国，中国亦有栽培。

## 薄荷

唇形科植物薄荷或家薄荷（罗勒）的全草或叶。

产地：中国华北、华东、华南、华中及西南各地。

## 艾纳

菊科艾纳香属植物艾纳香的叶及嫩枝。

产地：中国广东、广西、云南、贵州、台湾、福建等地。

## 瓦松

景天科植物瓦松或晚红瓦松等的全草。

产地：中国全国各地均有分布。

## 荷叶

莲科莲属植物莲的叶。

产地：中国全国大部地区均产。

## 安息香

安息香科安息香属植物印度安息香的干燥树脂。

产地：印度尼西亚的苏门答腊岛及爪哇岛。

## 松香

松科松属植物马尾松或其同属植物树干中取得的油树脂，经蒸馏除去挥发油后的遗留物。

产地：中国广东、广西、福建、湖南、江西、浙江、安徽等地。

## 枫香

金缕梅科枫香树属植物枫香树的树脂。

产地：中国秦岭及淮河以南各省。

## 蒲公英

菊科蒲公英属多种蒲公英干燥的带根全草。

产地：中国各地均有生产，野生。

## 藿香

唇形科植物广藿香或藿香的全草。

产地：中国黑龙江、吉林、辽宁、河北、河南、山东、陕西、安徽、江苏、浙江、广东、福建、湖北、湖南、江西、四川、贵州、云南等地。

## 浮萍

天南星科植物紫背浮萍或浮萍（青萍）的全草。

产地：中国各地都有分布。

## 佩兰

菊科泽兰属植物佩兰的茎叶。

产地：中国河北、山东、江苏、广东、广西、四川等地。

## 茅香

禾本科黄花茅属的一种芳香性植物。

产地：中国黑龙江、内蒙古、河北、山西、陕西、青海、新疆、四川、贵州等地。

## 背阴草

又叫井口边草，为凤尾蕨科植物凤尾蕨的全草。

产地：原产北美，在中国长江流域以南各省均有分布。竹林边、河谷、石缝和山林湿地。

## 杜衡

马兜铃科细辛属植物杜衡的根茎及根或全草。

产地：主产地为中国江苏、浙江。

## 乳香

橄榄科植物卡氏乳香树的树脂。

产地：红海沿岸至利比亚、苏丹、土耳其等地。

## 苏合香

蕈树科枫香树属植物苏合香所分泌的树脂。

产地：原产小亚细亚南部。中国广西有栽培。

## 赤芍

芍药科芍药属草本植物芍药、草芍药或川赤芍的根。

产地：中国东北、华北、陕西及甘肃等。

## 高良姜

姜科山姜属植物高良姜的根茎。

产地：分布于中国广东、广西。

## 白芷

伞形科植物白芷（兴安白芷）、川白芷、杭白芷或糙独活（滇白芷、云南牛防风）的根。

产地：中国黑龙江、吉林、辽宁等地。栽培于四川、河北、河南、湖北、湖南、安徽、山西等地。

## 郁金

姜科植物姜黄、郁金或莪术的块根。

产地：中国江苏、浙江、福建、广东、广西、江西、四川、云南等地。

## 仙茅

石蒜科植物仙茅的根茎。

产地：中国江苏、浙江、福建、台湾、广东、广西、湖南、湖北、四川、贵州、云南等地。

## 青木香

马兜铃科植物马兜铃及北马兜铃的根。

产地：主产于中国浙江、江苏、安徽。此外，广西、湖南、湖北等地亦产。

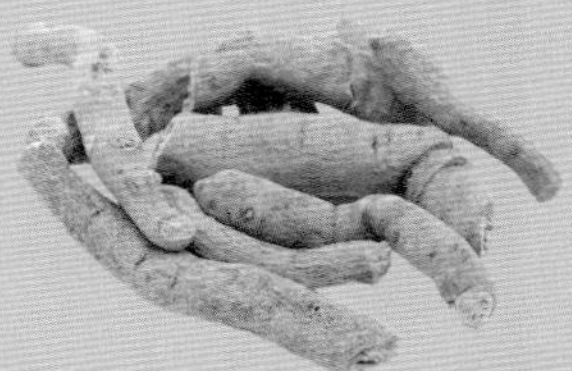

## 元参

玄参科多年生草本植物玄参的根。

产地：中国浙江、四川、湖北等地。

## 葛根

豆科葛属植物葛的块根。

产地：中国辽宁、河北、河南、山东、安徽、江苏、浙江、福建、台湾、广东、广西、江西、湖南、湖北、四川、贵州、云南、山西、陕西、甘肃等地。

## 独活

伞形科植物重齿当归、毛当归（家独活）、兴安白芷（白芷）、紫茎独活、牛尾独活（独活）、软毛独活以及五加科植物食用楤木（食用土当归）等的根及根茎。

产地：中国湖北、四川及江西等地。

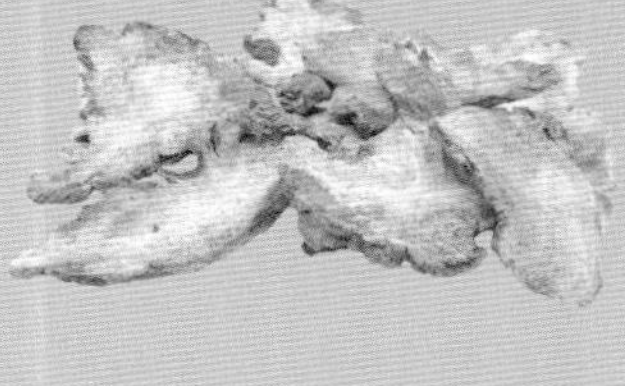

## 甘松

败酱科植物甘松或宽叶甘松的根茎及根。

产地：分布于中国西南部，主要生长在高山草原地带。

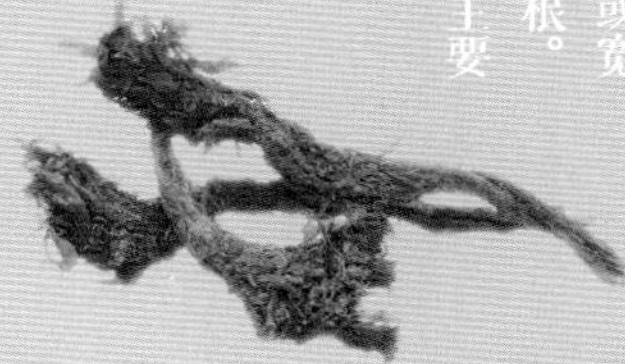

## 细辛

马兜铃科植物辽细辛或华细辛（汉城细辛）的带根全草。

产地：中国东北及山东、山西、河南等地。

## 干姜

姜科姜属植物姜的干燥根茎。

产地：中国大部分地区有产，主产四川、贵州等地。

## 当归

伞形科当归属植物当归的根。

产地：中国甘肃、四川、云南、陕西、贵州、湖北等地。各地均有栽培。

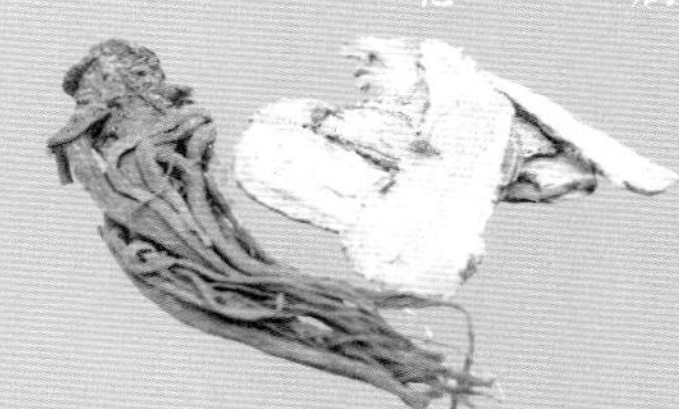

## 白术

菊科苍术属植物白术的根茎。

产地：野生种在原产地几已绝迹。现广为栽培，中国安徽、江苏、浙江、福建、江西、湖南、湖北、四川、贵州等地均有，而以浙江栽培的数量最大。

## 白芍

芍药科芍药属植物芍药的干燥根。

产地：主产于中国浙江、安徽、四川。

## 莪术

姜科植物莪术的根茎。

产地：生于山谷、溪旁及林边等的阴湿处。主产于中国广西、四川。

## 川芎

伞形科植物川芎的根茎。

产地：中国四川、贵州、云南一带，多为人工栽培。

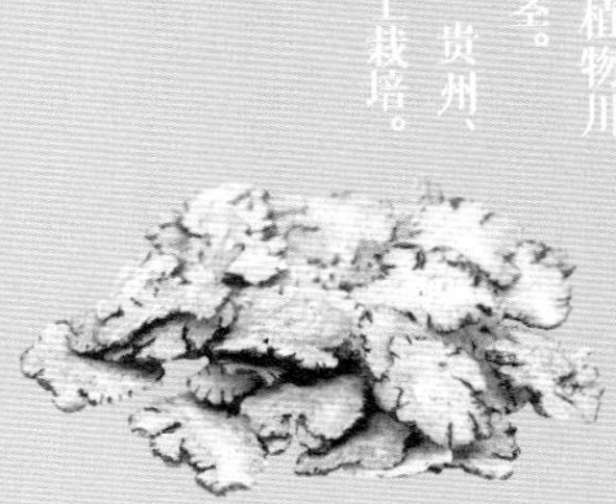

## 苍术

菊科植物南苍术或北苍术的干燥根茎。

产地：中国江苏、浙江、安徽、江西、湖北、河北、山东等地。

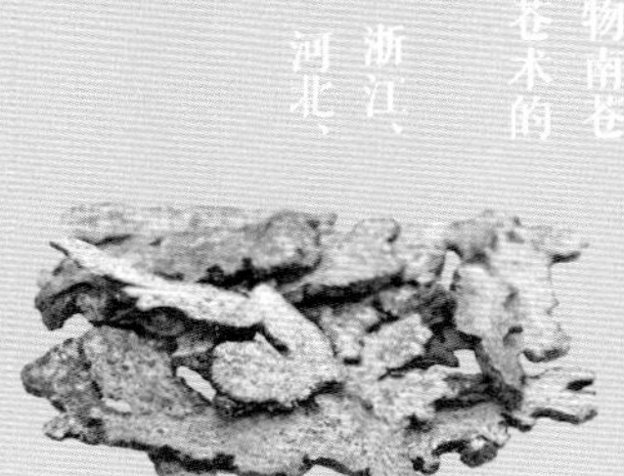

## 白及

兰科植物白及的块茎。

产地：中国河南、陕西、甘肃、山东、安徽、江苏、浙江、福建、广东、广西、江西、湖南、湖北、四川、贵州、云南等地。

## 白蔹

葡萄科植物白蔹的根。

产地：中国黑龙江、吉林、辽宁、河北、河南、山东、安徽、江苏、浙江、江西、湖南、湖北、四川、山西、陕西、广西、内蒙古等地。

## 远志

远志科植物细叶远志（金花远志）的根。

产地：中国东北、华北、西北及山东、安徽、江西、江苏等地。

## 绿梅花

蔷薇科植物梅的花蕾。

产地：中国全国有栽培。

## 红花

菊科植物红花的干燥花。

产地：中国全国各地多有栽培。

## 曼陀罗花

茄科植物白曼陀罗（洋金花）或毛曼陀罗等的花。

产地：中国江苏、浙江、福建、湖北、广东、广西、四川、贵州、云南、辽宁、河北。

## 素馨花

木樨科植物素馨花的干燥花蕾。

产地：中国云南、四川、西藏及喜马拉雅地区。

## 杜鹃

杜鹃花科植物杜鹃的花或果实。

产地：中国河南、湖北及长江以南各地。

## 茉莉

木樨科植物茉莉花的花。

产地：中国江苏、浙江、福建、台湾、广东、四川、云南等地。

## 藁本

伞形科植物藁本或辽藁本、火藁本的根茎及根。

产地：中国河南、陕西、甘肃、江西、湖北、湖南、四川、山东、云南等地。

## 木香

菊科植物云木香或木香的根。

产地：主产于中国云南、广西、西藏、四川。

## 白茯苓

药材茯苓块切去赤茯苓后的白色部分，为多孔菌科真菌茯苓的干燥菌核。

产地：中国河北、河南、山东、安徽、浙江、福建、广东、广西、湖南、湖北、四川、贵州、云南、山西等地。

## 甘草

豆科植物甘草的根及根状茎。

产地：中国东北、西北、华北等地。

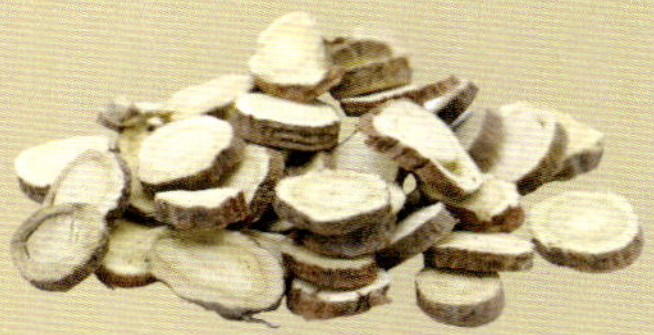

## 金银花

忍冬科植物忍冬的花蕾。

产地：中国广东、广西、云南等地。

## 野菊花

为菊科植物野菊、甘菊（北野菊、岩香菊）的头状花序。

产地：中国江苏、四川、广西、山东等地。

## 玫瑰

蔷薇科植物玫瑰初放的花。

产地：中国江苏、浙江、福建、山东、四川、河北等地。

## 洛神花

锦葵科植物玫瑰茄的花。

产地：原产于东半球热带地区，中国福建、台湾、广东、海南、广西和云南南部引入栽培。

## 蔷薇花

蔷薇科植物多花蔷薇（野蔷薇）的花。

产地：中国山东、河南、江苏、安徽、浙江、江西、湖南、湖北、四川、云南、贵州、福建、广东、广西、新疆等地。

## 莲子心

莲科植物莲的成熟种子的绿色胚芽。

产地：主产于中国湖南、湖北、福建、江苏、浙江等地。

## 辛夷

木兰科植物辛夷（紫玉兰）或玉兰（白玉兰）的花蕾。

产地：原产于中国湖北、安徽、浙江、福建一带，现在野生较少，在山东、四川、江西、湖北、云南、陕西南部、河南等地广泛栽培。

## 香附

莎草科植物粗根茎莎草的根茎。

产地：主产于中国山东、浙江、湖南、河南。其他地区亦多有生产。

## 枸杞子

茄科植物枸杞或宁夏枸杞的成熟果实。

产地：中国大部分地区有分布。

## 连翘

木樨科植物连翘的果实。

产地：中国辽宁、河北、河南、山东、江苏、湖北、江西、云南、山西、陕西、甘肃等地。

## 桂枝

樟科植物肉桂的嫩枝。

产地：中国广东、广西等地。

## 陈皮

芸香科植物柑橘及其栽培变种的干燥成熟果皮。

产地：中国江西、湖南、贵州、云南、四川等地。

## 山柰

姜科山柰属植物山柰的根茎。

产地：中国广东、广西、云南、台湾等地区有栽培。

## 羌活

伞形科植物羌活、宽叶羌活（川羌活）的根及根茎。

产地：中国山西、陕西、湖北、内蒙古、西藏、青海、四川、云南、甘肃。

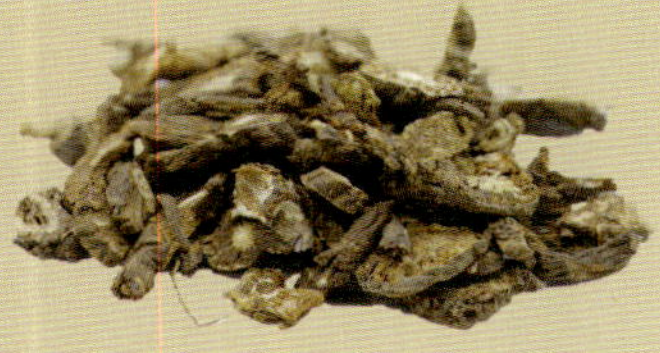

## 桂花

木樨科植物木樨的花。

产地：原产于中国西南部，现全国大部分地区均有栽培。

## 花椒

芸香科植物花椒的果皮。

产地：中国大部分地区有分布。

## 小茴香

伞形科植物茴香的果实。

产地：中国各省区都有栽培。

## 肉豆蔻

肉豆蔻科植物肉豆蔻的种子。

产地：热带地区广为栽培。分布于马来西亚、印度尼西亚、巴西等地。

## 母丁香

为桃金娘科植物丁香的果实。

产地：分布于马来群岛及非洲，中国广东、广西等地有栽培。

## 公丁香

桃金娘科植物丁香的花蕾。

产地：分布于马来群岛及非洲，中国广东、广西等地有栽培。

## 山楂

蔷薇科植物山楂或野山楂的果实。

产地：广泛分布于中国东北南部、华北以至江苏一带。

## 栀子

茜草科植物栀子（山栀子）的果实。

产地：中国山东、江苏、浙江、安徽、江西、广东、广西、云南、贵州、四川、湖北、福建、台湾等地。

## 佛手

芸香科植物佛手的果实。

产地：中国广东、广西、福建、云南、四川、浙江、安徽等地有栽培。

## 河子皮

使君子科植物河子的果实。

产地：中国西藏、云南、广东、广西等地均有分布。

## 蒺藜

蒺藜科草本植物蒺藜的干燥成熟果实。

产地：中国各地均有出产。

## 蔓荆子

马鞭草科植物单叶蔓荆或蔓荆的果实。

产地：中国辽宁、河北、河南、山东、安徽、江苏、浙江、福建、台湾、江西、湖南、湖北、云南、广东等地。

## 大黄

蓼科植物掌叶大黄、唐古特大黄（鸡爪大黄）或药用大黄的根茎。

产地：中国四川、甘肃、青海、西藏等地。

## 苏木

豆科植物苏木的干燥心材。

产地：中国广西、广东、台湾、贵州、云南、四川等地。

## 降真香

豆科植物降香檀（降香）的根部心材。

产地：中国主产于海南。

## 石脂

硅酸盐类矿物。

产地：中国福建、河南、江苏、陕西、湖北、山东、安徽、山西等地。

## 甲香

蝾螺科动物蝾螺或其近缘动物的掩厣。

产地：中国浙江以南沿海地区。

## 白僵蚕

蚕蛾科昆虫家蚕蛾的幼虫感染白僵菌而僵死的干燥全虫。

产地：主产于中国浙江、江苏、四川等养蚕区。

## 槟榔

棕榈科植物槟榔的种子。

产地：中国广西、云南、福建、台湾、广东等地。

## 荔枝壳

无患子科植物荔枝的外果皮。

产地：中国福建、广东、广西、台湾、云南、四川等地。

## 柏子

柏科植物侧柏的种仁。

产地：主产于中国山东、河南、河北。此外，陕西、湖北、甘肃、云南等地亦产。

## 覆盆子

蔷薇科植物掌叶覆盆子、插田泡（插田藨）等的未成熟果实。

产地：中国安徽、江苏、浙江、江西、福建等地。

## 黄柏

芸香科植物黄檗或黄皮树（川黄檗）的树皮。

产地：主产于中国东北及华北。

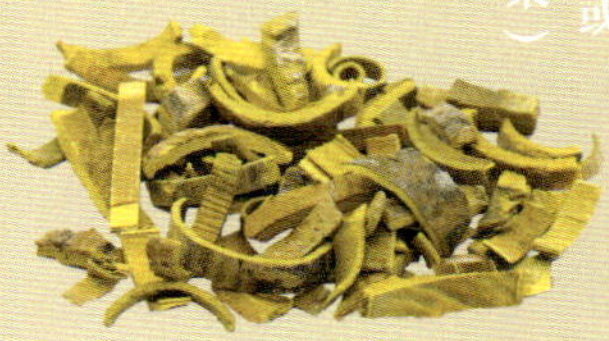

## 丹皮

芍药科植物牡丹的根皮。

产地：主产于中国河北、河南、山东、四川、陕西、甘肃等地。全国各地均有栽培。

## 肉桂

樟科植物肉桂的干皮及枝皮。

产地：中国福建、广东、广西、云南等地。

## 密陀僧

为粗制氧化铅。

产地：中国广东、湖南、湖北、福建等地。

## 朱砂

天然的辰砂矿石。

产地：中国贵州东部和湖南西部。

# 第三节　沉香概述

## 沉香的历史

沉香，古语有时写作“沈香”，在我国的应用历史悠久。在我国古代文献中，最早提及沉香的是东汉杨孚的《交州异物志》:“蜜香，欲取先断其根，经年，外皮烂，中心及节坚黑者，置水中则沉，是谓沉香，次有置水中不沉与水面平者，名栈香，其最小粗者，名曰椠香。”据《法苑珠林》记载，三国吴人万震在《南州异物志》中也提到了沉香：木香出日南，欲取当先斫坏树，著地积久，外白朽烂，其心中坚者置水则沉香；其次在心白之间，不甚坚精，置之水中不沉不浮，与水平者，名曰栈香。其最小粗白者，名曰椠香。刘歆在《西京杂记》中记载，西汉宫廷贺礼中就有“沉香木”的称谓。三本古籍中分别提及的蜜香、木香、沉香木，均指今天瑞香科的沉香。

随着丝绸之路的开通，从汉代到魏晋南北朝时期，中国香文化趋向成熟，关于沉香的记载众多。如约成书于汉末的《名医别录》中最早明确记载沉香为药物，归为“上品”，认为其“微温”，主治“风水毒肿，去恶气”。南北朝时期的《雷公炮炙论》中详述了沉香的炮制方法，强调需“锉碎，酒浸后用，以增强其药效”。唐代的《新修本草》，五代的《海药本草》，宋代的《证类本草》《太平惠民和剂局方》《本草衍义》，金元时期的《珍珠囊》，明代的《本草纲目》，清代的《本草备要》《本草求真》等医学典籍均对沉香有详细的记载。

沉香的古代文献记载不仅涵盖医学典籍，还涉及植物学、方志、文人笔记及海外贸易记录等，反映了其在古代社会中的多重价值（药用、文化、经济）。如早期植物学与地理文献，晋代嵇含所著的《南方草木状》中这样描述沉香：“蜜香、沉香、鸡骨香、黄熟香、栈香、青桂香、马蹄香、鸡舌香，案此八物，同出于一树也，交趾有蜜香树，干似柜柳，其花白而繁，其叶如橘，欲取香伐之，经年，其根、干、枝节各有别色也。木心与节坚黑，沉水者为沉香；与水面平者为鸡骨香；其根为黄熟香；其干为栈香；细枝紧实未烂者为青桂香；其根节轻而大者为马蹄香；其花不香，成实乃香，为鸡舌香，珍异之木也。”这是最早系统记载沉香植物来源的文献。明确指出“沉香”一词的来源，也奠定了后世沉香等级划分的基础。文中将“蜜香”作为沉香的广义总称，将沉香树统称为“蜜香树”，因树脂甜香如蜜而得名。文中涵盖了“蜜香、沉香（沉水香）、鸡骨香、黄熟香、栈香、青桂香、马蹄香、鸡舌香”八类沉香。此后各朝代的香学名家均以此为宗论沉香，略作修改。

宋代的周去非在《岭外代答》中讲述了沉香的产地、种类、质量差异以及海南沉香的特点和珍贵性：“沉香来自诸蕃国者，真腊为上，占城次之。真腊种类固多，以登流眉（案范成大《桂海虞衡志》作丁流眉，《宋史》作登流眉）所产香，气味馨郁，胜于诸蕃。若三佛齐等国所产，则为下岸香矣，以婆罗蛮香为差胜。下岸香味皆腥烈，不甚贵重。沉水者，但可入药饵。交址（阯）与占城邻境，凡交址（阯）沉香至钦，皆占城也。海南黎母山峒中，亦名土沉香，少大块，有如茧栗角，如附子，如芝菌，如茅竹叶者，皆佳。至轻薄如纸者，入水亦沉。万安军在岛正东，钟朝阳之气，香尤酝藉清远。如莲花、梅英之类，焚一铢许，氛翳弥室，翻之四面悉香，至煤烬，气不焦，此海南香之辨也。海南自难得，省民以一牛于黎峒博香一担，归自差择，得沉水十不一二。顷时香价与白金等，故客不贩，而宦游者亦不能多买。中州但用广州舶上蕃香耳。唯登流眉者，可相颉颃。山谷香方率用海南沉香，盖识之耳。若夫千百年之枯株中，如石如杵，如拳如肘，如奇禽龟蛇，如云气人物，焚之一铢，香满半里，不在此类矣。”

文中第一部分描述了沉香的产地、种类和质量差异，认为在海外进口的沉香中，真腊产的品质最佳，占城次之。真腊沉香种类繁多，其中以“登流眉”（宋代《桂海虞衡志》写作“丁流眉”，《宋史》称“登流眉”）地区所产的香气最为浓郁醇厚，远胜其他产地。而三佛齐等地的沉香属于“下岸香”，品质较差，唯有其中一种“婆罗蛮香”略好。这类下岸香普遍气味腥烈，价值不高，沉水香（能沉入水的密实沉香）可入药。第二段描述了海南沉香的特点：交趾与占城相邻，运至广西钦州的所谓“交趾沉香”，实则多为占城沉香。而海南岛黎母山深处出产的“土沉香”，虽少有整块大料，但形态独特，如蚕茧、栗子、附子（中药块茎）、灵芝菌盖、竹叶状的皆为佳品。其中薄如纸片的香材，入水亦能下沉。万安军因日照充足，所产沉香尤为清雅悠长，焚烧时似有莲花、梅花的幽香，仅燃一小块便满室芬芳，且香灰冷却后仍无焦煳气，这是海南香独有的特质。第三段描述了海南沉香的稀缺性与流通特点：海南沉香本就稀少，汉人用一头牛与黎族部落换一担香材，筛选后能沉水的不足十分之一二。过去沉香价同白银，商贩难以囤积，官员也鲜少能大量购得。中原地区多用广州进口的海外香，唯有登流眉香能与海南香媲美。黄庭坚的香方中推崇海南沉香，可见其地位。至于深埋千年的古沉香，质地如石如木，形似龟蛇、云纹或人像，此类异香焚烧微量即可香传半里，已非凡品之列。

北宋丁谓所著的首部沉香专著《天香传》提出“沉香四名”，即沉水香、栈香、黄熟香、生结香，并描述了海南沉香“甲于天下”，与周边各地区沉香气味上的差别。

在海外贸易与经济文献中，宋代赵汝适的《诸蕃志》详述了东南亚沉香贸易，称“真腊沉香色黑味清，价倍于他处”，并记录了泉州、广州为进口集散地。

北宋蔡絛在《铁围山丛谈》中记录了沉水香有四类：“然沉水香其类有四：谓之‘熟结’，自然其间凝实者也；谓之‘脱落’，因木朽而解者也;谓之‘生结’，人以刀斧伤之，而后膏脉聚焉，故言生结也;又谓之‘虫漏’，因虫伤蠹而后膏脉亦聚焉，故言虫漏也。自然脱落为上，而其气和;生结、虫漏，则气烈，斯为下矣。”除沉水香外，还描述了其他等级的沉香：“沉水香过四者，外则有半结，半不结，为弄水香”，意思是在沉水香这个等级之外，还有“半结、半不结、弄水香”，相当于今天的“半沉、七八分沉、九分沉”，为后世沉香等级划分奠定了基础。

《铁围山丛谈》中还记载了海南沉香的珍贵性：“沉水、婆菜、笺香各别有种也，三者其产占城国，则不若真腊国，真腊国不若海南诸黎峒，又皆不若万安吉阳，两军之间黎母山至是为冠绝天下之香，无能及之矣。”意思是：“沉水香、婆菜香、栈香虽然各有不同的品类，但这三种香若产自占城国，品质不如真腊国所产；而真腊国的沉香，又比不上海南黎峒所产；然而上述所有产地的沉香，都不及万安军（今海南万宁）与吉阳军（今海南三亚）交界处的黎母山所产。唯有黎母山的沉香堪称天下第一，没有任何地方的香料能超越它。”成就了海南沉香“冠绝天下”的美名。

陈敬在宋代香学专著《陈氏香谱》中系统总结了沉香用法：“合香之法，贵于使众香咸为一体。麝滋而散，挠之使匀；沉实而腴，碎之使和；檀坚而燥，揉之使腻。比其性，等其物，而高下如医者，则药使气味各不相掩。”意思是：“合香的方法，贵在使各种香料都协调一致，犹如一个整体。麝香浊而质散，需要反复搅拌使其均匀渗透；沉香质地密实且油脂丰厚，要仔细捣碎以便与其他香料调和；檀香坚硬而干燥，必须揉搓至细腻才能呈现润泽感。真正的合香大家如同高明的医师，既能平衡不同香料的特性，又能让每种香保留独立的层次，最终达到‘众香和谐却互不掩盖’的境界。”《陈氏香谱》还记录了沉香与龙脑香、麝香配伍，达到提神醒脑效果的香方。

明代周嘉胄在其所著的《香乘》中收录了大量包含沉香的香方，并考证各地沉香优劣。清代的宫廷档案中记录了清代宫廷用沉香制作朝珠、香囊，如乾隆帝曾命造办处用奇楠沉香雕刻“香山九老”山子。

至民国时期，沉香的应用开始出现断层，人们对沉香的运用被封存了起来，取而代之的是国际上各类新兴的用香方式。当代随着传统文化的复兴，沉香作为中国香文化中不可或缺的香料，再次进入大众的视野。也正是因为之前的断层，才让今天我们能有机会使用高品质的野生沉香。

沉香作为历史上的名贵香药，不仅代表着中国文化的传承，也见证了各国间的文明互鉴，更为中国人的健康保驾护航。

沉香在中国的应用历史近两千年，一直都属于稀缺的状态，受到历代用香人的推崇，但目前野生沉香树在我国属于国家二级保护植物，我们不能通过伤害野生的沉香树来获得沉香。但人工培育沉香，弥补了这一需求，出现了一些可以量产的优良品种，比如“种植奇楠”“人工绿奇楠”等。华南五省区均可以种植这类人工培育的沉香树，三年种植，通过人工物理结香，五年后基本就可以收获结油量非常好的沉香。当代随着地方政策的推动，沉香得以回归大众视野。而这类人工培育的沉香价格相对较低，产量相对较大，已然成为沉香中的优良品种。

## 沉香的分类

宋代丁谓的《天香传》将沉香分为“沉、栈、生结、黄熟”四类。相当于当代的沉水香、不沉水香、生香和熟香。

### （一）按产地划分

沉香按产地可以划分为国产沉香和进口沉香。

国产沉香又名沉水香、白木香、海南沉香、女儿香、莞香等，进口沉香别名有燕口香、蜜香、芝兰、青桂香等。根据古代沉香集散地分为中国香系、惠安系、星洲系。

中国香系沉香主要为国产沉香，包括“两广、两南、香港”主产区，即广东、广西，海南、云南和香港的沉香。中国的贵州、台湾、福建的部分地区亦产沉香。

惠安系沉香为越南、柬埔寨、老挝、泰国和缅甸等地所产沉香的统称。

星洲系沉香主要包括新加坡、马来西亚、印度尼西亚、斯里兰卡、文莱、巴布亚新几内亚等地所产的沉香。

### （二）按成因划分

沉香按成因大致分为生结和熟结两类，即生香和熟香。生结是在沉香树体存活的情况下所取的香。熟结是沉香树体死亡后，木质成分枯朽消失后留下的油脂综合体。

沉香按成因可以还可划分为倒架、土沉、水沉、蚁沉、活沉、白木六类（参考《2024中国沉香产业发展报告》）。

**倒架**：沉香树因自然老化或外力作用（如风雨侵蚀）倒伏后，经长期风吹雨淋，剩余的未完全腐朽的含油脂部分经长期风化所结成的沉香，称为“倒架”。

**土沉**：沉香树倒伏后埋进土中，经土壤微生物分解腐朽后剩余的结香部分，称为“土沉”。

**水沉**：沉香树倒伏后陷埋于河、湖、沼泽、池塘等水体中，经水体中的微生物分解、醇化形成的沉香，称为“水沉”。

**蚁沉**：活体沉香树遭虫蚁蛀蚀（如白蚁筑巢）后，树木分泌的油脂与虫蛀分泌物混合，结出的沉香，称为“蚁沉”。

**活沉**：从活体沉香树上人工砍伐采集的沉香，结香时间短且未经历自然醇化，称为“活沉”。

**白木**：未结香的沉香木或未达到成熟结香标准的沉香木，称为“白木”。

**（三）按密度划分**

明代李时珍在《本草纲目》中将沉香按密度分为三类：“木之心节置水则沉，故名沉水，亦曰水沉；半沉者为栈香；不沉者为黄熟香。”

**沉水香（水沉香）**：沉香中密度最大的类别，能够完全沉入水中。这是因为其含油量高，密度大，故而沉水。沉水香因其高品质和浓郁的香气，价格较高。

**栈香**：半沉水的沉香，即半浮半沉的沉香。其含油量较低，密度适中，故而不能完全沉入水中。

**黄熟香**：不沉水的沉香，即浮在水面的沉香。其含油量最低，密度最小。

当代市场中沉香按密度可以分为以下几类。

**沉水**：指沉香木中油脂含量大于25%的沉香。水的密度为1g/cm³，木头密度通常为0.3 ~ 0.8g/cm³，植物油脂的密度通常为0.91 ~ 0.94g/cm³。当沉香木中含油量超过25%，其密度即可大于水的密度，沉于水中。

**沉水浮**：指沉香木中油脂含量小于25%，且接近25%的沉香。是不沉水类沉香的优化名称，亦是不沉水。

**几分沉**：是对不沉水类沉香的进一步细分，通常分为9分沉、8分沉、7分沉、半沉等。

古今对比，古代沉水香相当于当代沉水，栈香相当于当代沉水浮，黄熟香相当于当代熟结沉香中的不沉水香。

**（四）按形态划分**

宋代丁谓的《天香传》中，将沉香按形态分为四名十二状：“香之类有四，曰沉，曰栈，曰生结，曰黄熟。其为状也，十有二，沉香得其八焉。曰乌文格，土人以木之格，其沉香如乌文木之色而泽，更取其坚格，是美之至也。曰黄蜡，其表如蜡，少刮削之，黳紫相半，乌文格之次也。牛目，与角及蹄，曰雉头、洎髀、若骨，此沉香之状。土人则曰牛目、牛角、鸡头、鸡腿、鸡骨。曰昆仑梅格，栈香也，此梅树也，黄黑相半而稍坚，土人以此比欓香也。曰虫镂，凡曰虫镂其香尤佳，盖香兼黄熟，虫蛀及攻腐朽尽去，菁英独存香也。曰伞竹格，黄熟香也。如竹色黄白而带黑，有似欓也。曰茅叶，有似茅叶至轻，有入水而沉者，得沉香之余气也，然之至佳，土人以其非坚实，抑之为黄熟也。曰鹧鸪斑，色驳杂如鹧鸪羽也。生结香也，欓香未成沉者有之，黄熟未成欓者有之。"

当代市场中，沉香按形态可以划分为吊口、皮油、板头、包头、虫眼、蚂蚁洞、壳沉、锯夹、水格、土沉等。（详见附录4常见词条）

### （五）按品质划分

沉香按品质可划分为普通沉香和奇楠沉香。奇楠沉香也称伽南、伽楠、茄楠、棋楠等，是沉香中的优质品类，通常被视为最好的品类之一。

在当代，奇楠沉香可分为野生奇楠和种植奇楠两种。野生奇楠是指野生沉香树自然受伤后所结出的奇楠沉香。种植奇楠是指当代人工种植"奇楠树"所结出的奇楠沉香。

野生奇楠中又可分为"生结奇楠""熟结奇楠""回流奇楠"三类。生结奇楠是指野生沉香树在存活的情况下取出的奇楠沉香。熟结奇楠是指野生沉香树树体死亡后，木质成分枯朽消失后留下的油脂综合体。熟结奇楠又有"土沉奇楠"，是指在土中结香、醇化时间较久的奇楠沉香。回流奇楠是指日本等地回流到我国的奇楠沉香。

奇楠按照沉香油脂颜色、质地、生熟主要可以分为绿奇楠、黄奇楠、黑奇楠、紫奇楠、白奇楠五种。

## 奇楠的名称由来

奇楠的名称一说来自梵语音译，古代的佛经中常写作"多伽罗"，指多揭罗香（梵名为tagara或tagaraka）。另外一说来自"伽蓝"一词，起源于梵语的"samghārāma"。因此，分析其名称来源，可以分成"多伽罗"和"伽蓝"两条起源脉络。后逐渐演变成"伽楠""棋楠""奇楠"等名称。

## 奇楠在古籍中的记载

宋代关于奇楠的记载主要见于《宋会要》。其中的番国历代朝贡篇中记载，乾道三年十月一日，福建路市舶司言：本土纲首陈应祥等昨至占城蕃，蕃首称欲遣使供乳香、象牙等进贡……迦南木三百一十斤、黄熟香一千七百八十斤。这里的“迦南木”即指奇楠。这是奇楠沉香在中国典籍中首次出现的记录，应该是音译自占城国的名称。

此外，宋代还有其他文献提及奇楠。例如，宋代周密的《武林旧事·卷三·禁中纳凉》中记载避暑的场景：“纱厨后先皆悬挂伽兰木、真蜡龙涎等香珠百余。”文中提到“伽兰木”，即是奇楠沉香。

明代张燮撰写的《东西洋考·卷二·西洋列国考》中记载：“奇楠香，诸国出者，惟占城为佳，本朝充贡。《星槎胜览》曰：棋楠香，在一山所产，酋长禁民不得采取，犯者断手足。《吾学编》名伽南香。”明代陈继儒的《偃曝谈余》记载：“占城奇南，出在一山。酋长禁民不得采取，犯者断其手。彼亦自贵重。”明代李贤在《明一统志》记载：“（尝贡云龙形通犀角）玳瑁、伽南木香……”明代陆楫在《古今说海》中记载：“棋楠香在一山所产，酋长差人禁民不得采取，犯者断其手。”上面几篇文献中的“奇楠香”“棋楠香”“伽南香”“奇南”“伽南木香”均指奇楠沉香。

明代周嘉胄在《香乘》中记录了明代慎懋官所著的《华夷续考》中关于奇南香的记载：“奇南香品杂，出海上诸山，盖香木枝柯窍露者，木立死而本存者，气性皆温，故为大蚁所穴，蚁食蜜归而遗渍。于香中岁久，渐浸木，受蜜香结而坚润，则香成矣。”

清代王士禛在《香祖笔记》卷八中记载：“《闽小纪》云：‘千年榕树，上生奇南香。’”

清代查慎行《与陈漳浦莘学话旧》一诗中写道：“山租输海贝，市舶贱迦楠。”

综上所述，奇楠因为音译词的原因，在古籍中又记录为迦南木、伽兰木、琪楠香、奇南、伽南木香、奇南香、奇蓝、棋楠、伽南、迦楠等名称。

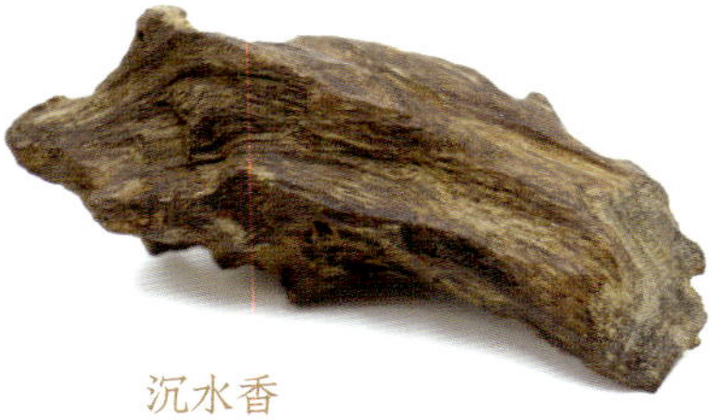

沉水香

栈香

生香

黄熟香

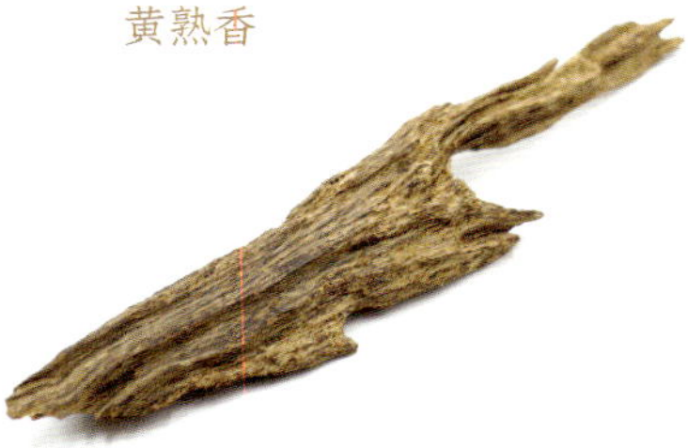

虫漏

树心油

牛耳

鸡骨香

鸡骨香

吊口

人工香

黄油格

野生奇楠-生结

熟结奇楠-土沉奇楠

熟香　土沉-表面　土沉-截面

角沉　角沉　牛耳

壳料　板头　皮油

虫眼　勾丝　野生奇楠

种植奇楠

图 4-21
各种沉香实拍图

# 沉香气味品级图

沉香气味特点品级划分

| 等级 | 品级 | 气味特点 |
| --- | --- | --- |
| 一级 | 天品 | 凉感适中，含木质香、果香、药香、青草香、花香等，均衡释放。无杂气，香气界于有无之间，无限变化，气柔弱胜刚强。 |
| 二级 | 神品 | 凉感适中，含木质香、果香、药香、青草香、花香等，均衡释放。无杂气，香气中和、收敛、复合、有变化且持久力强，香气馥郁、远馨，气盛。 |
| 三级 | 极品 | 凉感适中，含木质香、果香、药香、青草香、花香等，均衡释放。无杂气，香气中和、收敛、复合且持久力强，气盛。 |
| 四级 | 上品 | 有凉感，含木质香、果香、药香、青草香、花香。杂气少，如略带泥腥味、土腥味、水腥味、朽木味等，气盛。 |
| 五级 | 中品 | 有凉感，含木质香、果香、药香、青草香。有杂气，如泥腥味、土腥味、水腥味、朽木味等，气强。 |
| 六级 | 下品 | 有凉感，含木质香。有杂气，如泥腥味、土腥味、水腥味、朽木味等，气弱。 |

图 4-22
沉香气味品级图

# 第四节　香方集解

## 古今常用度量衡对照表

1. 十六进位制与公制重量单位对照

一厘（十毫）：约等于0.03125克。

一分（十厘）：约等于0.3125克。

一钱（十分）：约等于3.125克。

一两（十钱）：约等于31.25克。

一斤（十六两）：约等于500克。

2. 剂量对照

一方寸匕：约等于2.74毫升，或金石类香末约2克，草木类香末约1克。

一钱匕：约等于5分6厘，或2克强。

一刀圭：约等于一方寸匕的十分之一。

一撮：约等于四刀圭。

一勺：约等于十撮。

一合：约等于十勺。

一升：约等于十合。

一斗：约等于十升。

一斛：约等于五斗。

一石：约等于两斛或十斗。

一铢：一两等于二十四铢，十六两为一斤。

一枚：以铜钱中较大者为标准计算。

一束：以拳尽量握足，去除多余部分为标准计算。

一片：以一钱重量作为一片计算。

一字：古铜钱有四个字，将香末填去钱面一字的量。

一茶匙：约等于4毫升。

一汤勺：约等于15毫升。

一杯茶：约等于120毫升。

一饭碗：约等于240毫升。

## 香方术语解释

另研、别研：单独研磨。

不津磁（瓷）器：不渗水的瓷器。

旋入：一边搅拌一边加入。

旋取：用的时候取出，用多少取多少。

重汤煮：隔水蒸煮的方法。

鸡头大：鸡头米（芡实）大小。

一伏时：同一复时，指二十四小时。

一掬：亦作“一匊”。两手所捧（的东西）。亦表示少而不定的数量。

哎咀（㕮咀）：指的是将药材切成小段或细丝的过程。

腊茶：唐宋时期的一种加入香料制成的贡茶。

## 太月平安香囊方

苍术5克、藿香5克，法制为末；紫苏3克，法制为末；龙脑1克，别研；安息香1克，别研。依序和匀，置于香囊袋内，如法佩戴。

（苍术5克、藿香5克，按常规方法制成粉末；紫苏3克，按常规方法制成粉末；龙脑香1克，单独研磨；安息香1克，单独研磨。将这些香料按次序混合均匀，放入香囊袋内，按常规方法佩戴。）

本方原名为“太月驱疫香囊方”，根据清代典籍《奇方类编》中的避瘟方加减验方而成。

## 历代名方收录

### 唐开元宫中香

沉香（二两，细锉，以绢袋盛，悬于铫子当中，勿令着底，蜜水浸，慢火煮一日）、檀香（二两，清茶浸一宿，炒令无檀香气味）、龙脑（二钱，另研）、麝香（二钱）、甲香（一钱）、马牙硝（一钱）。右为细末，炼蜜和匀，窨月余取出，旋入脑麝，丸之，爇如常法。

译文

**唐开元宫中香**

沉香二两（将香锉细，用绢布袋子装起来，悬于铫子当中，使绢袋悬挂不要着底，然后加入蜂蜜水浸泡，小火煨煮一天）、檀香二两（用清茶水浸泡一夜，然后小火炒至没有檀香气）、龙脑香二钱（单独研磨）、麝香二钱、甲香一钱、马牙硝一钱，以上所有材料研磨成粉末状，用炼蜜调和均匀制泥，窖藏一个多月后取出，一边搅拌一边加入龙脑香、麝香，制作成香丸，按照正常爇熏方法使用即可。

### 江南李主帐中香（《陈氏香谱》）

沉香一两（锉如炷大）、苏合香（以不津瓷器盛），右以香投油，封浸百日爇之，入蔷薇水更佳。

译文

**江南李主帐中香（《陈氏香谱》）**

沉香一两（切成灯芯大小）、苏合油（用不渗水的瓷器盛放），以上两味香料，将沉香投入苏合油中，密封浸渍百日后便可爇熏，加入蔷薇水效果更佳。

### 宣和御制香

沉香（七钱，锉如麻豆大），檀香（三钱，锉如麻豆大，炒黄色），金颜香（二钱，另研），背阴草（不近土者，如无则用浮萍）、朱砂（各二钱半，飞），龙脑（一钱，另研），麝香（另研）、丁香（各半钱），甲香（一钱，制），右用皂儿白水浸软，以定碗一只慢火熬令极软。和香得所，次入金颜脑麝研匀，用香脱印，以朱砂为衣，置于不见风日处窨干，烧如常法。

译文

**宣和御制香**

沉香七钱（切成麻豆大小），檀香三钱（切成麻豆大小后小火炒至黄色），金颜香二钱（单独研磨），背阴草二钱半（选择不靠近土壤的，如果没有，则用浮萍代替），朱砂二钱半（研磨成细末），龙脑香一钱（单独研磨），麝香半钱（单独研磨），丁香半钱（单独研磨），甲香一钱（炮制过的），以上材料用皂儿白水浸泡软，再用一只定碗慢火将其熬制得极软。和香时按常规方法调制，后放入金颜香、龙脑香、麝香，调和均匀后用香模脱印成饼，用朱砂挂衣，放置在不见风的地方窖藏阴干，用常规方法使用即可。

## 御炉香

沉香（二两，锉细，以绢袋盛之，悬于铫中，勿着底，蜜水浸一碗，慢火煮一日，水尽更添）、檀香（一两，切片，以腊茶清浸一宿，稍焙干）、甲香（一两，制）、生梅花龙脑（二钱，另研）、麝香（一钱，另研）、马牙硝（一钱），右捣罗取细末，以苏合油拌和令匀，磁盒封窨一月许，入脑麝作饼爇之。

**译文**

**御炉香**

沉香二两（将其锉细，用绢布袋子盛放，悬挂在铫子中，别着底，加入蜂蜜水一碗，慢火煮一日，水干了再续加）、檀香一两（切成小片，用腊茶水浸泡一宿，取出后文火焙干）、甲香一两（炮制过的）、生梅花龙脑二钱（单独研磨）、麝香一钱（单独研磨）、马牙硝一钱，将以上香料分别捣碎成粉末过筛，用苏合油将其调和均匀，用瓷盒密封窖藏一个月左右，最后加入龙脑香、麝香，制作成香饼，用于爇熏。

## 杨贵妃帏中衙香

沉香（七两二钱）、欆香（五两）、鸡舌香（四两）、檀香（二两）、麝香（八钱，另研）、藿香（六钱）、零陵香（四钱）、甲香（二钱，法制）、龙脑香（少许），右捣罗细末，炼蜜和匀，丸如豆大，爇之。

**译文**

**杨贵妃帏中衙香**

沉香七两二钱、栈香五两、鸡舌香四两、檀香二两、麝香八钱（单独研磨）、藿香六钱、零陵香四钱、甲香二钱（按照常规方法炮制过的）、龙脑香少许，将所有香料捣碎筛出粉末，用炼蜜调和均匀，制作成豆子大小的香丸，按照常规方法爇熏。

## 花蕊夫人衙香

沉香（三两）、欆香（三两）、檀香（一两）、乳香（一两）、龙脑（半钱，另研，香成旋入）、甲香（一两，法制）、麝香（一钱，另研，香成旋入），右除龙脑外同捣末，入炭皮末、朴硝各一钱，生蜜拌匀，入磁盒，重汤煮十数沸，取出，窨七日，作饼爇之。

**译文**

**花蕊夫人衙香**

沉香三两、栈香三两、檀香一两、乳香一两、龙脑香半钱（单独研磨，香粉调和好后再一边搅拌一边加入）、甲香一两（按常规方法炮制过的）、麝香一钱（单独研磨，香粉调和好后一边搅拌一边加入），除龙脑香、麝香外其他香一同捣成粉末，之后一边搅拌，一边加入龙脑香和麝香，所有材料混合好后，加入炭皮粉和朴硝各一钱，用生蜜调和均匀，放入瓷盒中，隔水煮十几沸后取出，窖藏七日，制作成香品，正常爇熏。

**延安郡公蕊香（洪谱）**

元参（半斤，净洗去尘土，于银器中水煮令熟，控干，切入铫中，慢火炒，令微烟出）、甘松（四两，细锉，拣去杂草尘土秤）、白檀香（二两，锉）、麝香（二钱，颗者，别药成末，方入研）、滴乳香（二钱，细研，同麝入），右并用新好者杵罗为末，炼蜜和匀，丸如鸡豆大，每香末一两入熟蜜一两，未丸前再入臼杵百余下，油纸封贮磁器中，旋取烧之，作花香。

译文

**延安郡公蕊香（《洪氏香谱》）**

元参半斤（去除尘土洗干净后，放入银器中用水将其煮熟，然后将水控干，切片后放入铫子中慢火炒制，炒到出微烟即可）、甘松四两（去除杂草和尘土后称重，锉细）、白檀香二两（锉细）、麝香二钱（取颗粒状的，单独研成粉末方可入药）、滴乳香二钱（研磨成粉末后，与麝香一同加入），将以上香药，选用新鲜上好的，用杵捣碎，用网筛出粉末，用炼蜜调和均匀，制成鸡头米大小的香丸，每一两香粉加熟蜜一两，在搓制成香丸前放入药臼中捣杵百余下，用油纸密封起来放到瓷器中，取出使用，带有花香之气。

**婴香（武）**

沉水香（三两）、丁香（四钱）、制甲香（一钱，各末之），龙脑（七钱，研），麝香（三钱，去皮毛，研），旃檀香（半两，一方无），右五味相和令匀，入炼白蜜六两，去末，入马牙硝末半两，绵滤过，极冷乃和诸香，令稍硬，丸如芡子，扁之，磁盒密封窨半月。

《香谱补遗》云：昔沈推官者，因岭南押香药纲，覆舟于江上，几坏官香之半，因刮治脱落之余，合为此香，而鬻于京师。豪家贵族争而市之，遂偿值而归，故又名曰偿值香。本出《汉武内传》。

译文

**婴香（《武冈公库香谱》）**

沉水香三两、丁香四钱、甲香一钱（炮制过的），以上香料均研成粉末；龙脑香七钱（单独研磨）、麝香三钱（去皮毛后单独研磨）、旃檀香半两（有的香方无此味香药）。将以上香药调和均匀。加入炼制过的白蜜六两，去除白沫，加入用棉布过滤过的马牙硝末半两，将蜜与马牙硝末混合后晾凉，再与其他香药调和，制成香泥，待稍硬的时候，将香泥搓制成芡实大小的香丸，压扁，放入瓷盒中密封窨藏半个月。

《香谱补遗》中记载：昔日有个沈推官，因为从岭南地区押送香药纲，船在江上翻了，几乎一半的官运香料都丢失了，他将撒落的剩余香药收集起来，合成了这个香品，到了京师出售此香，豪贵家族纷纷购买，他用卖香的钱补偿了原来的香价，归还朝廷，所以此香又名“偿值香”。记载出自《汉武内传》。

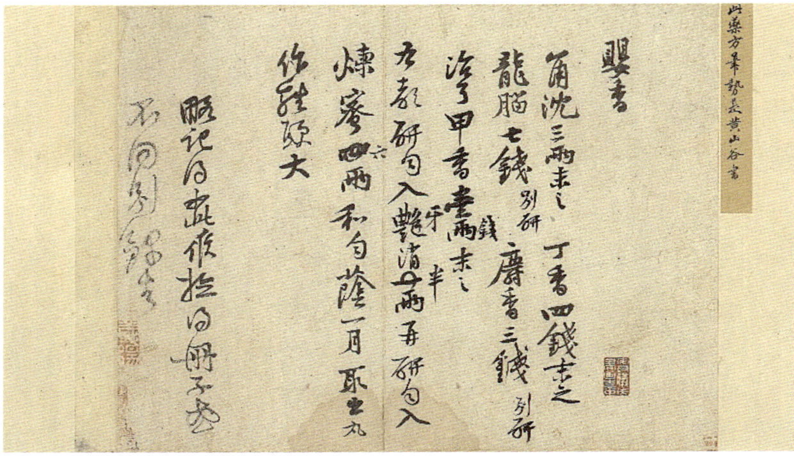

图4-23
宋_黄庭坚
《制婴香方帖》

**婴香（黄庭坚《制婴香方帖》）**

角沉*三两末之，丁香四钱末之，龙脑七钱（别研），麝香三钱（别研），治了甲香一（两）钱，末之。右都研匀，入（艳）牙消（一）半两，再研匀，入炼蜜（四）六两，和匀。荫一月取出，丸作鸡头大。

略记得如此，俟检得册子，或不同，别录去。

译文

**婴香（黄庭坚《制婴香方帖》）**

角状沉水香（海南为上）三两，研磨成粉；公丁香四钱，研磨成粉；龙脑香七钱，单独研磨；麝香三钱，单独研磨；修制后的甲香一钱，研磨成粉。将以上香料混合在一起，研磨调和均匀。加入牙硝半两，再次研磨调和均匀。再加入炼制过的蜂蜜六两，调和均匀，制作成香泥。置于阴凉处窖藏一个月后取出来，制作成鸡头米大小的香丸。

备注：差不多记得是这样，待我回去检查一下记录的册子，有可能不相同，不要以此为准。

**道香（出《神仙传》）**

香附子（四两，去须）、藿香（一两），右二味用酒一升同煮，候酒干至一半为度，取出阴干为细末，以查子绞汁拌和令匀，调作膏子，或为薄饼烧之。

译文

**道香（出自《神仙传》）**

香附子四两（去除毛须）、藿香一两，将这两味香药用一升酒放一起煮，煮到酒干到一半后，将香料取出阴干，然后研磨成粉末，用榠楂绞成汁将香调和均匀，制作成香膏，或者制成薄香饼焚烧使用。

*《本草衍义》：沉香木，岭南诸郡悉有之，旁海诸州尤多……今南恩、高、窦等州，惟产生结香……沉之良者，惟在琼崖等州，俗谓之角沉。

**神仙合香（沈谱）**

元参（十两）、甘松（十两，去土）、白蜜（加减用），右为细末，白蜜和令匀，入磁罐内密封，汤釜煮一伏时，取出放冷，杵数百，如干加蜜和匀，窨地中，旋取，入麝香少许焚之。

译文 **神仙合香（《沈氏香谱》）**

元参十两、甘松十两（去掉泥土）、白蜜（用量视情况而定），将以上香料研磨为细粉后用白蜜调和均匀，放入瓷罐中密封好，用汤锅隔水煮一晚，取出放冷，捣杵数百下，如果香泥发干，再加蜜调和，放入地窖中窖藏，取出后加入少量麝香就可以使用了。

**僧惠深湿香**

地榆（一斤）、元参（一斤，米泔浸二宿）、甘松（半斤）、白茅（一两）、白芷（一两，蜜四两，河水一碗同煮，水尽为度，切片焙干），右为细末，入麝香一分，炼蜜和剂，地窨一月，旋丸爇之。

译文 **僧惠深湿香**

地榆一斤、元参一斤（用淘米水浸泡两晚）、甘松半斤、白茅一两、白芷一两（用四两蜂蜜和一碗河水一起煮，水煮干即可，切成片后焙干），将这些香料研磨成粉，加入麝香一分，用炼蜜作黏合剂调和，窖藏一个月，制作成香丸爇熏使用。

**供佛湿香**

檀香（二两）、檖香（一两）、藿香（一两）、白芷（一两）、丁香皮（一两）、甜参（一两）、零陵香（一两）、甘松（半两）、乳香（半两）、硝石（一分），右件依常法调治，碎锉焙干，捣为细末。别用白茅香八两碎劈，去泥焙干，火烧之，焰将绝，急以盆盖手巾围盆口，勿令泄气，放冷，取茅香灰捣末，与前香一处，逐旋入，经炼好蜜相和，重入臼，捣软硬得所，贮不津器中，旋取烧之。

译文 **供佛湿香**

檀香二两、栈香一两、藿香一两、白芷一两、丁香皮一两、甜参一两、零陵香一两、甘松半两、乳香半两、硝石一分，将以上香料按照常规方法调制、切碎、焙干，捣为粉末状。另外用白茅香八两，去除泥土，切成小段，焙干后用火烧成灰，等到看不见火焰的时候，立即用盆子将灰盖上，用湿毛巾将盆口密封，不要漏气，放冷后将香灰捣成细末，与之前的香混合在一起，逐步加入，用炼制过的蜂蜜进行调和，重新放到药臼中，将香泥捣制得软硬适中，储藏在不吸水的容器中，可制成香丸使用。

### 清神香（武）

青木香（半两，生切，蜜浸）、降真香（一两）、白檀香（一两）、香白芷（一两），右细末，用大丁香二个，槌碎，水一盏煎汁，浮萍草一掬，择洗净，去须，研碎裂汁，同丁香汁和匀，搜拌诸香候匀，入臼杵数百下为度，捻作小饼子阴干，如常法爇之。

译文　**清神香（《武冈公库香谱》）**

青木香半两（生切后用蜜浸泡）、降真香一两、白檀香一两、香白芷一两，将以上香料研磨成细粉，用鸡舌香两个，敲碎后加入一盏水煎制成汁，用浮萍草一把，择洗干净，去除须，研磨碎后取汁，与丁香汁调配在一起，加入粉中调和均匀，放在药臼中捣杵几百次，制作成小香饼后阴干，按照常规方法爇熏使用即可。

### 邢太尉韵胜清远香（沈）

沉香（半两）、檀香（二钱）、麝香（半钱）、脑子（三字），右先将沉檀为末，次入脑麝，钵内研极细，别研入金颜香一钱，次加苏合油少许，仍以皂儿仁二三十个、水二盏熬皂儿水候粘，入白芨末一钱，同上件香料加成剂再入茶碾，贵得其剂和熟，随意脱造花子香，先用苏合香油或面刷过花脱，然后印剂则易出。

译文　**邢太尉韵胜清远香（《沈氏香谱》）**

沉香半两、檀香二钱、麝香半钱、龙脑香三字，先将沉香、檀香研磨成粉末，再将龙脑香、麝香放入钵内研为极细的粉末，金颜香一钱单独研磨，再加入少量苏合油；将皂荚子二三十个加入二盏水熬成皂儿水，至黏稠状，加入白及粉末一钱。将以上香料一起拌入皂儿水，再放入茶碾，调和均匀，制成香泥。随意用花模脱印成花样。先在花模上涂上苏合油或者刷上面粉，然后再脱印，能方便香泥脱模。

### 内府龙涎香（补）

沉香、檀香、乳香、丁香、甘松、零陵香、丁香皮、白芷，各等分，龙脑、麝香，各少许。右为细末，热汤化雪梨膏和作小销脱花，烧如常法。

译文　**内府龙涎香（《香乘》作者自加）**

沉香、檀香、乳香、丁香、甘松、零陵香、丁香皮、白芷，各香料剂量相同，龙脑香、麝香各少许。将以上香料研为粉末，用热水化开雪梨膏，将这些香料粉末和进去制成香泥，用模具制成香饼。按常规方法焚烧使用。

**清心降真香（局）**

紫润降真香（四十两，锉碎）、檖香（三十两）、黄熟香（三十两）、丁香皮（十两）、紫檀香（三十两，锉碎，以建茶末一两、汤调两碗拌香令湿，炒三时辰，勿焦黑）、麝香木（十五两）、焰硝（半斤，汤化开，淘去滓，熬成霜）、白茅香（三十两，细锉，以青州枣三十两、新汲水三斗同煮过后，炒令色变，去枣及黑者，用十五两），拣甘草（五两）、甘松（十两）、藿香（十两）、龙脑（一两），香成旋入，右为细末，炼蜜搜和令匀，作饼爇之。

译文

**清心降真香（太医局所定的药方）**

紫润降真香四十两（锉成碎末），栈香三十两、黄熟香三十两、丁香皮十两、紫檀香三十两（锉成碎末，用一两建茶末调成两碗茶汤，用于拌香，使其湿润，炒制六个小时，不能变焦变黑）、麝香木十五两、焰硝半斤（用热水化开后，过滤掉渣滓，熬制成霜再称重）、白茅香三十两（锉成细末，用青州枣三十两、井中刚打出来的井水三斗一起煮过后，炒至变色，去掉枣和黑色的香料，取十五两用），挑拣过的甘草五两、甘松十两、藿香十两、龙脑香一两（最后和香时一边搅拌一边加入），将以上所有的香料研成粉末，用炼蜜调和均匀，制作成香饼爇熏使用。

**宣和内府降真香**

蕃降真香（三十两），右锉作小片子，以腊茶半两末之，沸汤同浸一日，汤高香一指为约，来朝取出风干，更以好酒半碗、蜜四两、青州枣五十个，于磁器内同煮，至干为度，取出，于不津磁盒内收顿密封，徐徐取烧，其香最清远。

译文

**宣和内府降真香**

蕃降真香三十两，将其切成小片，用半两腊茶末加沸水一起将香料浸泡一天，水高出香料一指即可，第二天取出来风干，再加入好酒半碗、蜂蜜四两、青州枣五十个，放在瓷器中一起煮，至水煮干为止，取出后用不渗水的瓷盒收藏密封，用时取出焚烧，香气非常清远。

**胜笃耨香**

檖香（半两）、黄连香（三钱）、檀香（一钱）、降真香（五分）、龙脑（一字半）、麝香（一钱），右以蜜和，粗末爇之。

译文

**胜笃耨香**

栈香半两、黄连香三钱、檀香一钱、降真香五分、龙脑香一字半、麝香一钱，将以上香料用炼蜜调和均匀，制作成粗粉末焚烧。

**假笃耨香（一）**

老柏根（七钱）、黄连（七钱，研，置别器）、丁香（半两）、降真香（腊茶煮半日）、紫檀香（一两）、檖香（一两），右为细末，入米脑少许，炼蜜和剂，爇之。

译文 **假笃耨香（一）**

老柏根七钱、黄连七钱（用单独的器皿研磨）、丁香半两、降真香（用腊茶加水一起文火煮半天）、紫檀香一两、栈香一两，将以上香料研成细末，加入少量米脑（品级差一些的龙脑香，状如米粒），用炼蜜作黏合剂，制作成香品，爇熏使用。

**江南李王煎沉香（沈）**

沉香（㕮咀）、苏合香油（各不拘多少），右每以沉香一两用鹅梨十枚细研，取汁，银石器盛之，入甗蒸数次，以晞为度。或削沉香作屑，长半寸许，锐其一端，丛刺梨中，炊一饭时，梨熟乃出之。

译文 **江南李王煎沉香（《沈氏香谱》）**

沉香（切成小段或薄片）、苏合香油，二者无所谓多少，将每一两沉香中加入鹅梨十个，研细后取汁，用银器或者石器盛放，放在甗中蒸几次，将水分蒸干为止。或者将沉香削尖，长半寸左右，将削尖的一头插到鹅梨中，放到甗中蒸一顿饭的时间，等梨熟透后，将沉香条取出。

**李王花浸沉香**

沉香不拘多少锉碎，取有香花：若酴醾、木犀、橘花（或橘叶亦可）、福建茉莉花之类，带露水摘花一碗，以磁盒盛之，纸盖，入甑蒸食顷取出，去花留汁浸沉香，日中曝干，如是者数次，以沉香透烂为度。或云皆不若蔷薇水浸之最妙。

译文 **李王花浸沉香**

沉香无所谓多少，切碎。取带有香气的花，比如酴醾、木樨（桂花）、橘花（或橘叶亦可）、福建茉莉花之类。采集带露水的花一碗，用瓷器盛放，用纸盖上，放到甑中蒸一顿饭的时间，之后取出，去掉花，用汁浸泡沉香，然后放到午后的太阳下暴晒多次，直到沉香透烂为止。也有人说这些方法都不如用蔷薇露浸泡沉香好。

**宝球香（洪）**

艾蒳（一两，松上青衣是），酸枣（一升，入水少许，研汁煎成），丁香皮（半两），檀香（半两），茅香（半两），香附子（半两），白芷（半两），檖香（半两），草豆蔻（一枚，去皮），梅花龙脑、麝香（各少许），右除脑、麝别研外，余者皆炒过，捣取细末，以酸枣膏更加少许熟枣，同脑麝合和得中，入臼杵令不粘即止，丸如梧桐子大，每烧一丸，其烟袅袅直上如线，结为球状，经时不散。

译文

**宝球香（《洪氏香谱》）**

艾纳一两（即松树上的一种莓苔），酸枣一升（加少量的水，研成汁，煎制），丁香皮半两，檀香半两，茅香半两，香附子半两，白芷半两，栈香半两，草豆蔻一枚（去皮），梅花龙脑、麝香各少许，除龙脑香和麝香单独研磨以外，其余香料均炒过后，捣成粉末，用酸枣膏加少量的熟枣，与龙脑香、麝香调和均匀，放到药臼中捣杵至不粘为止，搓制成梧桐子大小的香丸，每点燃一丸，它的烟雾袅袅升起，呈直线状，形成球状，经久不散。

**香球（新）**

石芝（一两）、艾蒳（一两）、酸枣肉（半两）、沉香（五钱）、梅花龙脑（半钱，另研）、甲香（半钱，制）、麝香（少许，另研），右除脑、麝，同捣细末研，枣肉为膏，入熟蜜少许和匀，捻作饼子，烧如常法。

译文

**香球《新纂香谱》**

石芝一两，艾纳一两，酸枣肉半两，沉香五钱，梅花龙脑半钱（单独研磨），制过的甲香半钱，麝香少许（单独研磨），除龙脑香、麝香单独研磨外，其他香料一同捣成细末，以枣肉制成膏，加入少量熟蜜调和均匀，制作成香饼，按照常规方法焚烧使用。

**芬积香（沈）**

丁香皮（二两）、硬木炭（二两，为末）、韶脑（半两，另研）、檀香（五钱，末）、麝香（一钱，另研），右拌匀，炼蜜和剂，实在罐器中，如常法烧。

译文

**芬积香（《沈氏香谱》）**

丁香皮二两、硬木炭细末二两、韶脑（樟脑）半两（单独研磨）、檀香末五钱、麝香一钱（单独研磨），将以上香料拌匀，加入炼蜜作为黏合剂，制成香泥放在罐子中，按照常规方法焚烧使用。

**藏春香（武）**

沉香（二两）、檀香（二两，酒浸一宿）、乳香（二两）、丁香（二两）、降真（制过者一两）、榄油（三钱）、龙脑（一分）、麝香（一分），右各为细末，将蜜入黄甘菊一两四钱、玄参三分锉，同入瓶内，重汤煮半日，滤去菊与玄参不用，以白梅二十个水煮令浮，去核取肉，研入熟蜜，匀拌众香于瓶内，久窨可爇。

译文

**藏春香（《武冈公库香谱》）**

沉香二两、檀香二两（用酒浸泡一晚）、乳香二两、丁香二两、炮制过的降真香一两、榄油三钱、龙脑香一分、麝香一分，将以上香料各自研磨成香末，将蜂蜜和一两四钱黄甘菊、锉细的玄参三分一起放入瓶里，隔水蒸煮半日，将菊和玄参去掉不用，将白梅二十个放入水里煮至漂浮，去掉梅核保留梅肉，加入熟蜜研制，再调和拌匀其他香，一起放到瓶内，长时间窖藏后即可爇熏使用。

**出尘香**

沉香（四两）、金颜香（四钱）、檀香（三钱）、龙涎香（二钱）、龙脑香（一钱）、麝香（五分），右先以白芨煎水，捣沉香万杵，别研余品，同拌令匀，微入煎成皂子胶水，再捣万杵，入石模脱作古龙涎花子。

**出尘香二**

沉香（一两）、檖香（半两，酒煮）、麝香（一钱），右为末，蜜拌焚之。

译文

**出尘香**

沉香四两、金颜香四钱、檀香三钱、龙涎香二钱、龙脑香一钱、麝香五分，先用白及煎水作黏合剂，调和沉香，用杵捣制炼泥，其他香药单独研磨，然后一起调和均匀，加入少量的皂子胶水，再捣万杵，然后放入石模具中，脱模制成古龙涎香饼。

**出尘香二**

沉香一两、栈香半两（用酒煮制过的）、麝香一钱，将以上香料研成粉末，用蜜调和制成香品后，爇熏使用。

**四和香**

沉檀（各一两）、脑麝（各一钱，如常法烧），香枨皮、荔枝壳、榠樝核或梨滓、甘蔗滓，等分为末，名小四和。

译文

**四和香**

沉香、檀香各一两，龙脑香、麝香各一钱，按照常规方法焚烧使用；香枨皮、荔枝壳、榠楂核或梨滓、甘蔗滓，几种香料分量相等，研磨成粉末，名叫小四和。

**闻思香（武）**

玄参、荔枝皮、松子仁、檀香、香附子、丁香（各二钱），甘草（二钱），右同为末，查子汁和剂，窨、爇如常法。

译文

**闻思香（《武冈公库香谱》）**

玄参、荔枝皮、松子仁、檀香、香附子、丁香各二钱，甘草二钱，将以上香料研为粉末，用榠楂汁作黏合剂，制成香品后窖藏，按正常方法爇熏使用。

**闻思香**

紫檀（半两，蜜水浸三日，慢火焙）、枨皮（一两，晒干）、甘松（半两，酒浸一宿，火焙）、苦练花（一两）、榠查核（一两）、紫荔枝皮（一两）、龙脑（少许），右为末，炼蜜和剂，窨月余焚之。别一方无紫檀、甘松，用香附子半两、零陵香一两，余皆同。

译文

**闻思香**

紫檀半两（用蜂蜜水浸泡三日，然后用慢火焙干）、枨皮一两（晒干）、甘松半两（用酒浸一宿，再用火焙干）、苦楝花一两、榠楂核一两、紫荔枝皮一两、龙脑香少许，将以上香料研磨为粉末，用炼蜜作黏合剂，窖藏一个多月后取出使用。另外一个方子中无紫檀和甘松，用香附子半两、零陵香一两，其余的均相同。

**百里香**

荔枝皮（千颗，须闽中未开用盐梅者）、甘松（三两）、檖香（三两）、檀香（半两）、制甲香（半两）、麝香（一钱），右为末，炼蜜和令稀稠得所，盛以不津磁器，坎埋半月取出爇之。再投少许蜜捻作饼子亦可。此盖裁损闻思香也。

译文

**百里香**

荔枝皮千颗（必须选用闽中地区所产的，并选用未开破的，上等的）、甘松三两、栈香三两、檀香半两、炮制过的甲香半两、麝香一钱，将以上香料研成粉末，用炼蜜作为黏合剂调和，稀稠得当即可，之后将其盛放在不渗水的瓷器中，在坡坎上埋藏半个月后取出爇熏。再加一些蜜，可以制作成香饼。这个香方是通过闻思香加减而得的。

**洪驹父百步香（又名万斛香）**

沉香（一两半）、檖香（半两）、檀香（半两，以蜜酒汤另炒极干）、零陵叶（三钱，用杵罗过）、制甲香（半两，另研）、脑麝（各三钱），右和匀，熟蜜搜剂，窨、爇如常法。

**译文** **洪驹父百步香（又名万斛香）**

沉香一两半、栈香半两、檀香半两（用蜂蜜与酒调和与香料一起炒到非常干燥的状态）、零陵叶三钱（用杵捣细后筛过）、制过的甲香半两（单独研磨）、龙脑香三钱、麝香三钱，将以上香料调和均匀，用炼蜜调和成香剂，用常规方法窨藏和爇熏使用即可。

**五真香**

沉香（二两），乳香、蕃降真香（制过）、旃檀香、藿香（已上各一两），各为末，白芨糊调作剂，脱饼，焚供世尊上圣，不可亵用。

**译文** **五真香**

沉香二两、乳香一两、炮制过的蕃降真香一两、旃檀香一两、藿香一两，将以上香料研为粉末，用白及糊作黏合剂，用模具制成香饼，焚烧供世尊上圣，不可亵渎使用。

**禅悦香**

檀香（二两，制）、柏子（未开者，酒煮阴干，三两）、乳香（一两），右为末，白芨糊和匀脱饼用。

**译文** **禅悦香**

檀香二两（炮制过的），柏子三两（未开破的，用酒煮后阴干），乳香一两，将以上香料研为粉末，用白及糊调和均匀，用模具制成香饼使用。

**黄太史四香**

**意和**

沉檀为主，每沉一两半，檀一两。斫小博骰体，取榠樝液渍之，液过指许，浸三日，及煮泣其液，湿水浴之。紫檀为屑，取小龙茗末一钱，沃汤和之，渍碎时包以濡竹纸数重炰之。螺甲半弱，磨去龃龉，以胡麻熬之，色正黄则以蜜汤遽洗，无膏气，乃以青木香为末，以意和四物，稍入婆津膏及麝二物，惟少以枣肉合之，作模如龙涎香样，日熏之。

译文

**意和**

以沉香、檀香为主料，每一两半沉香配檀香一两。将以上香料切成骰子大小，用榠楂汁浸泡，汁液超过香料一指高，浸泡三日后将其煮到微干，然后用温水洗过。将紫檀切成碎屑，取一钱小龙茗末制成茶汤，浸渍紫檀屑一小会儿，之后用蘸湿的竹纸一层一层包起来蒸煮。取螺甲半两，磨掉表面粗糙的部分，用胡麻膏熬制成纯正的黄色，用蜂蜜水迅速地洗一下，让它没有胡麻膏的气味。将青木香磨成粉末，以自己的意念和合四种香料，加入少量龙脑香和麝香，再加入极少的枣肉调和此香，然后用模具制成龙涎香的样子，白天爇熏使用。

**意可**

海南沉水香三两，得火不作柴柱烟气者；麝香檀一两，切焙，衡山亦有之，宛不及海南来者；木香四钱，极新者，不焙；玄参半两，锉、炒炙；甘草末二钱；焰硝末一钱；甲香一分，浮油煎令黄色，以蜜洗去油，复以汤洗去蜜，如前治法为末；入婆津膏及麝各三钱（另研，香成旋入）。右皆末之，用白蜜六两，熬去沫，取五两，和香末匀，置磁盒，窨如常法。

山谷道人得之于东溪老，东溪老得之于历阳公，其方初不知得之所自。始名宜爱，或云此江南宫中香，有美人曰宜娘，甚爱此香，故名宜爱，不知其在中主、后主时耶。香殊不凡，故易名意可，使众不业力、无度量之意。鼻孔绕二十五，有求觅增上，必以此香为可，何况酒款玄参，茗熬紫檀，鼻端以濡然乎。且是得无主意者。观此香，莫处处穿透，亦必为可耳。

译文

**意可**

海南沉香三两（选择直接用火烧时不带柴火气的），麝香、檀香各一两（切碎后用火焙，衡山也产这种香，只是没有海南运来的好），木香四钱（选用非常新的，不用火焙），玄参半两（锉细后炒炙），甘草末二钱，焰硝末一钱，甲香一分（用浮油煎至黄色，用蜂蜜水将油洗掉，再用热水将蜜味洗掉，按照前面的制法，研磨成粉），加入婆律膏和麝香各三钱（单独研磨），和香的时候一边搅拌一边加入。将以上香料都研成粉末，用白蜜六两熬煮后去掉沫，然后取五两蜜，将香料调和均匀，将调和好的香料放在瓷盒子里，按照常规方法窖藏。

这个香方是黄庭坚（山谷道人）从东溪地方的老者那里得来的，老者是从历阳公那里得来的。至于这个香方最开始从哪里来的，不得而知。最开始这个香叫“宜爱”，相传是江南宫中的香，因为宫里有一美人叫“宜娘”，非常喜爱这个香，所以取名叫“宜爱”，不知道“宜爱”是中主时期还是后主时期的香。黄庭坚觉得“宜爱”这个名字过于脂粉气，而这香的气息不凡，所以将其改名为“意可”，取其“使众生摆脱业力的束缚，达到无量的境界”的意思。鼻孔徘徊在二十五种迷界之中，要寻求修行的提升，一定要使用此香。何况用酒泡玄参、用茶熬紫檀的时候，鼻子已经得到了满足。同时，心无定意的人，观摩品味此香，实现全面透悟也是有可能的。

**深静**

海南沉水香二两，羊胫炭四两，沉水锉如小博骰，入白蜜五两，水解其胶，重汤慢火煮半日，浴以温水，同炭杵捣为末，马尾罗筛下之，以煮蜜为剂，窨四十九日出之。婆律膏三钱、麝一钱，以安息香一分和作饼子，以磁盒贮之。

荆州欧阳元老为予制此香，而以一斤许赠别。元老者，其从师也，能受匠石之斤，其为吏也，不锉庖丁之刃，天下可人也！此香恬澹寂寞，非其所尚，时下帷一炷，如见其人。

译文

**深静**

海南沉水香二两，羊胫炭四两，将沉水香切成小骰子大小。取白蜜五两，用水炼制去黏性，与沉水香一起隔水蒸煮半日，用温水洗净，之后与羊胫炭一起杵捣成粉末，用马尾罗筛子筛出细末，再用煮过的蜜作为黏合剂调和香末，窖藏四十九天之后取出。加入婆律膏三钱、麝香一钱、安息香一分，调和成香泥制作成香饼，用瓷盒保存。

荆州欧阳元老为我制作了此香，以一斤左右的香作为道别的礼物。欧阳元老这人，从师学艺时，能虚心学习，坚定地追求自己的理想，就像郢地的人能面不改色地让石匠挥动斧头，把鼻子上一层薄灰砍掉一样，充满信念，当官时，能游刃有余地处理政务，像庖丁解牛一样得心应手，真是天下的能人啊！这香的气息恬淡寂寞，不是世人喜欢的类型，每当我放下帷幔，焚香一炷，就如同见到了元老。

**小宗香**

海南沉水一两，锉；檖香半两，锉；紫檀二两半，生半用银石器炒，令紫色；三物俱令如锯屑。苏合油二钱；制甲香一钱，末之；麝一钱半，研；玄参五分，末之；鹅梨二枚，取汁；青枣二十枚，水二碗，煮取小半盏。用梨汁浸沉、檀、檖，煮一伏时，缓火煮令干。和入四物，炼蜜令少冷，搜和得所，入磁盒埋窨一月用。

南阳宗少文，嘉遁江湖之间，援琴作《金石弄》，远山皆与之同响，其文献足以追配古人。孙茂深亦有祖风，当时贵人欲与之游，不可得，乃使陆探微画其像挂壁间观之。茂深惟喜闭阁焚香，遂作此香馈。时谓少文大宗，茂深小宗，故名小宗香云。大宗、小宗，《南史》有传。

**译文** **小宗香**

海南沉水香一两（切成小块）、栈香半两（切成小块）、紫檀二两半（用银石器炒成紫色），以上三种香料都锉成锯屑状。取苏合油二钱，之后将炮制过的甲香一钱、麝香一钱半、玄参五分，研成粉末。取鹅梨两个，制成梨汁备用。将青枣二十个，用两碗水煮后取小半碗，与梨汁一起浸泡沉水香、紫檀香、栈香，煮一昼夜（24小时），慢火将其煮干。加入苏合油、甲香、麝香、玄参四种香料，将炼蜜稍稍放凉后，将这些香料调和得当，放入瓷盒中埋入地下窖藏一个月后使用。

南阳的宗少文，隐遁于江湖之间，抚琴时出金石之声，使得远处的山都一起回响。他的著作足可以与古人相比。他的孙子宗茂深也有祖父的风范，当时有贵人想和他交流，没能如愿，于是便让陆探微画他的像挂在墙壁上观看。宗茂深唯独喜欢关门独自焚香，于是这位贵人便制作了这款香赠送给他。当时的人称宗少文为大宗，宗茂深为小宗，所以这香取名小宗香。大宗、小宗在《南史》中都有记载。

### 脱俗香（武）

香附子（半两，蜜浸三日，慢焙干）、枨皮（一两，焙干）、零陵香（半两，酒浸一宿，慢焙干）、栋花（一两，晒干）、榠樝核（一两）、荔枝壳（一两），右并精细拣择为末，加龙脑少许，炼蜜拌匀，入磁盒封窨十余日，旋取烧之。

**译文** **脱俗香（《武冈公库香谱》）**

香附子半两（用蜜浸泡三日后，用慢火焙干）、枨皮一两（焙干使用）、零陵香半两（用酒浸泡一宿后，用慢火焙干）、楝花一两（晒干使用）、榠楂核一两、荔枝壳一两，将以上香料精心挑选后，研为粉末，加入少量龙脑香，用炼蜜调和均匀，放入瓷盒中窖藏十几天，取出使用。

### 天真香

沉香（三两，锉）、丁香（一两，新好者）、麝檀（一两，锉、炒）、元参（半两，洗切，微焙）、生龙脑（半两，另研）、麝香（三钱，另研）、甘草末（二钱，另研）、焰硝（少许）、甲香（一钱，制），右为末，与腊麝和匀，白蜜六两，炼去泡沫，入焰硝及香末，丸如鸡头大，爇之，熏衣最妙。

**译文** **天真香**

沉香三两（锉细）、丁香一两（选优质的新料）、麝檀一两（锉细后炒制）、玄参半两（洗后切碎，微火焙干）、生龙脑半两（单独研磨）、麝香三钱（单独研磨）、甘草末二钱（单独研磨）、焰硝少许、甲香一钱（修制后使用），以上香料研为粉末，与龙脑香和麝香调和均匀，取白蜜六两炼去白沫后作黏合剂，加入焰硝及香末，制作成鸡头米大小的香丸，爇熏使用，用于熏衣最好。

**庐陵香**

紫檀（七十二铢，即三两，屑之，熬一两半）、檖香（十二铢，即半两）、甲香（二铢半，即一钱，制）、苏合油（五铢，即二钱二分，无亦可）、麝香（三铢，即一钱一字）、沉香（六铢，一分）、元参（一铢半，即半钱），右用沙梨十枚切片，研绞，取汁。青州枣二十枚，水二碗熬浓，浸紫檀一夕，微火煮泣。入炼蜜及焰硝各半两，与诸药研和，窨一月爇之。

译文 **庐陵香**

紫檀三两（削成屑，熬制成一两半）、栈香半两、炮制过的甲香一钱、苏合油二钱二分（没有这味香料也可以）、麝香一钱一字、沉香一分、玄参半钱，将沙梨十个切成片，研绞成汁。取青州枣二十个，加两碗水熬浓，用来浸泡紫檀一晚上，再用微火煮干。加入炼蜜和焰硝各半两，和其他香药共同研磨调和，窖藏一个月后爇熏使用。

**灵犀香**

鸡舌香（八钱）、甘松（三钱）、零陵香（一两半）、藿香（一两半），右为末，炼蜜和剂，窨烧如常法。

译文 **灵犀香**

鸡舌香八钱、甘松三钱、零陵香一两半、藿香一两半，将以上香料研成粉末，加入炼蜜调和均匀，窖藏后按照常规方法使用。

**瑞龙香**

沉香（一两）、占城麝檀（三钱）、占城沉香（三钱）、迦阑木（二钱）、龙涎（一钱）、龙脑（二钱，金脚者）、檀香（半钱）、笃耨香（半钱）、大食水（五滴）、蔷薇水（不拘多少）、大食栀子花（一钱），右为极细末，拌和令匀，于净石上碰如泥，入模脱。

译文 **瑞龙香**

沉香一两、占城麝檀三钱、占城沉香三钱、迦阑木二钱、龙涎一钱、龙脑香二钱（选用金脚的）、檀香半钱、笃耨香半钱、大食水五滴、蔷薇水不拘多少、大食栀子花一钱，将以上香料研成极细的粉末，调和均匀，在干净的石头上碾成泥，放在模具中，脱模制成香饼。

**华盖香**

龙脑（一钱）、麝香（一钱）、香附子（半两，去毛）、白芷（半两）、甘松（半两）、松葧（一两）、零陵叶（半两）、草豆蔻（一两）、茅香（半两）、檀香（半两）、沉香（半两）、酸枣肉（以肥、红、小者，湿生者尤妙，用水熬成膏汁），右件为细末，炼蜜与枣膏搜和令匀，木臼捣之，以不粘为度，丸如鸡头实，烧之。

译文

**华盖香**

龙脑香一钱、麝香一钱、香附子半两（去除毛须）、白芷半两、甘松半两、松葧一两、零陵叶半两、草豆蔻一两、茅香半两、檀香半两、沉香半两、酸枣肉（选肉多、红色、个小的，湿生的最好，用水熬成膏汁），将以上香料研为粉末，用炼蜜和枣膏一起调和均匀，放入木质药臼中捣，以不黏为度，制作成鸡头米大小的香丸，焚烧使用。

**巡筵香**

龙脑（一钱）、乳香（半钱）、荷叶（半两）、浮萍（半两）、旱莲（半两）、瓦松（半两）、水衣（半两）、松葧（半两），右为细末，炼蜜和匀，丸如弹子大，慢火烧之，从主人，主以净水一盏引烟入水盏内，巡筵旋转，香烟接了，去水盏，其香终而方断。已上三方亦名“三宝殊熏”。

译文

**巡筵香**

龙脑香一钱、乳香半钱、荷叶半两、浮萍半两、旱莲（鳢肠）半两、瓦松半两、水衣半两、松葧半两，将以上香料研磨成粉末，加入炼蜜调和均匀，制作成弹子大小的香丸，用小火焚烧。从主人的座位开始用一盏干净的水，将烟引入盏内，沿着筵席上的座位转一圈，香烟首尾连接后，移去水盏，香燃烧完后，香气才中断。以上三方（巡筵香、华盖香、宝林香）也叫“三宝殊熏”。

**梅花香**

丁香一两、藿香一两、甘松一两、檀香一两、丁皮半两、牡丹皮半两、零陵香二两、辛夷半两、龙脑一钱，右为末，用如常法，尤宜佩带。

译文

**梅花香**

丁香一两、藿香一两、甘松一两、檀香一两、丁皮半两、牡丹皮半两、零陵香二两、辛夷半两、龙脑香一钱，将以上香料研为粉末，按照常规方法进行使用。该香尤其适合佩戴。

**寿阳公主梅花香（《陈氏香谱》）**

甘松（半两）、白芷（半两）、牡丹皮（半两）、槁本（半两）、茴香（一两）、丁皮（一两，不见火）、檀香（一两）、降真香（二钱）、白梅（一百枚），右除丁皮，余皆焙干为粗末，磁器窨月余，如常爇。

译文 **寿阳公主梅花香（《陈氏香谱》）**

甘松半两、白芷半两、牡丹皮半两、藁本半两、茴香一两、丁皮一两（不见火修制）、檀香一两、降真香二钱、白梅一百枚，以上香料除丁皮外，其余香料都焙干后研为粗粉，制成香后放入瓷器中窖藏一个多月，取出按常规方法爇熏使用。

**梅蕊香**

檀香（一两半，建茶浸三日，银器中炒令紫色，碎者旋取之）、欑香（三钱半，锉细末，入蜜一盏、酒半盏，以沙盒盛蒸，取出炒干）、甲香（半两，浆水泥一块同浸三日，取出再以浆水一碗煮干，更以酒一碗煮，于银器内炒黄色）、玄参（切片，入焰硝一钱、蜜一盏、酒一盏，煮干为度，炒令脆，不犯铁器）、龙脑（二钱，另研）、麝香（当门子二字，另研），右为细末，先以甘草半两搥碎，沸汤一斤浸，候冷，取出甘草不用。白蜜半斤煎，拨去浮蜡，与甘草汤同煮，放冷，入香末。次入脑麝及杉树油节炭二两和匀，捻作饼子，贮磁器内，窨一月。

译文 **梅蕊香**

檀香一两半（用建茶浸泡三天，放在银器中炒至紫色，炒的时候碎的随时取出来）、栈香三两半（锉成细末，加入蜜一盏、酒半盏，用沙盒盛放，蒸后取出炒干）、甲香半两（与泥浆水一起浸泡三天，取出后再用一碗泥浆水煮干，再用一碗酒煮，再放入银器中炒至黄色）、玄参（切片后加入焰硝一钱、蜜一盏、酒一盏，煮干后炒脆，忌用铁器）、龙脑香二钱（单独研磨）、麝香当门子二字（单独研磨），将以上香料研为粉末，先将甘草半两敲碎，用沸水一斤浸泡，等到水凉之后将甘草取出不用。甘草汤待用。白蜜半斤煎制，拨去浮蜡，与甘草汤一同煮，放冷后加入香末。再加入龙脑香、麝香和杉树油节炭二两，调和均匀，制作成香饼，放在瓷器中窖藏一个月后使用。

**梅蕊香（武）（又名一枝梅）**

歌曰："沉香一分丁香半，烰炭筛罗五两灰，炼蜜丸烧加脑麝，东风吹绽一枝梅。"

译文 **梅蕊香（《武冈公库香谱》）（又名一枝梅）**

有歌唱道："取沉香一分、丁香半分，将烰炭研磨细，筛出五两灰，再加入适量的龙脑香和麝香，用炼蜜作黏合剂，制作成香丸。使用此香的感受如东风吹开了一枝梅花。"

**韩魏公浓梅香（洪谱）（又名返魂梅）**

黑角沉（半两）、丁香（一钱）、腊茶末（一钱）、郁金（五分，小者，麦麸炒赤色）、麝香（一字）、定粉（一米粒，即韶粉）、白蜜一盏，右各为末，麝先细研，取腊茶之半，汤点澄清调麝，次入沉香，次入丁香，次入郁金，次入余茶及定粉，共研细乃入蜜，令稀稠得所，收砂瓶器中窨月余取烧，久则益佳。烧时以云母石或银叶衬之。

黄太史跋云："余与洪上座同宿潭之碧厢门外舟，冲（衡）岳花光仲仁寄墨梅二幅，扣舟而至，聚观于下。予曰：'只欠香耳。'洪笑，发囊取一炷焚之，如嫩寒清晓行孤山篱落间。怪而问其所得。云：'东坡得于韩忠献家，知予有香癖而不相授，岂小谴？！其后驹父集古今香方，自谓无以过此。予以其名未显，易之云。'"。

香谱补遗，所载与前稍异，今并录之。

腊沉（一两）、龙脑（五分）、麝香（五分）、定粉（二钱）、郁金（五钱）、腊茶末（二钱）、鹅梨（二枚）、白蜜（二两），右先将梨去皮，姜擦梨上，捣碎旋扭汁，与蜜同熬过，在一净盏内，调定粉、腊茶、郁金香末，次入沉香、龙脑、麝香，和为一块，油纸裹入磁盒内，地窨半月取出，如欲遗人，圆如芡实，金箔为衣，十圆作贴。

**译文**

**韩魏公浓梅香（《洪氏香谱》）（又名返魂梅）**

黑角沉半两、丁香一钱、腊茶末一钱、郁金五分（选小的用麦麸炒至红色）、麝香一字、定粉（就是韶粉）一米粒、白蜜一盏，将以上香料分别研成粉末，先将麝香研成细末，取一半腊茶，点成茶汤后澄清，用茶汤调麝香；再加入沉香，然后加丁香、郁金、剩下的一半茶和定粉，一同研细后再加蜜，调至稀稠适中。将其放入砂瓶器中，窖藏一个月多月后取出使用，窖藏时间久效果更好。使用时用云母或者银叶作为隔片衬烧。

黄太史在跋中说："我与洪刍一同宿在潭之碧厢门外的小舟中，衡山花光寺仲仁长老送来两幅墨梅图，叩舟而来，我们一起聚集观赏。我说：'现在只差焚香了。'洪刍笑着打开行囊，取出一炷香使用，这香的味道好像微寒的清晨行进在孤山篱落间。我感觉香气奇怪，所以问他哪里得来的香。他说：'是苏东坡从韩忠献家得来的，知道我有香癖，要是不送给我，岂不是小气？！后来洪刍（字驹父）汇集古今香方，自称没有香能与之相比了。我觉得这款香本来的名字没显示出香的内涵，所以就改了个名。'"

《香谱补遗》上所记载的与前文稍有不同，现今一起收录在此。

腊沉一两、龙脑香五分、麝香五分、定粉二钱、郁金五钱、腊茶末二钱、鹅梨二枚、白蜜二两，将梨去皮，用姜擦在梨上，之后捣碎、旋扭取汁。将梨汁与蜜一起熬过，在一个干净的盏里，调定粉、腊茶、郁金香末，再加入沉香、龙脑香、麝香，调和成块状，用油纸包裹，放在瓷盒里，放地窖里窖藏半个月后取出来。如果要用来赠送他人，可制作成芡实大小的丸子，用金箔挂衣，十个丸子作一帖。

**笑梅香（一）**

榅桲（二个）、檀香（五钱）、沉香（三钱）、金颜香（四钱）、麝香（一钱），右将榅桲割破顶子，以小刀剔去穰并子，将沉香、檀香为极细末入于内，将原割下顶子盖着，以麻缕缚定，用生面一块裹榅桲在内，慢灰火烧，黄熟为度，去面不用，取榅桲研为膏。别将麝香、金颜香研极细，入膏内相和，研匀，雕花印脱，阴干烧之。

译文

**笑梅香（一）**

榅桲二个、檀香五钱、沉香三钱、金颜香四钱、麝香一钱，用小刀将榅桲上方割开像盖子状，去掉瓤和内部的子，将沉香、檀香研为极细的粉末放在榅桲中，将之前割下来的顶子盖上，用麻线捆起来，用一块生面将榅桲包裹住，放在火灰中慢火烧，烧到生面黄熟即可，然后去掉面不用，将榅桲研磨成膏状，再加入研磨得极细的麝香、金颜香，与膏一起调和均匀，放在雕花的模具中制成香饼，阴干爇熏使用。

**浃梅香（沈）**

丁香（百粒）、茴香（一捻）、檀香（二两）、甘松（二两）、零陵香（二两）、脑麝（各少许），右为细末，炼蜜作剂爇之。

译文

**浃梅香（《沈氏香谱》）**

丁香百粒，茴香一撮，檀香二两，甘松二两，零陵香二两，龙脑香、麝香各少量，将以上香料研成细末，用炼蜜调制成剂，制成香品，爇熏使用。

**肖兰香（一）**

麝香（一钱）、乳香（一钱）、麸炭末（一两）、紫檀（五两，白尤妙，锉作小片，炼白蜜一斤，加少汤浸一宿取出，银器内炒微烟出），右先将麝香乳钵内研细，次用好腊茶一钱沸汤点，澄清时与麝香同研，候匀，与诸香相和匀，入臼杵令得所。如干，少加浸檀蜜水拌匀，入新器中，以纸封十数重，地坎窨一月爇之。

译文

**肖兰香（一）**

麝香一钱、乳香一钱、麸炭末一两、紫檀五两（白色最佳，锉成小片，用炼蜜一斤，加入少量的水浸泡一夜后取出，在银器中炒制至微有烟），先将麝香放在乳钵中研磨细，再加入上好的腊茶一钱用沸水点，澄清后与麝香一起研磨，待均匀后，与其他香料一起调和均匀，放入药臼中捣杵到适中状态。如果太干，可以加上少量的浸泡紫檀的蜜水一起拌匀，放在新的容器中，用纸一层层封起来，封十几层，放入地窖中窨藏一个月，爇熏使用。

**李元老笑兰香**

拣丁香（味辛者一钱）、木香（一钱，鸡骨者）、沉香（一钱，刮去软者）、白檀香（一钱，脂腻者）、肉桂（一钱，味辛者）、麝香（五分）、白片脑（五分）、南鹏砂（二钱，先研细，次入脑麝）、回纥香附（一钱，如无，以白豆蔻代之，同前六味为末），右炼蜜和匀，更入马孛二钱许，搜拌成剂，新油单纸封裹，入瓷瓶内一月取出，旋丸如莞豆状，捻饼以渍酒，名“洞庭春”（每酒一瓶，入香一饼化开，笋叶密封，春三日、夏秋一日、冬七日可饮，其香特美）。

译文

**李元老笑兰香**

挑选丁香一钱（选取气味辛香的）、木香一钱（选用像鸡骨的）、沉香一钱（刮去较软的部分）、白檀香一钱（选取香脂厚腻的）、肉桂一钱（选取气味辛香者）、麝香五分、白片脑五分、南硼砂二钱（先研细，再加入脑香和麝香）、回纥香附一钱（如果没有这一味，就用白豆蔻代替，将其与此前六味香料一起研成粉末），将以上香料用炼蜜调和均匀，再加入马孛二钱多，搅拌成香剂。用新的油单纸封裹，放入瓷瓶内窖藏，一个月之后取出，临用时搓制成豌豆大的香丸，捏制成饼，浸入酒中。用这种香浸泡的酒，名为“洞庭春”。每一瓶酒，需加入一枚香饼，化开，用笋叶密封。春季浸泡三天，夏秋两季浸泡一天，冬季浸泡七天，即可饮用，酒香特别醇美。

**靖老笑兰香（新）**

零陵香（七钱半）、藿香（七钱半）、甘松（七钱半）、当归（一条）、豆蔻（一个）、槟榔（一个）、木香（五钱）、丁香（五钱）、香附子（二钱半）、白芷（二钱半）、麝香（少许），右为细末，炼蜜搜和，入臼杵百下，贮磁盒地坑埋窨一月，旋作饼，爇如常法。

译文

**靖老笑兰香《新纂香谱》**

零陵香七钱半、藿香七钱半、甘松七钱半、当归一条、豆蔻一个、槟榔一个、木香五钱、丁香五钱、香附子二钱半、白芷二钱半、麝香少量，将以上香料研为粉末，用炼蜜调和，放在药臼中捣杵百余下，用瓷盒盛放，入地窖中窖藏一个月，用时取出制作成香饼，按照常规方法爇熏即可。

**木犀香（二）**

采木犀未开者，以生蜜拌匀，不可蜜多，实捺入磁器中，地坎埋窨，日久愈奇。取出于乳钵内研，拍作饼子，油单纸裹收，逐旋取烧。采花时不得犯手，剪取为妙。

译文

**木樨香（二）**

采未开的木樨（桂花），用生蜜拌匀（蜜不能太多），压实后放到瓷器中，在地窖中埋藏，时间长效果更好。取出后放在钵内研磨，制作成香饼，用油单纸包裹收藏，逐步取出使用。采花的时候，不得用手，用剪刀剪最好。

**木犀香（四）**

五更初，以竹箸取岩花未开蕊，不拘多少，先以瓶底入檀香少许，方以花蕊入瓶，候满花，脑子糁花上，皂纱幕瓶口置空所，日收夜露四五次，少用生熟蜜相拌，浇瓶中，蜡纸封，窨烧如法。

译文 **木樨香（四）**

五更初（凌晨3点），用竹筷子取没有开的桂花，无所谓多少，先在瓶底放少量的檀香，再将桂花放入瓶中，等花放满后再将龙脑香撒上去，用皂纱幕将瓶口封起来，收集夜露四五次，用少量的熟蜜调和，浇到瓶中，用蜡纸密封瓶口，按正常方法窨藏后使用。

**吴顾道侍郎杏花香**

白檀香（五两，细锉，以蜜二两热汤化开，浸香三宿取出，于银器内裛紫色，入杉木炭内炒，同捣为末）、麝香（一钱，另研）、腊茶（一钱，汤点澄清，用稠脚），右同拌令匀，以白蜜八两搜和，乳槌杵数百，贮磁器，仍镕蜡固封，地窨一月，久则愈佳。

译文 **吴顾道侍郎杏花香**

白檀香五两（锉成细末，将蜜二两用热水化开，用于浸泡香料，浸泡三日后取出，放在银器中炒制成紫色，放在杉木炭内炒，然后一起研成粉末）、麝香一钱（单独研磨）、腊茶一钱（用热水点后澄清，取黏稠的茶渣水使用），将以上香料调和搅拌均匀，用白蜜八两调和，用小槌捣杵数百下，放在瓷器中储藏，用蜡将口密封，放地窖中窨藏一个月，窨藏时间越久越好。

**百花香（一）**

甘松（一两）、沉香（一两，腊茶同煮半日）、檖香（一两）、丁香（一两，腊茶同煮半日）、玄参（一两，洗净，槌碎，炒焦）、麝香（一钱）、檀香（五钱，锉碎，鹅梨二个取汁浸银器内蒸）、龙脑（五分）、砂仁（一钱）、肉豆蔻（一钱），右为细末，罗匀以生蜜搜和，捣百余杵，捻作饼子，入瓷盒封窨，如常法爇之。

译文 **百花香（一）**

甘松一两、沉香一两（用腊茶一同文火煮半日）、栈香一两、丁香一两（用腊茶一起文火煮半日）、玄参一两（洗干净后敲碎，文火炒焦）、麝香一钱、檀香五钱（锉碎后，放入两个鹅梨制成的汁中，放入银器中蒸）、龙脑香五分、砂仁一钱、肉豆蔻一钱，将以上香料研为粉末，用罗筛后用生蜜调和，捣杵百余下，制作成香饼，放入瓷盒中密封窨藏，按照常规方法爇熏使用。

### 荔枝香（沈）

沉香、檀香、白豆蔻仁、西香附子、金颜香、肉桂（已上各一两），马牙硝（五钱），龙脑（五分），麝香（五分），白芨（二钱），新荔枝皮（二钱），右先将金颜香于乳钵内细研，次入脑、麝、牙硝，另研诸香为末，入金颜香研匀，滴水和作饼，窨干烧之。

译文

**荔枝香（《沈氏香谱》）**

沉香、檀香、白豆蔻仁、西香附子、金颜香、肉桂，以上香料各一两，马牙硝五钱，龙脑香五分，麝香五分，白及二钱，新荔枝皮二钱，先将金颜香放入乳钵中研磨成细粉，再加入单独研磨成粉的龙脑香、麝香、牙硝，再加入金颜香研匀，加入水制作成香饼，窖藏晾干后使用。

### 雪中春信

檀香（半两）、櫰香（一两二钱）、丁香皮（一两二钱）、樟脑（一两二钱）、麝香（一钱）、杉木炭（二两），右为末，炼蜜和匀，焚、窨如常法。

译文

**雪中春信**

檀香半两、栈香一两二钱、丁香皮一两二钱、樟脑一两二钱、麝香一钱、杉木炭二两，将以上香料研为粉末，用炼蜜调和均匀，按照常规方法窖藏、焚烧使用。

### 荀令十里香（沈）

丁香（半两强）、檀香（一两）、甘松（一两）、零陵香（一两）、生龙脑（少许）、茴香（五分，略炒），右为末，薄纸贴纱囊盛佩之。其茴香生则不香，过炒则焦气，多则药气太，少则不类花香，逐旋斟酌添使旖旎。

译文

**荀令十里香（《沈氏香谱》）**

丁香半两多、檀香一两、甘松一两、零陵香一两、生龙脑少量、茴香五分（稍微炒一下），将以上香料研为粉末，用薄纸包起来，放在纱囊内佩戴使用。其中的茴香，若用生的，则不香，炒太过则有焦气，放太多则药气太强，放太少又没有花香气，需要根据实际情况逐渐斟酌着添加，才能使气味更好。

### 洗衣香（武）

牡丹皮（一两）、甘松（一钱），右为末，每洗衣最后泽水入一钱。

译文

**洗衣香（《武冈公库香谱》）**

牡丹皮一两、甘松一钱，将以上香料研为粉末，每次洗衣到最后一次清水时加入一钱。

**蔷薇衣香（武）**

茅香（一两）、丁香皮（一两，锉碎微炒）、零陵香（一两）、白芷（半两）、细辛（半两）、白檀（半两）、茴香（三分，微炒），同为粗末，可佩、可爇。

译文 **蔷薇衣香（《武冈公库香谱》）**

茅香一两、丁香皮一两（锉细后文火微微炒制）、零陵香一两、白芷半两、细辛半两、白檀半两、茴香三分（微微炒制），将以上香料研成粗末，可以用于佩戴，也可以焚烧使用。

**芙蕖衣香（补）**

丁香（一两）、檀香（一两）、甘松（一两）、零陵香（半两）、牡丹皮（半两）、茴香（二分，微炒），右为末，入麝香少许研匀，薄纸贴之，用新帕子裹着肉，其香如新开莲花，临时更入麝、龙脑各少许更佳，不可火焙，汗浥愈香。

译文 **芙蕖衣香（《香乘》作者自加）**

丁香一两、檀香一两、甘松一两、零陵香半两、牡丹皮半两、茴香二分（文火微微炒制），将以上香料研为粉末，加入少量麝香研匀，用薄纸蘸香，用新的手帕包裹，贴着肌肤使用。其香味犹如新开的莲花一般，使用时再加入少量的麝香和龙脑香，效果更好。注意不可用火焙，使用时身体出汗更香。

**裛衣香（武）**

丁香（十两，另研）、郁金（十两）、零陵香（六两）、藿香（四两）、白芷（四两）、苏合油（三两）、甘松（三两）、杜蘅（三两）、麝香（少许），右为末，袋盛佩之。

**裛衣香（琐碎录）**

零陵香（一斤）、丁香（半斤）、苏合油（半斤）、甘松（三两）、郁金（二两）、龙脑（二两）、麝香（半两），右并须精好者，若一味恶即损诸香。同捣如麻豆大小，以夹绢袋贮之。

译文 **裛衣香（《武冈公库香谱》）**

丁香十两（单独研磨）、郁金十两、零陵香六两、藿香四两、白芷四两、苏合油三两、甘松三两、杜衡三两、麝香少量，将以上香料研为粉末，放入袋子中，佩戴使用。

**裛衣香（《琐碎录》）**

零陵香一斤、丁香半斤、苏合油半斤、甘松三两、郁金二两、龙脑香二两、麝香半两，所有香料必须挑选精品，如果有一味香药气味不佳则损坏其他香。将所有香料一同捣碎，制作成麻豆大小，用有夹层的绢袋储藏。

### 贵人浥汗香（武）

丁香（一两为粗末），川椒（六十粒），右以二味相和，绢袋盛而佩之，辟绝汗气。

译文

**贵人浥汗香（《武冈公库香谱》）**

丁香一两，将其研磨成粗的粉末，川椒六十粒，将以上两味香药进行调和，用绢袋盛放，用于佩戴，可以去除汗气。

### 香爨

零陵香、茅香、藿香、甘松、松子（搥碎）、茴香、三柰子（豆腐蒸）、檀香、木香、白芷、土白芷、桂肉、丁香、丁皮、牡丹皮、沉香（各等分），麝香（少许），右用好酒喷过，日晒令干，以刀切碎，碾为生料，筛罗粗末，瓦坛收顿。

译文

**香爨**

零陵香、茅香、藿香、甘松、松子（敲碎）、茴香、三柰子（用豆腐水蒸）、檀香、木香、白芷、土白芷、肉桂、丁香、丁皮、牡丹皮、沉香，以上香料用量一样，再加入少量的麝香，用好酒喷洒，在太阳下晒干，用刀将香料切碎，研磨成生料，筛成粗粉末，用瓦坛收藏好。

### 软香（一）

笃耨香（半两）、檀香末（半两）、苏合油（三两）、金颜香（五两，牙子者）、银朱（一两）、麝香（半两）、龙脑（二钱），右为细末，用银器或磁器于沸汤锅釜内顿放，逐旋倾出苏合油内搅匀，和停为度，取出泻入冷水中，随意作剂。

译文

**软香（一）**

笃耨香半两、檀香末半两、苏合油三两、金颜香五两（选用牙形的）、麝香半两、龙脑香二钱，将以上香料研为细末，用银器或者瓷器盛装，放到烧开的锅里静置煮一会儿，然后一边搅拌一边加入苏合油，直到调和均匀才停止，再将银器或者瓷器取出，放在冷水中，让其自然形成香剂。

**软香（四）**

黄蜡（半斤，溶成汁，滤净，却以净铜铫内下紫草，煎令红，滤去草滓）、金颜香（三两，拣净秤，别研细作一处）、檀香（一两，碾令细却筛过）、沉香（半两，极细末）、银朱（随意加入，以红为度）、滴乳香（三两，拣明块者，用茅香煎水煮过，令浮成片如膏，倾冷水中取出，待水干，入乳钵研细，如粘钵则用煅醋淬的赭石二钱入内同研，则不粘矣）、苏合香油（三钱，如临合时，先以生萝卜擦了乳钵则不粘，如无则以子代之）、生麝香（三钱，净钵内以茶清滴研细，却以其余香拌起一处），右以蜡入瓷器大碗内，坐重汤中溶成汁，入苏合油和了停匀，却入众香，以柳棒频搅极匀即香成矣。欲软，用松子仁三两揉汁于内，虽大雪亦软。

**译文**

**软香（四）**

黄蜡半斤（熔成汁，过滤干净，放入干净的铜铫子中，加入紫草炒红，过滤掉草的渣滓）、金颜香三两（挑拣干净后再上秤，单独研磨，放在一处）、檀香一两（研磨成细粉，再过筛）、沉香半两（研成极细的粉末）、银朱（随意加入，以达到所需的红色为止）、滴乳香三两（挑拣透明成块的，用茅香煎水煮过，使其浮成一片如膏状，倒入冷水中，待水干后，放入乳钵中研磨细，如果粘在钵上，则用煅醋淬滴赭石二钱加入一起研磨，就不粘了）、苏合油三钱（待合香时先用生萝卜擦乳钵，这样就不粘钵，如果没有苏合油，就用苏合子代替）、生麝香三钱（放在干净的钵中滴乳茶清后研磨细，然后与其他香一起拌匀），然后将蜡加入瓷器大碗中，放在水中隔水加热，使蜡熔成汁，再加入苏合油和匀，加入其他香料，用柳棒频繁地搅拌，将其混合均匀，这样香就做成了。如果想制作成软香，用松子仁三两揉成汁后加入，即使是大雪季节，也能制作成软香。

**软香（沈）**

丁香（一两，加木香少许同炒）、沉香（一两）、白檀（二两）、金颜香（二两）、黄蜡（二两）、三柰子（二两）、心子红（二两，作黑不用）、龙脑（半两，或三钱可）、苏合油（不计多少）、生油（不计多少）、白胶香（半斤，灰水于沙锅内煮，候浮上，掠入凉水搦块，再用皂角水三四碗复煮，以香白为度，秤二两香用），右先将蜡于定磁碗内溶开，次下白胶香，次生油，次苏合，搅匀取碗置地，候温，入众香。每一两作一丸，更加乌笃耨一两尤妙。如造黑色者，不用心子红，入香墨二两烧红为末，和剂如常法。可怀可佩，置扇柄把握极佳。

**译文**

**软香（《沈氏香谱》）**

丁香一两（加入少量的木香一起炒制）、沉香一两、白檀二两、金颜香二两、黄蜡二两、三柰子二两、心子红二两（制黑色的香则不用）、龙脑香半两（或者三钱也可以），苏合油不计多少，生油不计多少，白胶香半斤（将灰水放入砂锅内，用于煮制香料，等香浮起来，再捞起来放入凉水中结成块状，用皂角水三四碗再煮一次，煮到香为白色的时候为度，称出二两香备用），先将黄蜡放在定瓷碗中化开，再依次加入白胶香、生油、苏合香，搅拌均匀后将碗从火上挪开，放在地上，等待放温后再加入其他香料。每一两香料制成一颗香丸。如果加入一两乌笃耨，香气会更好。如果想制成黑色香品，可以不加心子红，加入二两香墨，烧红制成粉末，依照常规的方法调和成香剂。这种香可以包好置于怀中，也可以用于佩戴，吊在扇柄上做坠子，效果也非常不错。

**南阳公主熏衣香（事林）**

蜘蛛香（一两）、白芷（半两）、零陵香（半两）、砂仁（半两）、丁香（三钱）、麝香（五分）、当归（一钱）、豆蔻（一钱），共为末，囊盛佩之。

**译文**

**南阳公主熏衣香（《事林广记》）**

蜘蛛香一两、白芷半两、零陵香半两、砂仁半两、丁香三钱、麝香五分、当归一钱、豆蔻一钱，将以上香料研成粉末后，放在香囊中佩戴使用。

**熏衣芬积香（和剂）**

沉香（二十五两，锉）、檖香（二十两）、藿香（十两）、檀香（二十两，腊茶清炒黄）、零陵香叶（十两）、丁香（十两）、牙硝（十两）、米脑（三两，研）、麝香（一两五钱）、梅花龙脑（一两，研）、杉木麸炭（二十两）、甲香（二十两，炭灰煮两日洗，以蜜酒同煮令干）、蜜（炼和香），右为细末，研脑麝，用蜜和搜令匀，烧熏如常法。

**译文**

**熏衣芬积香（和剂）**

沉香二十五两（锉细）、栈香二十两、藿香十两、檀香二十两（用腊茶清浸泡后炒至微黄）、零陵香叶十两、丁香十两、牙硝十两、米脑三两（单独研磨）、麝香一两五钱、梅花龙脑一两（单独研磨）、杉木麸炭二十两、甲香*二十两（用炭灰加水煮两日后洗干净，加入蜜和酒一同煮至水干）、蜂蜜（炼制后用于和香），将以上香料研为细末，米脑、麝香单独研磨，用蜜调和均匀，按照常规方法烧熏使用。

*此香方无碍庵本无甲香，方后云：『右为细末，炼蜜半斤候冷和成剂，置衣箧中，烧熏如常法。』

**熏衣衙香**

生沉香（六两，锉）、檥香（六两）、生牙硝（六两）、檀香（十二两，腊茶清炒）、生龙脑（二两，研）、麝香（二两，研）、蜜比香（斤两加倍，炼熟）、甲香（一两），右为末，研入脑麝，以蜜搜和令匀，烧熏如常法。

译文 **熏衣衙香**

生沉香六两（锉细）、栈香六两、生牙硝六两、檀香十二两（用腊茶清浸泡一宿后炒至微黄）、生龙脑香二两（单独研磨）、麝香二两（单独研磨）、蜜脾香斤两加倍（炼熟）、甲香一两，将以上香料研为粉末，分别加入单独研磨好的龙脑香和麝香，加入蜂蜜调和均匀，按照常规方法熏烧使用。

## 涂傅之香

**傅身香粉（洪）**

英粉（另研）、青木香、麻黄根、附子（炮）、甘松、藿香、零陵香（各等分），右件除英粉外，同捣罗为末，以生绢袋盛，浴罢傅身。

译文 **傅身香粉（《洪氏香谱》）**

英粉（单独研磨）、青木香、麻黄根、附子（炮制过的）、甘松、藿香、零陵香，用量相同，以上香料除英粉以外，一同研磨筛罗为粉末，用生绢夹袋盛放，沐浴之后涂抹在身上使用。

**和粉香**

官粉（十两）、蜜陀僧（一两）、白檀香（一两）、黄连（五钱）、脑麝（各少许）、蛤粉（五两）、轻粉（二钱）、朱砂（二钱）、金箔（五个）、鹰条（一钱），右件为细末，和匀傅面。

译文 **和粉香**

官粉十两，蜜陀僧一两，白檀香一两，黄连五钱，龙脑香、麝香各少量，蛤粉五两，轻粉二钱，朱砂二钱，金箔五个，鹰条一钱，将以上香料研磨成细末，调和均匀后涂抹在脸上使用。

### 十和香粉

官粉（一袋，水飞）、朱砂（三钱）、蛤粉（白熟者，水飞），鹰条（二钱）、蜜陀僧（五钱）、檀香（五钱）、脑麝（各少许）、紫粉（少许）、寒水石（和脑麝同研），右件各为飞尘，和匀入脑麝，调色似桃花为度。

译文

**十和香粉**

官粉一袋（用水飞法处理），朱砂三钱，蛤粉（选白熟的，用水飞法处理），鹰条二钱，蜜陀僧五钱，檀香五钱，龙脑香和麝香各少量，紫粉少量，寒水石（与龙脑香、麝香一同研磨），将以上香料分别用水飞法研成细末，与龙脑香、麝香一起调和均匀，颜色似桃花为最好。

### 利汗红粉香

滑石（一斤，极白无石者，水飞过）、心红（三钱）、轻粉（五钱）、麝香（少许），右件同研极细用之，调粉如肉色为度，涂身体，香肌利汗。

译文

**利汗红粉香**

滑石一斤（选择极白不含石质的，用水飞法处理）、心红三钱、轻粉五钱、麝香少量，将以上香料一起研成极细的粉末，将粉调制成肉色为最佳状态，用于涂身体，有香肌、利汗的功效。

### 香身丸

丁香（一两半），藿香叶、零陵香、甘松（各三两），香附子、白芷、当归、桂心、槟榔、益智仁（各一两），麝香（二钱），白豆蔻仁（二两），右件为细末，炼蜜为剂，杵千下，丸如桐子大，噙化一丸，便觉口香五日，身香十日，衣香十五日，他人皆闻得香，又治遍身炽气、恶气及口齿气。

译文

**香身丸**

丁香一两半，藿香叶、零陵香、甘松各三两，香附子、白芷、当归、桂心、槟榔、益智仁各一两，麝香二钱，白豆蔻仁二两，将以上香料研为细末，用炼蜜作黏合剂，制成香泥后捣杵千下，搓成桐子大小的香丸。含服一丸，便会觉得口中五天充满香气，身上十天充满香气，衣服上十五天留存香气，其他人都能闻到此香，又可以治遍身炽气、恶气及口齿气。

**拂手香（武）**

白檀（三两，滋润者，锉末，用蜜三钱化汤，用一盏炒令水干，稍觉浥湿焙干，杵罗极细）、米脑（五钱，研）、阿胶（一片），右将阿胶化汤打糊，入香末，搜拌令匀，于木臼中捣三五百，捏作饼子或脱花，窨干，中穿一穴，用彩线悬胸前。

译文 **拂手香（《武冈公库香谱》）**

白檀香三两（选质地滋润的，锉成细末，用一盏水加三钱蜜化成汤，文火炒至水干，感觉略带湿气再用火焙干，捣杵成极细的粉末）、米脑五钱（单独研磨）、阿胶一片，将阿胶化成汤打成糊，加入香末，浸渍搅拌均匀，放在木臼中捣三五百下，捏成饼子或者用模具制成花样，窨藏干后，在中间穿一小孔，用彩线悬挂在胸前。

**乌发香油（此油洗发后用最妙）**

香油（二斤）、柏油（二两，另放）、诃子皮（一两半）、没石子（六个）、五棓子（半两）、真胆矾（一钱）、川百药煎（三两）、酸榴皮（半两）、猪胆（二个，另放）、旱莲台（半两），右件为粗末，先将香油熬数沸，然后将药末入油同熬少时，倾油入罐子内，微温入柏油搅，渐入猪胆又搅，令极冷入后药：零陵香、藿香叶、香白芷、甘松（各三钱），麝香（一钱），再搅匀，用厚纸封罐口，每日早、午、晚各搅一次，仍封之。如此十日后，先晚洗发净，次早发干搽之，不待数日其发黑绀，光泽香滑，永不染尘垢，更不须再洗，用之后自见也。黄者转黑。旱莲台，诸处有之，科生一二尺高，小花如菊，折断有黑汁，名猢狲头。

又（此油最能黑发）。

每香油一斤，枣枝一根锉碎，新竹片一根截作小片，不拘多少，用荷叶四两入油同煎，至一半去前物，加百药煎四两与油再熬，冷定加丁香、排草、檀香、辟尘茄，每净油一斤大约入香料两余。

译文 **乌发香油（此油洗发后用最妙）**

香油二斤、柏油二两（单独存放）、诃子皮一两半、没食子（没石子）六个、五倍子半两、真胆矾一钱、川百药煎三两、酸榴皮半两、猪胆二个（单独放置）、旱莲台半两，将以上香料研成粗末，先将香油熬制沸腾一会儿，然后加入药末与香油一起熬一会儿，将油倒到罐子里，等到微温的时候加入柏油一起搅匀，再加入猪胆搅匀，等到完全冷却后再加入以下香药：零陵香、藿香叶、香白芷、甘松各三钱，麝香一钱，再搅匀，用厚纸封罐口，每日早、午、晚各搅一次，搅拌完后依然封起来。依照这个方法操作十日后，先在头天晚上将头发洗干净，第二天早上头发干的时候涂抹，过不了几天头发就会变得乌黑、光泽而又香滑，不沾染尘垢。香油涂抹后不用洗掉，使用之后自然会见到效果，黄发变黑发。旱莲台，到处都有，约有一二尺高，小花像菊，折断后有黑汁，名为“猢狲头”。

又：此油最能黑发。

每一斤香油，放入枣枝一根（锉碎）、新竹片一根（截成小片，不拘多少），加入四两荷叶与油一起煎。待油煎至一半后，捞出前面加的香料再加入四两百药煎与油一起熬，等油冷却后加入丁香、排草、檀香、辟尘茄，每一斤净油加入香料一两多。

**合香泽法**

清酒浸香（夏用令酒冷，春秋酒令暖，冬则小热），鸡舌香（俗人以其似丁子，故为丁子香也）、藿香、苜蓿、兰香凡四种，以新绵裹而浸之（夏一宿、春秋二宿、冬三宿），用胡麻油两分、猪胆一分内铜铛中，即以浸香酒和之，煎数沸后，便缓火微煎，然后下所浸香煎，缓火至暮，水尽沸定乃熟（以火头内浸中，作声者，水未尽；有烟出无声者，水尽也）。泽欲熟时，下少许青蒿，以发色绵幕铛嘴，瓶口泻。（贾思勰《齐民要术》）

香泽者，人发恒枯瘁，此以濡泽之也。唇脂以丹作之，象唇赤也。（《释名》）

**香粉**

法惟多着丁香于粉盒中，自然芬馥。（同上）

**面脂香**

牛髓（牛髓少者，用牛脂和之。若无髓，只用脂亦得），温酒浸丁香、藿香二种（浸法如煎泽法）；煎法一同合脂，亦着青蒿以发色，绵滤着磁漆盏中令凝。若作唇脂者，以熟朱调和青油裹之。（同上）

译文

**合香泽法**

用清酒浸泡香（夏天用冷酒，春秋用暖酒，冬天酒需小热），鸡舌香（因其形状像丁子，也被称为丁子香）、藿香、苜蓿、兰香这四种香料，用新绵包裹浸泡（夏天浸一夜，春秋两夜，冬天三夜）；用胡麻油两分、猪胆一分，放在铜铛中，用浸泡过香的酒调和，加热到数次沸腾后，改用小火微微煎制，然后再加入浸泡过的香料一起煎，用小火煎到黄昏时，水煎干不沸腾了便熟了（用火头试探，发出声音说明水没有熬尽，有烟无声音说明水熬尽了）。香要凝泽快熟的时候，放入少量的青蒿，用黑色的丝绵绑在铜铛的嘴上，倒入瓶中。（贾思勰《齐民要术》）

这种香泽，如果人的头发长期枯黄，可以用它滋润养护。如果想制作唇脂，可在其中加入丹砂，可以使口唇红润。（《释名》）

**香粉**

香粉的制作方法，只要多放丁香粉在香盒中，自然芬芳香馥。（《释名》）

**面脂香**

牛髓（如果牛髓不多，就用牛脂调和；如果没有牛髓，只有牛脂也可以），用温酒浸泡丁香和藿香（浸泡方法同前面的合香泽法），煎法也和合香泽法相同，也加入青蒿上色，用丝绵过滤后放在瓷盏中冷却凝固。如果想制作成唇脂，加入熟朱调和，用青油包裹。（《释名》）

**八白香（金章宗宫中洗面散）**

白丁香、白僵蚕、白附子、白牵牛、白茯苓、白蒺藜、白芷、白芨，右等分入皂角去皮弦，共为末，菉豆粉半之，日用面如玉矣。

> 译文
> **八白香（金章宗宫中洗面散）**
> 白丁香、白僵蚕、白附子、白牵牛、白茯苓、白蒺藜、白芷、白及，以上香料剂量相同，加入皂角（去除皮弦），放在一起研磨成细末，加入香药总量一半的绿豆粉搅拌均匀。日常使用这种洗面散，可使面色如玉。

**莲香散（金主宫中方）**

丁香（三钱）、黄丹（三钱）、枯矾末（一两），共为细末，闺阁中以之敷足，久则香入肤骨，虽足纨常经浣濯，香气不散。

金章宗文房精鉴，至用苏合香油点烟制墨，可谓穷幽极胜矣。兹复致力于粉泽香膏，使嫔妃辈云鬓益芳，莲踪增馥。想见当时，人尽如花，花尽皆香，风华旖旎。陈主、隋炀后一人也。

> 译文
> **莲香散（金主宫中方）**
> 丁香三钱、黄丹三钱、枯矾末一两，共同研磨成细末，在闺阁中用来敷脚，时间久了香浸入肌骨，虽然裹脚布经常清洗，但是香气却不散。
> 金章宗精通文房用品的精选和鉴赏，能用苏合香油点烟制作墨，他还致力于制作粉泽、香膏，使嫔妃们发鬓芬芳、莲足香馥。遥想当年，人尽如花，花尽皆香，风华旖旎。陈后主、隋炀帝之后，仅此一人了。

**香饼（一）**

坚硬羊胫骨炭（三斤，末）、黄丹（五两）、定粉（五两）、针砂（五两）、牙硝（五两）、枣（一升，煮烂，去皮、核），右同捣拌匀，以枣膏和剂，随意捻作饼子。

> 译文
> **香饼（一）**
> 坚硬的羊胫骨炭三斤（研磨成粉末）、黄丹五两、定粉五两、针砂五两、牙硝五两、枣一升（煮烂后去皮和核），然后将香料一同捣拌均匀，用枣膏作为黏合剂，将香随意捻捏成香饼使用。

**香饼（二）**

木炭（三斤末）、定粉（三两）、黄丹（二两），右拌匀，用糯米为糊和成，入铁臼内细杵，以圈子脱作饼，晒干用之。

译文 **香饼（二）**

木炭末三斤、定粉三两、黄丹二两，将以上香料拌匀，用糯米糊作黏合剂，放入铁臼中捣杵成泥，用香模具制成香饼，晒干后使用。

**香煤（一）**

茄蒂（不计多少，烧存性，取四两）、定粉（三钱）、黄丹（二钱）、海金砂（二钱），右同末拌匀，置炉上烧纸点，可终日。

译文 **香煤（一）**

茄蒂（不论多少，烧制后存性，取四两）、定粉三钱、黄丹二钱、海金砂二钱，将以上香料拌均匀，放在炉上用纸引燃，可以用一天。

**香煤（二）**

枯茄荄烧成炭于瓶内，候冷为末，每一两入铅粉二钱、黄丹二钱半拌匀，和装灰中。

译文 **香煤（二）**

将枯茄根烧成炭，放在瓶内，等冷却后研为粉末，每一两放入铅粉二钱、黄丹二钱半，搅拌均匀，放入灰中混合。

**阎资钦香煤**

柏叶多采之，摘去枝梗洗净，日中曝干，锉碎，不用坟墓间者，入净罐内，以盐泥固济，炭火煅之，石铫细研。每用一二钱置香炉灰上，以纸灯点，候匀遍焚香，时时添之，可以终日。

香饼、香煤，好事者为之。其实用只须栎炭一块！

译文 **阎资钦香煤**

多采一些柏叶，摘去枝梗后洗干净，中午的时候曝晒干，然后锉碎（不能用墓地里的柏叶），放在干净的罐内，用盐泥封起来，再用炭火煅烧，之后用石头研磨细。每次使用一二钱，放在香炉灰上，用纸灯点燃，等全部烧遍后即可焚香，随时添加，可以烧一天。

香饼、香煤是喜好香事的人所为。其实只需一块栎炭就可以了。

**香灰（新）**

细叶杉木枝烧灰，用火一二块养之经宿，罗过装炉。

每秋间，采松须曝干，烧灰用养香饼。

未化石灰搥碎罗过，锅内炒令红，候冷又研又罗一再为之，作养炉灰，洁白可爱，日夜常以火一块养之，仍须用盖，若尘埃则黑矣。

矿灰六分、炉灰四分和匀，大火养灰焚炷香。蒲烧灰装炉如雪。

纸石灰、杉木灰各等分，以米汤同和煅过用。

头青、朱红、黑煤、土黄各等分，杂于纸中装炉，名锦灰。

纸灰炒通红罗过，或稻梁烧灰皆可用。

干松花烧灰装香炉最洁。

茄灰亦可藏火，火久不息。

蜀葵枯时烧灰妙。

炉灰松则养火久，实则退，今惟用千张纸灰最妙，炉中昼夜火不绝，灰每月一易佳，他无需也。

**译文**

**香灰《新纂香谱》**

用细叶杉木枝烧制成灰，用一两块炭养一宿，过筛之后装炉中即可用。

每到秋天，采集松须，曝晒干，烧成灰，用来养香饼。

将未化的石灰敲碎后筛过，放到锅里炒红，待冷却后再研磨过筛，重复几次以后使用，作为养炉灰，洁白可爱，平日经常用一块炭养护，并且用盖子盖着，如果沾上灰尘就变黑了。

矿灰六分、炉灰四分，调和均匀，用大火养灰，焚炷香。用蒲烧成灰，放炉中，色泽如雪。

纸石灰、杉木灰各取等量，用米汤调和，煅烧后使用。

头青、朱红、黑煤、土黄，各取等量，混在纸内，放在炉中，名叫锦灰。

将纸灰炒至通红，冷却后过筛，或者用稻梁烧成灰，都可以使用。

用干松花烧制成灰，装在炉中，最为洁净。

茄灰也可以藏火，火持久不息。

蜀葵干枯时，烧制成灰，非常妙。

炉灰松散则养火持久，炉灰结实则会退火，如今只用千余张纸烧成灰，最绝妙，炉中昼夜火不灭，灰每月换一次最佳，不需要其他的东西。

**孙功甫廉访木犀香珠**

木犀花蓓蕾未全开者，开则无香矣。露未晞时，用布幔铺，如无幔，净扫树下地面。令人登梯上树，打下花蕊，择去梗叶，精拣花蕊，用中样石磨磨成浆。次以布复包裹，榨压去水，将已干花料盛贮新磁器内。逐旋取出，于乳钵内研，令细软，用小竹筒为则度筑剂，或以滑石平，片刻窍取，则手搓员如小钱大，竹签穿孔置盘中，以纸四五重衬，藉日傍阴干。稍健可百颗作一串，山竹弓絣挂当风处，吹八九分干取下。每十五颗以洁净水略略揉洗，去皮边青黑色，又用盘盛，于日影中映干。如天阴晦，纸隔之，于慢火上焙干。新绵裹收，时时观则香味可数年不失。其磨乳图洗之际，忌秽污、铁器、油盐等触犯。

《琐碎录》云：木犀香念珠须少入西木香。

译文

**孙功甫廉访木犀香珠**

采没有全开的桂花花蕾，全开了就不香了。在露水还没有干的时候，用布幔铺在地上，如果没有布幔，就把树下的地面打扫干净，让人登梯上树，打下花蕾，择去梗和叶，挑选出花蕾，用中号的石磨磨成浆，再用布包裹几层，榨压去掉水分，将榨干的花蕾材料放在新的瓷器中。用的时候随时取出，放在乳钵内研磨，使其细软。用小竹筒做模子捣成花泥，或者用滑石压平，片刻之后，取出花泥，用手搓成小钱大小的丸子，用竹签穿孔，放置在盘中，用四五层纸垫衬，然后阴干。待稍微坚硬后，即可将百颗香丸穿成一串，用小竹弓绷着绳子，挂在通风的地方，吹至八九分干后取下来，每十五颗香丸用洁净的水稍微揉洗一下，去除皮边上青黑色的东西，再用盘子盛放，放在背阴处阴干。如果遇到阴天，则用纸将香丸衬隔起来，放在小火上焙干。用新的棉布包裹起来，以便时时取出观赏，香味可持续数年不失。在磨洗香丸的时候，忌污秽，不要接触铁器、油盐等。

《琐碎录》里记载：木樨香念珠，须加入少量西木香。

**龙涎香珠**

大黄（一两半）、甘松（一两二钱）、川芎（一两半）、牡丹皮（一两二钱）、藿香（一两二钱）、柰子（一两一钱），以上六味并用酒泼，留一宿，次日五更以后药一处拌匀，于露天安顿，待日出晒干。

白芷（二两）、零陵香（一两半）、丁皮（一两二钱）、檀香（三两）、滑石（一两二钱，另研）、白芨（六两，煮糊）、均香（二两，洗干另研）、白矾（一两二钱，另研）、好㰖香（二两）、春皮（一两二钱）、樟脑（一两）、麝香（半字），圆晒如前法，旋入龙涎、脑、麝。

译文

**龙涎香珠**

大黄一两半、甘松一两二钱、川芎一两半、牡丹皮一两二钱、藿香一两二钱、柰子一两一钱，将以上六味香药并排放一起，泼洒酒后放一宿，到次日五更以后将香药放在一起，拌匀，放在露天安顿好，等待日出晒干。

白芷二两、零陵香一两半、丁皮一两二钱、檀香三两、滑石一两二钱（单独研磨）、白及六两（熬成糊）、芸香二两（洗干净后单独研磨）、白矾一两二钱（单独研磨）、品质好的栈香二两、香椿树皮一两二钱、樟脑一两、麝香半字，以上各味香料制作成丸子，按照前面的方法晾晒，临用的时候加入龙涎香、龙脑香、麝香。

**木香饼子**

木香、檀香、丁香、甘草、肉桂、甘松、硇砂、丁皮、莪术（各等分），莪术醋煮过，用盐水浸出，醋浆水浸三日，为末，蜜和同甘草膏为饼，每服三五枚。

译文

**木香饼子**

木香、檀香、丁香、甘草、肉桂、甘松、硇砂、丁皮、莪术各取相同剂量，用醋将莪术煮过，然后用盐浸泡后取出，再用醋浆水浸泡三日，制成粉末，用炼蜜和同甘草膏一起制作成香饼，每次服用三到五枚。

**豆蔻香身丸**

丁香、青木香、藿香、甘松（各一两），白芷、香附子、当归、桂心、槟榔、豆蔻（各半两），麝香（少许），右为细末，炼蜜为剂，入少酥油，丸如梧桐子大。每服二十丸，逐旋噙化咽津，久服令人身香。

译文

**豆蔻香身丸**

丁香、青木香、藿香、甘松各一两，白芷、香附子、当归、桂心、槟榔、豆蔻各半两，麝香少许，将以上香料研为细末，用炼蜜作黏合剂，加入少量的酥油，制作成梧桐子大小的香丸。每次服用二十丸，放嘴里一点一点地含化，然后吞咽津液，长期服用可以使人体生香。

**透体麝脐丹**

川芎、松子仁、柏子仁、菊花、当归、白茯苓、藿香叶（各一两），右为细末，炼蜜为丸，如桐子大，每服五七丸，温酒、茶清任下，去诸风，明目轻身，辟邪少梦，悦泽颜彩，令人身香。

译文

**透体麝脐丹**

川芎、松子仁、柏子仁、菊花、当归、白茯苓、藿香叶各一两，将以上香药研成细末，用炼蜜制作成梧桐子大小的香丸，每次服用五到七丸，用温酒或者茶汤送服。可以祛风疾，明目，使身体轻盈，可辟邪、少噩梦，使人神采焕发、气色好，令人身体发香。

**经进龙麝香茶**

白豆蔻（一两，去皮）、白檀末（七钱）、百药煎（五钱）、寒水石（五钱，薄荷汁制）、麝香（四分）、沉香（三钱）、片脑（二钱）、甘草末（三钱）、上等高茶（一斤），右为极细末，用净糯米半升煮粥，以密布绞取汁，置净碗内放冷和剂。不可稀软，以硬为度。于石板上杵一二时辰，如粘黏，用小油二两，煎沸，入白檀香三五片，脱印时，以小竹刀刮背上令平。（卫州韩家方）

译文

**经进龙麝香茶**

白豆蔻一两（去掉皮）、白檀香末七钱、百药煎五钱、寒水石五钱（用薄荷汁修制过）、麝香四分、沉香三钱、片脑二钱、甘草末三钱、上等高茶一斤，将以上香料研磨成极细的粉末，用半升干净的糯米煮成粥，用细密的布绞粥取汁，在干净的碗里放凉后作黏合剂。不能稀软，以硬为好。放在石板上捣杵一两个时辰，如果太黏，可以加入小油二两，油煎沸后放入三五片白檀香，脱模的时候用小竹刀将油刮在模具里面，刮平。（卫州韩家的香方）

**定州公库印香**

檖香、檀香、零陵香、藿香、甘松（已上各一两），大黄（半两），茅香（半两，蜜水酒浸炒令黄色），右捣罗为末，用如常法。

凡作印篆须以杏仁末少许，拌香则不起尘，及易出脱，后皆仿此。

译文

**定州公库印香**

栈香、檀香、零陵香、藿香、甘松各一两，大黄半两，茅香半两，用蜂蜜水和酒浸泡，然后文火炒制至黄色。将以上香料捣碎后筛成粉末，按照常规方法使用。

凡是做印篆香，必须加入少量的杏仁末，这样与其他香搅拌在一起时则不会起尘，也非常容易脱篆成形，后来大家都效仿这种方法。

### 和州公库印香

沉香（十两，细锉）、檀香（八两，细锉如棋子）、生结香（八两）、零陵香（四两）、藿香叶（四两，焙干）、甘松（四两，去土）、草茅香（四两，去尘土）、香附（二两，色红者去黑皮）、麻黄（二两，去根细锉）、甘草（二两，粗者细锉）、乳香缠（二两，高头秤）、龙脑（七钱，生者尤妙）、麝香（七钱）、焰硝（半两），右除脑、麝、乳、硝四味别研外，余十味皆焙干捣罗细末，盒子盛之，外以纸包裹，仍常置暖处，旋取烧之，切不可泄气阴湿。此香于帏帐中烧之悠扬，作篆、熏衣亦妙。别一方与此味数分两皆同，惟脑麝焰硝各增一倍。草茅香须茅香乃佳，每香一两仍入制过甲香半钱。本太守冯公由义子宜行所传方也。

**译文**

**和州公库印香**

沉香十两（锉细）、檀香八两（锉成棋子大小）、生结香八两、零陵香四两、藿香叶四两（文火焙干）、甘松四两（去除尘土）、茅香四两（去除尘土）、香附子二两（选红色的，去掉黑皮）、麻黄二两（去掉根，锉细）、甘草二两（将粗的切细）、乳香二两（称足量）、龙脑香七钱（生香最好）、麝香七钱、焰硝半两，以上香料除龙脑香、麝香、乳香、焰硝四味单独研磨以外，其余十味香料皆焙干后捣成细末过筛，用盒子盛放，外面再用纸包裹，平时放在温暖的地方，随时取出来使用，切忌泄气及放在阴湿的地方。这种香在帷帐中使用，香烟连绵不断，用作香篆或者熏衣都非常妙。另外有一个方子，大部分香药的种类和分量都与此方相同，唯独龙脑香、麝香、焰硝各增加了一倍的量。草茅香必须使用上等的，每一两香再加入炮制过的甲香半钱。该香方原本为太守冯公给义子宜行所制的香方。

### 百刻香印

百刻香印以坚木为之，山梨为上，楠、樟次之。其厚一寸二分，外径一尺一寸，中心径一寸，无余用文处，分十二界迂曲其文。横路二十一重，路皆阔一分半，锐其上，深亦如之。每刻长二寸四分，凡一百刻通长二百四十分；每时率二尺，计二百四十寸。凡八刻，三分刻之一，其近中狭处六晕相属亥子也、丑寅也、卯辰也、巳午也、未申也、酉戌也，阴尽以至阳也（戌之末则入亥，以上六长晕外各相连）。

阳时六皆顺行，自小以入大，从微至著也。其向戌亥，阳终以入阴也（亥之末则至子，以上六狭处内各相连）。阴时六皆逆行，从大以入小，阴生减也。并无断际，犹环之无端也。每起火，各以其时，大抵起午正（第三路近中是），或起日出（视历日日出卯，视卯正几刻），不定断际，起火处也。

译文

**百刻香印**

百刻香的模具用坚硬的木材来制作，山梨木最好，楠木、樟木次之。模具的厚度为一点二寸，外缘直径为一点一尺，中心圆的直径为一寸整。模具上的纹路分为十二个部分，纹路迂回弯曲。纹路呈横向，共二十一圈，每条纹路的宽度都是一点五分，纹路的顶部较底部小，其深度与宽度相同。每一刻纹路长二点四寸，一共有一百刻，总长是二百四十分；每个时辰为二尺，合计为二百四十寸。每个时辰分作八又三分之一刻。靠近中心的纹路短狭，有六道将不同时辰连接起来的长晕，分别是由亥入子、由丑入寅、由卯入辰、由巳入午、由未入申、由酉入戌，它们都是阴时完结进入阳时的纹路（戌时结束则进入亥时，以上六道长晕外部各自相连）。

六个阳时中，香都是顺行的，从弧短的一边燃向弧长的一边，从细微处走向显明处。戌时结束则进入亥时，阳时结束转为阴时（亥时结束后进入子时，以上六个狭小处里面各自相连）。六个阴时中，香都是逆行的，即从弧长的一端走向弧短的一端，阴越来越多，阳越来越少。所有的纹路中间并不断开，就像一个圆环没有开端一样。每次点火都要在适当的时刻，大抵从正午开始，即第三层接近中间的地方。或者根据日历，从日出开始，日出为卯时或卯时几刻，所以断头点火的地方是不固定的。

## 五方真气香

**东阁藏春香（按东方青气属木，主春季，宜华筵焚之，有百花气味）**

沉速香（二两），檀香（五钱），乳香、丁香、甘松（各一钱），玄参一两，麝香一分。右为末，炼蜜和剂作饼子，用青柏香末为衣，焚之。

译文

**东阁藏春香（此香按照东方青气属木，主春季，适合在华丽的筵席上使用，有百花的香气）**

沉速香二两，檀香五钱，乳香、丁香、甘松各一钱，玄参一两，麝香一分。

将以上香料研为粉末，用炼蜜作黏合剂，制作成香饼，用青柏香细末挂衣，焚烧使用。

**南极庆寿香（按南方赤气属火，主夏季，宜寿筵焚之。此是南极真人瑶池庆寿香）**

沉香、檀香、乳香、金沙降（各五钱），安息香、玄参（各一钱），大黄（五分），丁香（一字），官桂（一字），麝香（三字），枣肉（三个，煮去皮核）。右为细末，加上枣肉，以炼蜜和剂，托出，用上等黄丹为衣，焚之。

译文 **南极庆寿香（此香按南方赤气属火，主夏季，适合在寿筵上使用。该香是南极真人瑶池庆寿的香）**

沉香、檀香、乳香、金沙降各五钱，安息香、玄参各一钱，大黄五分，丁香一字，官桂一字，麝香三字，枣肉三个（用水煮后去掉皮和核）。将以上香料研为粉末，加入枣肉，用炼蜜作黏合剂，用模具制成香饼，用上等的黄丹挂衣，焚烧使用。

**西斋雅意香（按西方素气主秋，宜书斋经阁内焚之。有亲灯火、阅简编、消酒襟怀之趣云）**

玄参（酒浸洗，四钱）、檀香（五钱）、大黄（一钱）、丁香（三钱）、甘松（二钱）、麝香（少许），右为末，炼蜜和剂作饼子，以煅过寒水石为衣，焚之。

译文 **西斋雅意香（按照西方素气，主秋季，适合在书房、书斋、经阁之内使用。在亲近灯火、阅读书卷的时候，有纾解酒意、襟怀坦荡的意趣）**

玄参四钱（用酒浸泡后洗净修制）、檀香五钱、大黄一钱、丁香三钱、甘松二钱、麝香少许，将以上香料研为粉末，用炼蜜作黏合剂，制作成香饼，用煅烧过的寒水石挂衣后焚烧使用。

**北苑名芳香（按北方黑气主冬季，宜围炉赏雪焚之，有幽兰之馨）**

枫香（二钱半）、玄参（二钱）、檀香（二钱）、乳香（一两五钱），右为末，炼蜜和剂，加柳炭末以黑为度，脱出焚之。

译文 **北苑名芳香（按照北方黑气，主冬季，适合围炉赏雪的时候使用，有幽兰的馨香）**

枫香二钱半、玄参二钱、檀香二钱、乳香一两五钱，将以上香料研为粉末，用炼蜜作黏合剂，加入柳炭末使其成为黑色，用香模具制成香饼，焚烧使用。

**四时清味香（按中央黄气属土，主四季月，宜画堂、书馆，酒榭、花亭皆可焚之。此香最能解秽）**

茴香（一钱半）、丁香（一钱半）、零陵香（五钱）、檀香（五钱）、甘松（一两）、脑麝（少许，另研），右为末，炼蜜和剂作饼，用煅铅粉黄为衣，焚之。

译文

**四时清味香（按照中央黄气，属土，主四季月份，画堂、书馆、酒榭、花亭都可以使用。此香最能除秽）**

茴香一钱半、丁香一钱半、零陵香五钱、檀香五钱、甘松一两、脑麝少许（单独研磨），将以上香料研为粉末，用炼蜜作黏合剂制成香饼，用煅过的铅粉挂衣，焚烧使用。

**四叶饼子香**

荔枝壳、松子壳、梨皮、甘蔗渣，右各等分为细末，梨汁和丸小鸡头大，捻作饼子，或搓如粗灯草大，阴干烧妙，加降真屑、檀末同碾尤佳。

译文

**四叶饼子香**

荔枝壳、松子壳、梨皮、甘蔗渣，各取等量，制作成细粉末，用梨汁作黏合剂，搓成小鸡头米（芡实）大小的丸子，再压成香饼，或者搓成灯草粗细的线香，阴干后燃烧，香气非常妙，加入降真香末、檀香末，一起研磨成粉制作，效果非常好。

**聚香烟法**

艾纳（大松上青苔衣），酸枣仁，凡修诸香，须入艾纳，和匀焚之，香烟直上三尺，结聚成球，氤氲不散，更加酸枣仁研入香中，其烟自不散。

译文

**聚香烟法**

艾纳（大的古松上长出来的一种莓苔），酸枣仁，凡是制作各种香品，加入艾纳调和均匀使用，则香烟直上三尺高，结聚成烟球，氤氲不散。香中如果再加入酸枣仁，香烟自然，不易消散。

**分香烟法**

**枯荷叶**

凡缸盆内栽种荷花，至五月间候荷叶长成，用蜜涂叶上，日久自有一等小虫食尽叶上青翠，其叶纱枯。摘取去柄，晒干为细末。如合诸香，入少许焚之，其烟直上，盘结而聚，用箸任意分划，或为云篆，或作字体，皆可。

译文

**分香烟法**

**枯荷叶**

凡是在缸盆中栽种的荷花，到了五月的时候，荷叶长成，用蜂蜜涂抹在荷叶上，时间长了自然会长一种小虫，将叶子上的青翠叶肉吃光，只留下叶脉，荷叶即会枯萎。将枯萎的荷叶摘下来，去掉荷叶梗，晒干研成细末。凡是制作各种香，少量加入这种荷叶末一起焚烧，其香烟直上，在空中盘结而聚，可用香筷任意划分，或用香烟画成云篆，或书写字体，都可以实现。

图 4-24
明_仇英
《清明上河图》局部

# 第五节　香品制作

## 燃烧类香的制作

第一步：选择恰当的香料，和香需按香方选材，单方香则需按香味预判进行同类香料选材。该部分以沉香单方香为例，如制作海南沉香单方线香，需选择好主料，不同等级的沉香可以相互配合。可以用不沉水的香作为基础底料，加入适量沉水香；如需蜜甜花香，可加入虫漏香；如需增强穿透力，可加入青桂香（皮油）；掌握好整体含油量，含油量过大易灭或易出现焦味。

第二步：将选好的材料进行炮制，沉香制法比较简单，主要以去除杂质、白木为主。用清水洗净晾干，剪碎备用即可。

第三步：将香料碾磨成细末，用120目香筛过筛。之后将楠木粉或榆皮粉用120目香筛过筛，并准备好灵水以和香。

第四步：将准备好的细粉和黏粉按比例充分混合，手工线香的黏粉量可按10% ~ 15%进行配比。

第五步：将灵水加入混合好的香粉之中，水的比例与香材吸水量有关，少量多次加入。香泥以柔软、细腻为佳。制好后可放置一段时间，让水分吸收均匀，不然香容易变形。

第六步：待香泥小窖适当后，将香泥放入唧筒内。香泥放入唧筒的过程中，泥心要以实心状态放入，尽量减少四周气孔。用力将香泥挤出，成条如线，均匀排列。该步骤也可以直接将香泥放置在平滑的木板或石板上搓制。

第七步：线香制作完成后，放置在阴凉避风处晾干。如遇梅雨天气，尽量不制香，或晾于避风有光处。

第八步：线香晾干后，按固定尺寸裁切即可。传统线香常见长度有21厘米、11厘米、10.5厘米、9厘米、7厘米等。手工香因黏粉量少，建议裁切至11厘米及以下，长度保持阳数（单数）即可。

第九步：将裁切好的线香统一放在陶瓷罐内或紫砂罐内。单方香窖藏7日即可分装入筒。

按以上方法亦可制作单方盘香，成型时用唧筒将香泥挤出，按顺时针方向盘旋即可，挤完后将盘香内外香头贴合在香网上。塔香和倒流香则可不用唧筒，直接用手捏制：制作塔香时，将香泥捏制成立体三角塔状即可；若制作倒流香，则在塔香的基础上用香针从底部向上开喇叭孔，顶部无须穿透，底部孔大易出烟。

## 爇熏类香品制作

第一步：香饼和香丸多以和香为主，首先如常法选择好主料与辅料。主料中各类香料按香方重量分别备好。

第二步：将各类香料如法炮制，部分香料炮制需要时间，可提前做好准备。不同的香药炮制方法不同，常规制法可参照《雷公炮炙论》所记载的方法。

第三步：当所有香料准备好后，按香方记载将香料碾碎，制成粉。该品类香品制作香粉时，粗细程度适当即可。

第四步：将准备好的香药按香方所记载顺序进行和香。各种香药之间需混合搅拌均匀。

第五步：香粉调和好后，按香方加入适量炼蜜。可先按香方剂量略少量加入，以便后续调整。炼泥的过程中，需要如前法将香泥炼制到光滑柔软的状态。香泥炼制好后可用密封袋或保鲜膜密封一段时间，以便水分均匀吸收。

第六步：香丸的制作无须借助工具，直接用手按香方记载的大小搓制即可。香饼的制作可借助模具扣压模印成饼，也可以先将其搓成香丸，之后压扁成饼。香丸的制作中，部分香方需要在制成丸状后，用朱砂、金箔或炭粉进行“挂衣”，即是按香方记载将此类物质裹在香丸表面。

第七步：香丸、香饼制成后，直接放入瓷盒或陶罐中窨藏即可。和香的窨藏时间多为30天以上，香气会逐步融合。按香方记载使用即可。

## 佩饰类香品制作

该部分内容以香珠、香牌制作为例。第一步至第四步与爇熏类香品制作基本相同。

第五步：佩饰类香品制作过程中可直接使用木质黏合粉做黏合物，加以灵水制成香泥。该类香品的香泥制作时较之爇熏类香泥密度更大，香泥更硬，但依然细腻柔和。

第六步：该类香品成型时需要借助模具，香珠和香牌模具均有单面和双面之分，可自由选择。成型时先清理好模具内部，使其保持干净状态。如用新模具，可刷上一层无色无味的脱模油，以便更好地脱模。将适量香泥放入模具中，扣压紧实后，将侧面多余的香泥取下。香珠可在中间用细竹签穿过，以便晾干和穿绳。香牌则直接从模具中取出，放置到晾香网上即可。

第七步：待香品晾干后，可用砂纸进行打磨。前期可用粗砂纸，后期用细砂纸打磨。香品打磨好后编绳佩戴即可。

也孔子適周問禮老子對曰君子得其時
則駕不得其時則蓬累而行良賈深藏若
虛君子盛德容貌若愚吾所以告子者若
是而已孔子去謂弟子曰鳥吾知其能飛魚
吾知其能遊獸吾知其能走皆可以網繒矰
之至於龍吾不知能其乘風雲而上天今見
老子其猶龍耶

# 第五章

# 香学人物

## 老子

图 5-1
《历代圣贤半身像册》
老子

老子，姓李，名耳，字聃，春秋时期人。道家学派创始人和主要代表人物，与庄子并称“老庄”。以博学而闻名，著有“万经之王”——《道德经》。

中国传统香文化以“术、法、道”为主要内容框架，不仅包含了制香用香的技能技巧，同时承载着人如何立足于天地之间“法天则地”“天人合一”的重要思想。老子所著的《道德经》对后世香文化中道之目标的确立提供了重要的思想源泉，为中国香文化的目的、愿景与发展设定了至高的追求目标。

老子思想的核心是朴素的辩证法。在政治上，主张无为而治、不言之教；在权术上，讲究物极必反之理；在修身方面，讲究虚心实腹、不与人争的修持，是道家性命双修的始祖。儒家以天、地、人为“三才”，老子以道、天、地、人为“四大”。“四大”在“三才”之上增加了道，为中国文化思想的架构，打开了一个极其高远、极富想象力的思想空间。

《道德经》是中国香文化中道之思想的源泉，其中所包含的天道理论、辩证思想、美学思想被后世制香家所继承。

## 孔子

图 5-2
《历代圣贤半身像册》
孔子

孔子，名丘，字仲尼，我国著名的思想家、教育家、政治家，被联合国教科文组织评为“世界十大文化名人”之首。他曾与弟子周游列国十四年，晚年潜心整理古文献，修订六经，即《诗》《书》《礼》《乐》《易》《春秋》。

《拾遗记》中有这样一则故事：孔子出生当夜，有两条苍龙从天而降，攀附在孔母颜氏的房内，不久孔子降生。其后，又有两位神女手持香露，从空中降下，为颜氏沐浴。

虽然《拾遗记》中的这个故事只是个传说，但这大概是孔子最早与香结下的缘分。作为中国儒家文化的创始人，被后世尊称为“圣人”的孔子，其儒家思想对中国和世界都有深远的影响，其弟子把孔子及其弟子的言行语录和思想记录下来，整理编成儒家经典《论语》，直至今日仍被华夏内外传诵。他的哲学思想提倡“仁义”“礼乐”“德治教化”。而自孔子“比德”思想出现后，各种香草（树）也被赋予了道德特征。兰花的高洁象征君子，菊象征隐士，莲代表高洁清廉……此后，后世文人们也常以香草（树）自比，或将斋、室、处所冠以带香草的雅名，如采香径、桂柱、兰亭等。文人也常雅集或隐居于这些风雅之地，比如历史上著名的兰亭雅集、香山九老等。

蔡邕在《琴操·猗兰操》中记载："《猗兰操》者，孔子所作也。孔子历聘诸侯，诸侯莫能任。自卫反鲁，过隐谷之中，见香兰独茂，喟然叹曰：'夫兰当为王者香，今乃独茂，与众草为伍，譬犹贤者不逢时，与鄙夫为伦也。'"（孔子从卫国返回鲁国，在隐谷之中看到香兰长得最为茂盛，他叹道："兰应当是香之王者，如今虽然最为茂盛，却与众草为伍。"说罢停住车驾，抚琴弹奏，自伤生不逢时，托词于幽兰来抒发自己的感叹。）

孔子"比德"对后世文人在文学创作上的影响是非常大的，历代文人均有众多以香草（树）自比的诗词文章传世。而随着香文化的逐步发展，香草、香花、香树甚至香药，不再限于文人自比，也悄然走进了文人的生活，于文人的行、走、坐、卧，饮食起居中无处不在。

香所承载的不仅仅是一种气味，更多的是人们精神思想上的崇高追求，与身体五感上的满足，是人们身心灵从分离到完美契合的助推剂。香，是生活中的益友，灵魂上的知己。它甚至读得懂天下每一个人，而天下每一个人也从未离开过它。这也许就是香的魅力所在。

## 屈原

图 5-3
《历代圣贤半身像册》
屈原

屈原，战国时期楚国诗人、政治家，我国历史上第一位伟大的爱国诗人，中国浪漫主义文学的奠基人，被誉为"中华诗祖""辞赋之祖"。他是"楚辞"的创立者和代表作者，开辟了"香草美人"的传统。屈原的出现，标志着中国诗歌进入了一个由集体歌唱到个人独创的新时代。他被后人称为"诗魂"。

春秋战国时期，群雄割据，列国混战，屈原"明于治乱，娴于辞令"，具有远大的理想，对内主张修明法度、任用贤才，对外主张联齐抗秦。楚国贵族集团中的顽固派不断打压和排挤屈原，使他的政治理想得不到实现。他将自己郁郁不得志的情绪表现在诗歌中，创作出了我国古代最长的抒情诗——《离骚》，他在诗中写了很多香草相关的诗句：“扈江离与辟芷兮，纫秋兰以为佩”“畦留夷与揭车兮，杂杜衡与芳芷”“制芰荷以为衣兮，集芙蓉以为裳”“户服艾以盈要兮，谓幽兰其不可佩”等。

《离骚》继承并发展了《诗经》的比兴传统。如诗中用“美人”喻指楚怀王，用“众芳”喻指群贤，用“椒、桂、蕙、茝”四种植物喻指群贤，用香草“荃”喻指楚怀王等。也正是诗中这些比拟让我们更全面地了解到战国时期各阶层对香材、香药、香饰品等与香有关的物品的应用情况。

在屈原投江之后，为纪念屈原，人们把每年农历五月初五定为“端午节”，除了吃粽子、划龙舟外，人们还在节日当天烧艾、熏艾、门上挂艾草，以达到祛污秽与祈福的目的，该习俗流传至今。

## 汉武帝

《博物志》中记载：汉武帝时，弱水西国有人乘坐着毛车渡过弱水来进献香料。汉武帝以为是平常香料，而中原也不缺，因此没有礼待这些使者。武帝游幸上林苑时，西国使者在乘舆间奏报所进献的香料。武帝拿过来看，是三枚卵那么大的香，形状与枣相似。武帝不太喜欢，就交给外库收藏。后来，长安城中流行疫病，甚至席卷宫廷，武帝被迫停止了歌舞活动。这时，西国使者求见，声称焚烧一枚他所进献的香料，便可以辟除疫气。武帝只好抱着试一试的态度听从了他的建议。岂料宫中患病的人即日痊愈，长安城中，方圆百里以内，都能闻到浓厚的香气，三个月后，香气仍不减退。武帝立刻置备厚礼送使者归国。

汉武帝是一位极其爱香的帝王，曾派张骞出使西域各国，开通了丝绸之路，这一壮举使得汉朝与西域各国建立起贸易往来，也同时使得国外大量香料进口到汉地。

《杜阳杂编》记载：龙文香为外国所进献，但其国名失载。

《述异记》记载：辟寒香，此香由丹丹国（即现在的吉兰丹，为马来西亚的一个州）出产，汉武帝时贡入。每到大寒时节，在室内焚烧此香，暖气便自外而入，人们纷纷减除衣物。

沉光香，是涂魂国进献的贡品。在黑暗的地方焚烧它，能产生光亮，故得此名。此香性坚实，难切碎，可用铁杵舂制成粉状，用以焚烧。

祇精香，亦出自涂魂国。

明庭香，出自胥池寒国。

涂魂香，因出产于涂魂国而得名。

汉武帝在元封年间起造方山馆，以招引各种灵异。馆内焚烧天下诸神异香品，如沉光香、祇精香、明庭香、涂魂香等，并张挂青檀灯。青檀中有厚漆一般的膏液，将之削取放置到器物中，用蜡来调和，熏燃时的香气远播数里。

《拾遗记》记载：汉武帝有一位宠妃李夫人，有倾国倾城之貌，深得武帝宠爱，怎奈体弱，红颜薄命，临死前，因不想让武帝见到自己憔悴的面容。一直避而不见。李夫人去世后，武帝时常思念她，一日武帝在延凉室中歇息，梦到李夫人将蘅芜香赠送给他。武帝从梦中惊醒，起床后，香气依然附着于衣枕之间，历经一月而不散。武帝改延凉室为"遗芳梦室"。

1981年，陕西兴平茂陵出土了一件西汉鎏金鎏银铜竹节熏炉（图2-15）。由炉盖外侧铭文可知，此炉是西汉皇家未央宫的生活用器。从同时出土的"阳信家"刻铭的铜器分析，加之历史文献的记载，得知这件熏炉原在未央宫，建元五年（公元前136年），汉武帝将其赏赐给姐姐阳信长公主。

汉武帝一生金戈铁马，征战沙场，开疆辟土，活得惊心动魄、气壮山河。然而鲜为人知的却是如此豪迈的一个人，也是一个懂香、爱香、怜香之人。

## 三曹（曹操、曹丕、曹植）

三曹指的是汉魏时期曹操以及其子曹丕与曹植。因他们政治上的地位和文学上的成就，对当时的文坛很有影响，所以后人合称之为"三曹"。

关于曹操，与香有关的典故有他与蜀汉丞相诸葛亮"赠香还茶"，以及其临终前"分香卖履"的故事。除此之外，《上杂物疏》中记载：魏武帝御用的物品有三十种，其中有纯金香炉一个。

曹操对香的喜爱深深影响了他的两个儿子，史上曹丕与曹植均有《迷迭香赋》传世。

《广志》上记载，迷迭香出产自西域地区，魏文帝曹丕不仅有赋吟诵它，也曾经用过这种香。《本草拾遗》记载，迷迭香味道辛辣，性温，没有毒性，主治恶气，使人的衣服散发香气，烧这种香能祛邪气。

曹丕在《迷迭香赋》中写道："生中堂以游观兮，览芳草之树庭。重妙叶于纤枝兮，扬修干而结茎。"曹植在《迷迭香赋》中写道："信繁华之速实兮，弗见凋于严霜。芳暮秋之幽兰兮，丽昆仑之英芝。既经时而收采兮，遂幽杀以增芳。"二人所作之赋各有千秋，难分伯仲。每个人心中都有各自对香气香味的感官认知，加之每个人的心境与经历不同，即使是同一款香，不同的人闻到的也是不同的香气。这也许就是香的妙趣所在。

## 荀彧

荀彧是三国时期曹操的谋士，因其生前担任"尚书令"，所以被人尊称为"荀令君"。

有一个与荀令君有关的成语，叫"留香荀令"，意指荀令君到别人家里做客，他坐过的席子好几天都有香味。后用"留香荀令"比喻美男子。该成语出自《襄阳耆旧记》："刘季和性爱香，常如厕还，辄过香炉上。主簿张坦曰：'人名公作俗人，不虚也。'季和曰：'荀令君至人家，坐席三日香。为我如何？'坦曰：'丑妇效颦，见者必走，公欲遁走耶？'季和大笑。"

唐宋有众多诗文赞颂荀令君，足见其人爱香之好成为千古美谈。

唐代王维在《春日直门下省早朝》中写道："骑省直明光，鸡鸣谒建章，遥闻侍中佩，暗识**令君香**。"

唐代李颀在《寄綦毋三》中写道："顾盼一过丞相府，风流三接**令公香**。"

唐代刘禹锡在《和令狐相公郡斋对紫薇花》中写道："香闻**荀令**宅，艳入孝王家。"

唐代刘长卿在《奉和杜相公新移长兴宅呈元相公》中写道："花香逐**荀令**，草色对王孙。"

唐代李商隐在《牡丹》中写道："石家蜡烛何曾剪，**荀令**香炉可待熏。"

唐代李商隐在《酬崔八早梅有赠兼示之作》中写道："谢郎衣袖初翻雪，**荀令**熏炉更换香。"

唐代李商隐在《韩翃舍人即事》中写道："桥南**荀令**过，十里送衣香。"

唐代李颀在《赠别张兵曹》中写道："**荀令**焚香日，潘郎振藻秋。"

唐代温庭筠在《中书令裴公挽歌词二首》中写道："国香**荀令**去，楼月庾公来。"

唐代白居易在《奉和裴令公新成午桥庄绿野堂即事》中写道："花妒谢家妓，兰偷**荀令**香。"

宋代黄庭坚在《观王主簿家酴醾》中写道："露湿何郎试汤饼，日烘**荀令**炷炉香。"

宋代刘克庄在《风入松（福清道中作）》中写道："改尽潘郎鬓发，销残**荀令**衣香。"

宋代刘克庄在《忆秦娥》中写道："**荀郎**衣上香初歇。"

## 王羲之

提起王羲之，人们很自然地想到他的书法。王羲之是东晋时期著名书法家，有"书圣"之称。王羲之生平有两大爱，一是鹅，一是兰。据说他所书写的行书和草书，正是从鹅的体态和兰的姿态中学来。仰头曲颈的鹅，让他运笔自如，随风轻拂的兰，素雅疏朗，启发他笔法行云流水、疏密得当，懂得顺势而为的美。其书法兼善隶、草、楷、行各体，精研体势，心摹手追，广采众长，备精诸体，冶于一炉。他摆脱了汉魏笔风，自成一家，影响深远。其风格平和自然，笔势委婉含蓄，遒美健秀。东晋永和九年三月三日，王羲之与谢安、孙绰等四十一位文人学士、社会名流，在会稽郡山阴（今浙江绍兴）的兰亭作"修禊*"之会。众人分坐于曲水旁，借着宛转的溪水，以觞盛酒，置于水上。兰亭雅集，各人情态别具，或交谈，或吟诗，或顾盼左右。据载，此次雅集每人都作有诗文，其中最著名的便是王羲之所作的《兰亭集序》，堪称"天下第一行书"。

图 5-4
《历代圣贤半身像册》
王羲之

*修禊，是源自商周的一种古老的习俗，指农历三月三日在水边举行除灾祈福的仪式。当日，人们还用香熏和花草沐浴，以去病患，除鬼魅。

## 隋炀帝

隋炀帝杨广是隋朝的第二位皇帝。隋朝两代皇帝均爱香，其中尤以隋炀帝最为奢靡无度，据《炀帝开河记》记载：其从大梁到淮口去，所乘龙舟所过之处，香飘十里。

不仅如此，《锦绣万花谷》中记载：隋炀帝在观文殿前，有堂室两厢，各有十二间房。在十二间房中，各摆放有十二个宝橱，前面设置有五方香床，上面缀贴着金玉珠翠之类。隋炀帝圣驾到来之时，宫人手持香炉，在御辇前导引行进。

《朝野佥载》中还记载：隋炀帝命朱宽等人征讨琉球，得到了几十斤金荆榴木。这种木头色泽似纯金，质地细密，纹理盘簇，宛如美丽的织锦，香气浓郁，质地非常细腻，既可以用来制作枕头和桌面，也可以用来作香料，连沉香、檀香也比不上它。

更有甚者，《杜阳杂编》中记载："隋炀帝每至除夜，殿前诸院设火山数十，车沉水香。每一山焚沉香数车，以甲煎沃之，焰起数丈，香闻数十里。一夜之中用沉香二百余乘，甲煎二百余石，房中不燃膏火，悬宝珠一百二十以照之，光比白日。"

## 唐玄宗

唐玄宗李隆基是唐朝在位最久的皇帝，在他的治理下，中国出现了封建史上最为辉煌的年代——开元盛世，在此期间，我国无论是贸易、经济还是国力，在当时的世界上都是首屈一指的。在这样的盛世之下，我国的香料贸易与香文化都得到了空前的发展。

《续博物志》记载：天宝初年，渔民曾经捕获水麝，玄宗下诏好生养育。水麝脐下有液体，沥一滴在一斗水中，将其洒在衣服上，直到衣服穿坏了，香气也不消散。用针去刺它的脐部，再涂抹真正的雄黄粉末，它所散发的香气会比普通肉麝浓烈几倍。

《酉阳杂俎》中记载：唐玄宗曾下诏让术士罗公远与僧人不空一同祈雨，以比较二人功力。下雨后，玄宗将二人召来询问，是谁求来的雨？不空说：臣昨日祈雨时焚烧了白檀香龙。玄宗命令侍从们掬来庭中的雨水闻，果然有檀香气息。

唐玄宗天宝末年，交趾国向唐朝进贡龙脑香，其形状像蝉。

波斯人说，只有老龙脑树的树节才生有此香。宫中称之为瑞龙脑，其香气能达十余步之远。玄宗只赐予杨贵妃十枚。玄宗夏天时曾与亲王对弈，让贺怀智弹奏琵琶，杨贵妃站在一旁观战。落子数枚后，眼看玄宗将要输棋，杨贵妃将怀中抱着的狗放到座位上，狗爬上棋盘搅乱棋子，玄宗大悦。彼时，微风将杨贵妃的领巾吹到贺怀智的头巾上，待贵妃转身后，领巾才落了下来。贺怀智回家后，闻到自己的头巾有奇香，便将头巾珍藏在锦囊中。安史之乱后，玄宗作为太上皇返回宫中，不停地追思已逝的杨贵妃，贺怀智便将珍藏的头巾进献于他，并一一奏明往事。玄宗打开锦囊，哭着说道："这是瑞龙脑的香气啊！"

唐玄宗深爱贵妃杨玉环，命人用沉香木修了一座亭子，供贵妃消暑赏花。一日，唐玄宗与杨贵妃在沉香亭观赏牡丹，因不想听旧乐府，故召来李白写作新词，李白为此献上了《清平调》三章，留下了著名诗句："名花倾国两相欢，长得君王带笑看。解释春风无限恨，沉香亭北倚阑干。"

## 杨贵妃

说到唐玄宗，就不能不提杨玉环。杨玉环是唐玄宗的宠妃，姿质丰艳，善歌舞，通音律，为唐代宫廷音乐家、舞蹈家。其音乐才华在历代后妃中鲜见，被后世誉为中国古代四大美女之一。

据说，杨贵妃特别喜欢沐浴。为此，唐玄宗特地为她扩建了华清池，用温泉水供她沐浴。贵妃每次沐浴时，必在池中撒满各种花瓣。唐代的《外台秘要》中曾记载了一个沐浴的配方，即将丁香、沉香、青木香、麝香等名贵香料，连同桃花、红莲花、樱桃花等十几种香花一起捣碎，再混合磨碎的珍珠和玉粉，用于沐浴，能使皮肤变得光洁润泽。唐代诗人白居易在《长恨歌》里这样写道："春寒赐浴华清池，温泉水滑洗凝脂。"描绘的就是杨玉环在华清池沐浴的场景。

根据清康涛《华清出浴图》中所画，杨贵妃出浴后，宫女将花露舀到她掌心，这是花、叶蒸馏后的香水，使人发肤带香。《明皇杂录》中记载：华清温泉的池汤之内，用香料垒叠成方丈、瀛洲等山，非常奢靡。

图 5-5
《历代圣贤半身像册》
李白

## 李白

李白，字太白，号青莲居士。他是我国历史上继屈原之后最具个性特色、最伟大的浪漫主义诗人，其诗词达到盛唐诗歌艺术的巅峰，有“诗仙”的美誉。李白的诗风雄奇豪放，想象丰富，他善于从民间文艺和神话传说中吸取营养和素材，所作诗词具有瑰玮绚烂的色彩。

李白存世诗文千余篇，其中不乏与香有关的诗文。

李白在《杨叛儿》中写道：“博山炉中沉香火，双烟一气凌紫霞。”虽然《杨叛儿》是一首写男女情爱的诗，但是诗人的豪迈气度仍在诗文中体现得淋漓尽现，“博山炉中沉香火”写出了博山炉的沉稳大气，“双烟一气凌紫霞”写出了沉香的凌云之势。

李白与香有关的诗还有很多，比如，他在《清平乐 · 画堂晨起》中写道：“盛气光引炉烟，素草寒生玉佩。”在《赠宣城赵太守悦》中写道：“焚香入兰台，起草多芳言。”

在诗人李白的世界里，焚香、观烟这些与香有关的事情，不过是日常生活中最为平常的事，已经完完全全融入到诗人的生活中。

## 白居易

白居易，字乐天，号香山居士，唐代伟大的现实主义诗人。白居易的诗歌题材广泛，形式多样，语言平易通俗，有“诗魔”和“诗王”之称。

白居易也有很多与香有关的诗词。比如，他在《后宫词》中写道：“泪湿罗巾梦不成，夜深前殿按歌声。红颜未老恩先断，斜倚薰笼坐到明。”（泪水湿透了罗巾，无法入睡，好梦难成，深夜时分听到前殿传来按着节拍唱歌的声音。红颜尚未老去，已经失去了君王的恩宠，斜靠着熏笼一直坐到天明。）

全诗描写了一个焦点——斜倚熏笼，这正与明代陈洪绶的《斜倚熏笼图》有异曲同工之妙。二者相隔数百年，分别以诗歌与绘画两种不同的艺术形式，向我们讲述了相同的场景，同样，诗中与画中的主人翁所使用的是相同的香器——熏笼。这也从另外一个层面说明了在生活用香的使用上，数百年仍然保留着固有习俗与习惯。

## 宋徽宗

宋徽宗赵佶酷爱艺术，是中国历史上众多皇帝中艺术造诣最高的一位。

徽宗酷爱香料，还热爱调配香料，宣和年间，宫中常在睿思东阁制造香品。宫中所焚熏的奇异香品，有亚悉香、雪香、褐香、软香、猊眼香等。《癸辛杂识外集》记载：宋室南渡之后，宫中还是依照过去的配方调制香品，即所谓的东阁云头香。

宋代，上至君王，下至黎民，皆爱焚香，香文化可以说在这一朝代真正是全民普及，这一点我们从《清明上河图》中的“刘家上色沉檀拣香”的商铺幡不难看出。

《听琴图》（图2-15）里所画的弹琴的人，据说就是徽宗本人，旁边听琴的是蔡京与另一位大臣。而他身后的香几上放着一个香炉，里面熏着什么香呢？我们不妨来猜猜看。最有可能的便是宣和御制香，这款大四合的合香，将沉、檀、龙、麝全部合进一个香方，也许只有徽宗这样的人才能驾驭。透过《听琴图》，我们似乎已经听到了那苍古的琴声，闻到了阵阵幽香。

图5-6
南宋_佚名
《宋徽宗坐像》

## 苏轼

苏轼，世称苏东坡，北宋著名文学家、书法家、画家，历史治水名人，“唐宋八大家”之一。

苏轼一生在诗词、文学、书法、绘画及茶香等方面都有显著成就。苏轼一生爱香，在中国香文学中留下了无数咏香赞香的诗词歌赋。比如，苏轼在《翻香令》中写道：“金炉犹暖麝煤残，惜香更把宝钗翻；重闻处，余熏在，这一番气味胜从前。背人偷盖小蓬山，更将沉水暗同燃。且图得，氤氲久，为情深，嫌怕断头烟。”

图5-7
《历代圣贤半身像册》
苏轼

这首诗的意思是燃香将尽，金炉仍暖，用宝钗翻拨残香，只留得淡淡余熏在，气味甚至比之前更胜一筹。背着旁人偷偷加入一些沉香，再把盖子盖上，只图芳香多留片刻，因为爱香情深，生怕氤氲而升的香气突然断绝。

这首《翻香令》，是苏轼在第一任妻子王弗死后，为怀念亡妻所作。词中描写了苏轼在妻子灵柩前焚香之景，表面写惜香之情，背后却透出对亡妻悠远而深沉的思念。从词中我们可以看出，苏轼不仅是一位文学家，更是一位深爱着妻子的好丈夫，同时还是一位知香、懂香又惜香的“爱香人”。

苏轼还是一位和香大家，著名的和香方“闻思香”便出自东坡先生之手。明代文学家屠龙曾就苏轼和香与和香的境界作总结道：“和香者，和其性也；品香，品自性也。自性立则命安，性命和则慧生，智慧生则九衢尘里任逍遥。”描述了苏轼不凡的和香境界。

像苏轼这样的爱香之人，在宋代并非个案。我们熟悉的黄庭坚、陆游、范成大都是和香的好手。中国香文化萌发于先秦，经过秦汉、六朝、隋唐的发展，到宋代已至鼎盛。这一时期，庞大的文人群体是香文化发展的主导力量，他们爱香、弄香，对整个社会产生了广泛的影响。

图5-8
《历代圣贤半身像册》
黄庭坚

## 黄庭坚

黄庭坚是北宋著名诗人、文学家、书法家，他生前与苏轼齐名，世称“苏黄”。

黄庭坚是茶道高手，以“分宁茶客”闻名。同时，黄庭坚还是一位善于辨品鉴香的大家，他极其爱香，在很多文章中表达了其爱香的品性。比如，他在《贾天锡惠宝薰乞诗予以兵卫森画戟燕寝凝清香十字作诗报之》中写道：“贾侯怀六韬，家有十二戟。天资喜文事，如我有香癖。”毫不讳言地以“香癖”自称。他在《题自书卷后》写道：“崇宁三年十一月，余谪处宜州半岁矣。官司谓余不当居关城中，乃以是月甲戌，抱被入宿于城南。余所僦舍喧寂斋，虽上雨旁风，无有盖障，市声喧愦，人以为不堪其忧……既设卧榻，焚香而坐，与西邻屠牛之机相直。”从文字中，我们可以看到，香对于黄庭坚来说是如此重要，有香的相伴，无论是自己的待罪编管，还是房屋的不蔽风雨、环境的喧闹嘈杂，都无法干扰到他的心性。

### 黄庭坚与香方

黄庭坚在我国香文化发展史上作出了巨大的贡献，他在自己的作品中记载了很多香方，其中，《意和香》《意可香》《深静香》《小宗香》最为知名，被称为“黄太史四香”。宋代陈敬在《陈氏香谱》中即收录了这些香方。

“黄太史四香”其实并非黄庭坚所创，只是因为与他有关，所以扬名。例如，意和香，是贾天锡所有，但他以意和香换得黄庭坚作小诗十首；意可香，初名为“宜爱”，但黄庭坚认为其香殊不凡，所以易名为“意可”；深静香的制作者是欧阳元老，是特别为黄庭坚所制的；小宗香，是时人仰慕宗茂深（宗炳之孙）之名而制作的香，所以为小宗香，是黄庭坚收集整理的香方。

这些香都是和香，在香方中都包含了多种香料，所以合香时要特别注意用料、炮制、配伍，甚至更特殊的还要讲究配料、和料、出香等过程中的节气、日期、时辰等。黄庭坚记载这些香方的独特之处在于，都配有工艺制作说明，以达到特定的效果。

**黄庭坚与熏香、品香的艺术**

黄庭坚与香之情缘深厚，常常以诗、词、文来记录香事。通过他的作品，我们可以一窥宋人之熏香艺术。其主要包括焚香的方法、品香的方式以及焚香的器具等。

黄庭坚在《贾天赐惠宝薰乞诗予以兵卫森画戟燕寝凝清香十字作诗报之》第十首中写道：“衣篝丽纨绮，有待乃芬芳。当念真富贵，自薰知见香。”他在《谢王炳之惠石香鼎》中写道：“薰炉宜小寝，鼎制琢晴岚。香润云生础，烟明虹贯岩。法从空处起，人向鼻头参。一炷听秋雨，何时许对谈。”诗中写的是隔火熏香的场景，虽然“熏”香不如“烧”香简单，但其香气更为醇和宜人，香风袅袅，低回悠长，自能增添许多情趣。

品香重在过程，是一种不可或缺的修养。如黄庭坚在《谢曹子方惠二物二首之博山炉》中咏博山炉：“飞来海上峰，琢出华阴碧。注香上袅袅，映我鼻端白。听公谈昨梦，沙暗雨矢石。今此非梦耶，烟寒已无迹。”他在《有闻帐中香以为熬蝎者戏用前韵二首·其一》中写道：“海上有人逐臭，天生鼻孔司南。但印香严本寂，不必丛林遍参。”

黄庭坚在《贾天赐惠宝薰乞诗予以兵卫森画戟燕寝凝清香十字作诗报之》中写道：“险心游万仞，躁欲生五兵。隐几香一炷，灵台湛空明。”认为品香能够使人灵台空明，心无外物，达到明心见性的开悟、证道境界。他在《子瞻继和复答二首·其一》中写道：“一炷烟中得意，九衢尘里偷闲。”意即通过对香的气味、意境的感受，可以达到禅的修行与生命的净化。

## 丁谓

丁谓，字谓之，北宋长洲（今苏州）人，曾两度拜为宰相，封晋国公，显赫一时，贵震天下。撰有描绘沉香的传世名篇《天香传》。

关于丁谓撰写《天香传》，据《东轩笔录》卷三记载："丁晋公至朱崖……又作天香传，叙海南诸香。"而丁谓也在《天香传》中自述："上圣即政之六月，授诏罢相……寻遣海南……素闻海南出香至多，始命市之于闾里间，十无一有假。"从中我们可以确定《天香传》是丁谓在宋仁宗乾兴元年（公元1022年）至天圣三年（公元1025年）间流放崖州任司户参军时所作。

丁谓在《天香传》中主要描述了海南沉香，并详细地分析了海南沉香的分类与鉴别之法，他认为海南沉香以黎母山所产最佳。这篇《天香传》算得上是最早全面评判、鉴定沉香的文献。这也是丁谓对中国香文化作出的杰出贡献。

## 洪刍

洪刍，字驹父，宋朝作家，与兄洪朋，弟洪炎、洪羽并称"四洪"。他对中国香文化最重要的贡献就是整理编写了香学名著《香谱》，后世被收录进《香典》。

上文我们讲过，宋代黄庭坚号称"香癖"，《香谱》的作者洪刍便是其外甥，如此，我们便不难理解为何洪刍的《香谱》里对各类香方、香事、香料都有详尽的记录。

## 杨万里

杨万里，南宋杰出的诗人，与陆游、范成大、尤袤齐名，并称为"中兴四大家"。

杨万里一生写诗数量非常多，相传有诗二万余首，现存诗约四千二百首。其中有很多描写香的诗词，其中最为出名的是《焚香》（烧香七言）："琢瓷作鼎碧于水，削银为叶轻似纸。不文不武火力均，闭阁下帘风不起。诗人自炷古龙涎，但令有香不见烟。素馨欲开茉莉折，底处龙涎和檀檖。平生饱食山林味，不奈此香殊妩媚。呼儿急取蒸木犀，却作书生真富贵。"（出自明周嘉胄《香乘》）

该诗是香文化中最具代表性的一首，全诗以纪实的手法，准确形象并完整地阐述了宋代隔火熏香的场景，对后世人了解中国香文化、中国香学历史及宋代行香仪轨有着举足轻重的作用，为恢复宋代爇香之法提供了宝贵的线索。

## 陈敬（陈氏父子）

陈敬，宋朝人，著有《陈氏香谱》一书。

《陈氏香谱》共分为四卷，《钦定四库全书》中记载了其提要："（臣）等谨案：《香谱》四卷，宋陈敬撰。敬字子中，河南人，其仕履未详。首有至治壬戌熊朋来序，亦不载敬之本末。是书凡集沈立、洪刍以下十一家之香谱，汇为一书。征引既繁，不免以浩博为长，稍逾限制。若香名、香品，历代凝和制造之方载之宜也。至于经传中字句偶涉而实非龙涎、迷迭之比，如卷首引《左传》'黍稷馨香'等语寥寥数则以为溯源经传，殊为无谓，此盖仿《齐民要术》首援经典之例而失之者也。至于本出经典之事，乃往往挂漏。为郁金香载《说文》之说，而《周礼·郁人》条下郑康成之注顾独遗之，则又举远而略近矣。然十一家之谱今不尽传，敬能荟稡群言，为之总汇，佚文遗事多赖以传要，于考证不为无益也。"这本著作汇集了沈立、洪刍等十一家香谱的精华，涵盖了宋代及以前的所有香料文献，详细记录了香品的产地、宋代及以前社会用香的情况、香药与熏香料的配方、香料的收藏方法，以及与香有关的文人创作等。

## 宣德皇帝

明宣宗朱瞻基是明朝的第五位皇帝，年号宣德，自号长春真人。

宣德帝对中国香文化的最大贡献就是在大明宣德三年设计监造了宣德炉。宣德炉是中国历史上第一次运用风磨铜铸成的铜器。

宣德帝在位时，极爱玩赏香炉，为了打造精品铜香炉，他下令从暹罗国进口一批红铜，由宫廷御匠吕震和工部侍郎吴邦佐参照皇府内藏的柴窑、汝窑、官窑、哥窑、钧窑、定窑等名窑瓷器的款式，及《宣和博古图录》《考古图》等史籍，设计和监制香炉。

宣德炉的制作工艺极为复杂：选材和冶炼方面，使用风磨铜，经过十二遍精炼，使其质地纯净、细腻，还加入了金、银等几十种贵金属，增加其光泽；铸造工艺方面，采用失蜡法铸造，炉身光洁，纹饰精细、立体；打磨技艺方面，经过精细打磨，炉身上没有任何拼接痕迹，表面光滑美观。明朝万历年间的大鉴赏家、收藏家项元汴（子京）在《宣炉博论》中称赞宣德炉："宣炉之真者，其款式之大雅，铜质之精粹，如良金之百炼，宝色内涵，珠光外现，淡淡穆穆，而玉毫金粟隐跃于肤理之间。若以冰消之晨，夜光晶莹映彻，迥非他物可以比方也。"清代冒襄也赞誉宣德炉，称："宣炉最妙在色，假色外炫，真色内融，从黯淡中发奇光，爇火久，灿烂善变。"

据传，这批红铜共铸造出3000只香炉，以后再也没有出品过。经过数百年的风风雨雨，真正宣德三年铸造的宣德炉已极为罕见、价值连城。

## 周嘉胄

周嘉胄，明朝收藏家，著有《香乘》一书。《香乘》共二十八卷，内有赏鉴诸法，凡有关香药的名品以及各种香疗方法一应俱全，可谓集明代以前香学典籍之大成。该书被收录于《四库全书》子部谱录类、《笔记小说大观》等书籍中。

周嘉胄曾发感叹说："香之为用，大矣。"意思是香的作用非常重要，且用途广泛。在气味层面，它是芳香的，有椒兰芬芷，沉檀脑麝，各种香料可用于衣物、被褥的熏香；在生活情趣方面，它是文雅的，"焚香伴月""红袖添香"等都是与香有关的雅事；在修身养性方面，它是"究心"的，可帮助人们通灵增慧，养性护心；在道德修行方面，它是美好的，中国古代的读书人认为香作为芳香之物，可通圣德。

## 曹雪芹

提起曹雪芹，我们第一时间想到的便是《红楼梦》，曹雪芹出身清代内务府正白旗包衣世家，是江宁织造曹寅之孙。曹雪芹早年在江宁织造府度过了一段锦衣玉食的生活，后因家道中落，生活艰辛困苦，看透世间百态，最终以其坚韧不拔的毅力，完成了在文学史上极具思想性与艺术性的伟大著作《红楼梦》。

《红楼梦》作为清代的百科全书，其中不乏一些焚香场景：祭祖拜神、宴客会友、抚琴坐禅等，袅袅香烟，卷舒聚散，有助于营造肃穆、亲切、高雅、温馨、恬淡的气氛。例如，秦可卿卧室的“甜香”，令宝玉欣然入梦，神游太虚幻境；黛玉前窗飘出的“幽香”，使人感到神清气爽；宝钗衣袖中的“冷香”，闻者莫不称奇。

《红楼梦》中记载的香有数十种，如藏香、麝香、梅花香、安魂香、百合香等。香的形状也很丰富，有线香、篆香、盘香、香饼、香球等。

除了礼佛养生，《红楼梦》中亦有用香治病的描写。如宝玉在婚礼上突发昏厥后，家人连忙“满屋里点起安息香来，定住他的魂魄”。在书的第七回，宝钗在叙述“冷香丸”的药物配方时，特地说明和尚给的“没药”引子，指的就是某种有祛瘀、止痛作用的芳香药。

我们经常这样看待写书的人：必是其自身具有书中人物的思想与修养高度，方能写出人物丰富的思想层次与境界。同理，也必定是因为作者自身具有很高的香学修养，才能将书里严谨的行香方法、细致的香方、香室陈设、香祭仪轨等一系列与香有关的方方面面描写得清清楚楚。

# 香文学诗词

附录一

# 先秦

## 《诗经》

### 《大雅·棫朴》

芃芃棫朴，薪之槱之……

【译文】棫树朴树多茂盛，砍作木柴祭天神。

### 《大雅·生民》

载谋载惟，取萧祭脂……卬盛于豆，于豆于登，其香始升。上帝居歆，胡臭亶时。

【译文】占卜吉日，取萧草和祭牲的脂肪和在一起焚烧，产生香气，使上达于神……我将祭品盛放在豆中，再盛放到登中；祭品的香气慢慢升腾起来，天帝安然来享用，馨香浓烈又及时。

### 《郑风·将仲子》

将仲子兮，无逾我园，无折我树檀。岂敢爱之？畏人之多言。仲可怀也，人之多言亦可畏也。

【译文】请我的仲子，别越过我家菜园，别折了我种的青檀。哪是舍不得檀树啊，我是害怕邻人的毁谗。仲子你实在让我牵挂，但邻人的毁谗，也让我害怕。

### 《陈风·泽陂》

彼泽之陂，有蒲与蕳。有美一人，硕大且卷。寤寐无为，中心悁悁……

【译文】蕳，即莲蓬。池塘四周堤坝高，中有蒲草和莲蓬。那里有个美人，身材修长容貌好。翻来覆去睡不着，心中想念好难熬。

### 《周南·关雎》

参差荇菜，左右流之。窈窕淑女，寤寐求之。

【译文】参差不齐的荇菜，从船的左边和右边去捞它。那美丽贤淑的女子，日日夜夜想追求她。

## 孔子

### 《猗兰操》

夫兰当为王者香，今乃独茂，与众草为伍，譬犹贤者不逢时，与鄙夫为伦也。

## 屈原

### 《离骚》节选

“扈江离与辟芷兮，纫秋兰以为佩。”

“昔三后之纯粹兮，固众芳之所在。”

“兰芷变而不芳兮，荃蕙化而为茅。”

“余既滋兰之九畹兮，又树蕙之百亩。”

“杂申椒与菌桂兮，岂维纫夫蕙茝。”

“何昔日之芳草兮，今直为此萧艾也。”

“畦留夷与揭车兮，杂杜衡与芳芷。”

“朝饮木兰之坠露兮，夕餐秋菊之落英。”

“委厥美以从俗兮，苟得列乎众芳。”

“户服艾以盈要兮，谓幽兰其不可佩。”

“苏粪壤以充帏兮，谓申椒其不芳。”

“余以兰为可恃兮，羌无实而容长。”

“椒专佞以慢慆兮，樧又欲充夫佩帏。”

“既干进而务入兮，又何芳之能祗。”

“芳菲菲而难亏兮，芬至今犹未沫。”

# 汉朝

## 佚名

### 《四坐且莫喧》

四坐且莫喧，愿听歌一言。
请说铜炉器，崔嵬象南山。
上枝似松柏，下根据铜盘。
雕文各异类，离娄自相连。
谁能为此器，公输与鲁班。
朱火然其中，青烟飏其间。
顺风入君怀，四坐莫不欢。
香风难久居，空令蕙草残。

## 佚名

### 《孔雀东南飞》

……红罗复斗帐，四角垂香囊……

## 司马相如

### 《子虚赋》

……云梦者，方九百里，其中有山焉……其东则有蕙圃衡兰，芷若射干，穹穷昌蒲，江离麋芜，诸蔗猼且……其高燥则生葴蘄苞荔，薛莎青薠。其卑湿则生藏莨蒹葭，东蘠雕胡，莲藕觚芦、庵蔺轩芋，众物居之，不可胜图。其西则有涌泉清池，激水推移，外发芙蓉菱华，内隐钜石白沙。其中则有神龟蛟鼍，玳瑁鳖鼋。其北则有阴林巨树，楩楠豫章，桂椒木兰，蘗离朱杨，楂梨梬栗，橘柚芬芳……

# 三国、魏晋

## 曹操

### 《遗令》

余香可分与诸夫人，不命祭。诸舍中无所为，可学作组履卖也。

## 曹植

### 《妾薄命行》

……

坐者叹息舒颜。
御巾裛粉君傍。
中有霍纳都梁。
鸡舌五味杂香。
进者何人齐姜。
恩重爱深难忘。
……

# 南北朝

## 鲍照

《拟行路难十八首·其二》

洛阳名工铸为金博山，
千斫复万镂，
上刻秦女携手仙。
承君清夜之欢娱，
列置帏里明烛前。
外发龙鳞之丹彩，
内含麝芬之紫烟。
如今君心一朝异，
对此长叹终百年。

# 唐朝

## 李白

《杨叛儿》

君歌杨叛儿，妾劝新丰酒。
何许最关人，乌啼白门柳。
乌啼隐杨花，君醉留妾家。
博山炉中沉香火，双烟一气凌紫霞。

《清平调》

名花倾国两相欢，长得君王带笑看。
解释春风无限恨，沉香亭北倚阑干。

## 白居易

《行香归》

出作行香客，归如坐夏僧。
床前双草屦，檐下一纱灯。
佩委腰无力，冠欹发不胜。
鸾台龙尾道，合尽少年登。

《白发》

白发生来三十年，而今须鬓尽皤然。
歌吟终日如狂叟，衰疾多时似瘦仙。
八戒夜持香火印，三元朝念蕊珠篇。
其余便被春收拾，不作闲游即醉眠。

## 杜甫

《丁香》

丁香体柔弱，乱结枝犹垫。
细叶带浮毛，疏花披素艳。
深栽小斋后，庶近幽人占。
晚堕兰麝中，休怀粉身念。

## 杜牧

### 《遣怀》

道泰时还泰，时来命不来。
何当离城市，高卧博山隈。

## 李商隐

### 《烧香曲》

钿云蟠蟠牙比鱼，孔雀翅尾蛟龙须。
漳宫旧样博山炉，楚娇捧笑开芙蕖。
八蚕茧绵小分炷，兽焰微红隔云母。
白天月泽寒未冰，金虎含秋向东吐。
玉佩呵光铜照昏，帘波日暮冲斜门。
西来欲上茂陵树，柏梁已失栽桃魂。
露庭月井大红气，轻衫薄细当君意。
蜀殿琼人伴夜深，金銮不问残灯事。
何当巧吹君怀度，襟灰为土填清露。

### 《促漏》

促漏遥钟动静闻，报章重叠杳难分。
舞鸾镜匣收残黛，睡鸭香炉换夕熏。
归去定知还向月，梦来何处更为云。
南塘渐暖蒲堪结，两两鸳鸯护水纹。

### 《无题》

飒飒东风细雨来，芙蓉塘外有轻雷。
金蟾啮锁烧香入，玉虎牵丝汲井回。
贾氏窥帘韩掾少，宓妃留枕魏王才。
春心莫共花争发，一寸相思一寸灰。

## 罗隐

### 《咏香》

沉水良材食柏珍，博山烟暖玉楼春。
怜君亦是无端物，贪作馨香忘却身。

## 王维

### 《洛阳女儿行》

洛阳女儿对门居，才可容颜十五余。
良人玉勒乘骢马，侍女金盘脍鲤鱼。
画阁朱楼尽相望，红桃绿柳垂檐向。
罗帏送上七香车，宝扇迎归九华帐。
狂夫富贵在青春，意气骄奢剧季伦。
自怜碧玉亲教舞，不惜珊瑚持与人。
春窗曙灭九微火，九微片片飞花琐。
戏罢曾无理曲时，妆成只是薰香坐。
城中相识尽繁华，日夜经过赵李家。
谁怜越女颜如玉，贫贱江头自浣纱。

## 韦庄

### 《归国谣》

春欲晚，
戏蝶游蜂花烂熳。
日落谢家池馆，
柳丝金缕断。
睡觉绿鬟风乱，
画屏云雨散。
闲倚博山长叹，
泪流沾皓腕。

## 温庭筠

**《博山》**

博山香重欲成云，锦段机丝妒鄂君。
粉蝶团飞花转影，彩鸳双泳水生纹。
青楼二月春将半，碧瓦千家日未曛。
见说杨朱无限泪，岂能空为路岐分。

**《菩萨蛮·宝函钿雀金鸂鶒（xī chì）》**

宝函钿雀金鸂鶒，沉香阁上吴山碧。
杨柳又如丝，驿桥春雨时。
画楼音信断，芳草江南岸。
鸾镜与花枝，此情谁得知。

**《苦楝花》**

院里莺歌歇，墙头蝶舞孤。
天香薰羽葆，宫紫晕流苏。
晻暧迷青琐，氤氲向画图。
只应春惜别，留与博山炉。

## 徐寅

**《尚书惠蜡面茶》**

武夷春暖月初圆，采摘新芽献地仙。
飞鹊印成香蜡片，啼猿溪走木兰船。
金槽和碾沉香末，冰碗轻涵翠缕烟。
分赠恩深知最异，晚铛宜煮北山泉。

## 薛逢

**《题春台观》**

殿前松柏晦苍苍，杏绕仙坛水绕廊。
垂露额题精思院，博山炉袅降真香。
苔侵古碣迷陈事，云到中峰失上方。
便拟寻溪弄花去，洞天谁更待刘郎。

## 鱼玄机

**《和人》**

茫茫九陌无知己，暮去朝来典绣衣。
宝匣镜昏蝉鬓乱，博山炉暖麝烟微。
多情公子春留句，少思文君昼掩扉。
莫惜羊车频列载，柳丝梅绽正芳菲。

## 元稹

**《香球》**

顺俗唯团转，居中莫动摇。
爱君心不恻，犹讶火长烧。

## 张仲素

**《秋思赠远》**

博山沉燎绝余香，兰烬金檠怨夜长。
为问青青河畔草，几回经雨复经霜。

# 宋朝

## 白玉蟾

**《题胡运干别墅》**

博山一炷小蛇寒，无人独自坐蒲团。
柴门却倩冷风关，檐外白云时往还。

**《仙岩金仙阁》**

寒烟锁断梵王家，一篆博山飞冷蛇。
满天秋雨落琼花，清溪涨绿浸平沙。
老松压石岩争耸，青萝拽树牵云遮。
竹根倒出乌翅斜，夜半寒风搅宿鸦。
木鱼唤粥蝴蝶醒，岩头残月沉丹井。

**《冥鸿阁即事四首·其一》**

雪白霞红云色黄，晚风先办晓来霜。
吹开一路江梅蕊，薰作九天沉水香。

## 曹勋

**《端午帖子九首·其六》**

曲槛榴花绛色鲜，博山一缕水沉烟。
奉华窗户清无暑，羽羽香传远岸莲。

## 曹彦约

**《迎春花》**

睡入华胥日未曛，博山何在宝香闻。
觉来但有南窗静，叶瘦花肥醉锦薰。

## 曾惇

**《分绣阁》**

治中妙言语，洪涛泻词源。
向来群玉府，才下紫微垣。
佐郡沧海傍，凭轩望朝暾。
便欲乘轻车，长啸登昆仑。
兹楼何缥缈，千岩霭云屯。
庭空百吏散，博山炷微熏。
重寻羡门辈，仙事渺无垠。
何知对妙高，举手招德云。

## 曾几

**《东轩小室即事五首·其五》**

有客过丈室，呼儿具炉薰。
清谈似微馥，妙处渠应闻。
沉水已成烬，博山尚停云。
斯须客辞去，趺坐对余芬。

## 曾季貍

**《宝应寺》**

檀心素面水沉香，一架清阴满院凉。
莫道春归无觅处，春归却在赞公房。

## 曾慥

《浣溪沙》

别样清芬扑鼻来，秋香过后却追回。博山轻雾锁崔嵬。

珍重香林一抹手，不教一日不花开。暗中错认是江梅。

## 晁补之

《凤箫吟·永嘉郡君生日》

晓曈昽。风和雨细，南园次第春融。岭梅犹妒雪，露桃云杏，已绽碧呈红。一年春正好，助人狂、飞燕游蜂。更吉梦良辰，对花忍负金钟。

香浓。博山沉水，小楼清旦，佳气葱葱。旧游应未改，武陵花似锦，笑语相逢。蕊宫传妙诀，小金丹、同换冰容。况共有、芝田旧约，归去双峰。

## 陈起

《留题天乐寓张氏湖亭》

沉水香销一局棋，客来浅酌旋分题。

画栏占得春多少，帘卷东风日未西。

## 陈去非（陈与义）

《焚香》

明窗延静昼，默坐消诸缘。

即将无限意，寓此一炷烟。

当时戒定慧，妙供均人天。

我岂不清友，于今心醒然。

炉香袅孤碧，云缕霏数千。

悠然凌空去，缥缈随风还。

世事有过现，熏性无变迁。

应是水中月，波定还自圆。

《方城陪诸兄坐心远亭》

客中日食三斗尘，北去南来了今岁。

暂时亭中一杯酒，与兄同宗复同味。

博山云气终日留，竹君萧萧不负秋。

世路明年傥无故，却携藜杖更来游。

## 陈造

《罗提举见和再用韵四首·其三》

紫沉初炷炉香，青章已达寥阳。

当有碧玉宫使，叱起河濒卧羊。

## 陈著

《次韵童志道春晚》

隔窗啼鸟梦惊残，沉麝香销冷博山。

只枕半欹闲猛省，又添一日在人间。

## 程公许

《和虞使君撷素馨花遗张立蒸沉香四绝句》

长讶诗人巧夺胎，天心月胁句中来。

更将花谱通香谱，输与博山烘炭煤。

## 邓深

**《赋欧阳道士舞仙》**

博山烟烬夜三更，万籁声沉月一庭。
拂拭琴床弹古调，松梢鹤睡洒然醒。

## 范成大

**《案上梅花二首·其二》**

地炉火暖日烘窗，一夜花须半吐黄。
鼻观圆通熏百和，博山三夕罢烧香。

**《苦雨》**

已厌衣裳蒸润，仍怜书画斓斑。
奁香尚余几所？尽付熏垆博山。

## 范仲淹

**《萧洒桐庐郡十绝》**

萧洒桐庐郡，身闲性亦灵。
降真香一炷，欲老悟黄庭。

**《知府孙学士见示和终南监宫太保道怀五首因以缀篇·其四》**

瑶坛日月静中长，诗思时时逸谢塘。
神枕自成仙岛梦，朝衣犹有御炉香。
三元秘简侵星奏，五岭灵芽待雪尝。
金阙九重留不住，高风何处是严光。

## 葛立方

**《次韵周少隐梅花三绝》**

闻说青腰夜雨霜，水沉水麝泄寒香。
西湖处士多标榜，端的包羞是海棠。

**《避地伤春六绝句》**

菖叶青青杏蕊新，牛耕白水一犁匀。
茜裙窥爱疏篱晚，不是沉香倚太真。

## 葛胜仲

**《浣溪沙·木芍药》**

通白轻红溢万枝，浓香百和透丰肌。丹山威风势将飞。
玉镜台前呈国艳，沈香亭北映朝曦。如花惟有上皇妃。

## 韩淲

**《浣溪沙·过卢申之》**

梅叶阴阴占晚春，博山香尽玉嶙峋。茶瓯酒碗试濡唇。
闲里常愁无伴侣，老来不是有情人。牡丹天气惜芳辰。

## 何梦桂

**《赠董君竹梧亭》**

买得园亭乐赋归，一庭翠碧映参差。
自怜封户培新笋，更喜添孙养嫩枝。
翠袖倚看云影乱，银床坐对月阴移。
沉香栏北花如故，富贵无心懒赋诗。

**《偶成》**

沉水烟销宝鸭香，山窝人在水云乡。
鱼非惠子同鱼乐，蝶化庄周并蝶忘。
心了固知身是寄，物齐宁与道相妨。
清明即是神仙界，不用丹炉炼玉霜。

## 何应龙

**《春寒》**

博山熏尽鹧鸪斑，罗带同心不忍看。
莫近栏干听花雨，楼高无处着春寒。

## 贺铸

**《江如练（蝶恋花）》**

睡鸭炉寒熏麝煎。寂寂歌梁，无计留归燕。十二曲栏闲倚遍，一杯长待何人劝。不识当年桃叶面。吟咏佳词，想像犹曾见。两桨往来风与便，湖平月上江如练。

## 洪咨夔

**《天香·寿朱尚书》**

云母屏开，博山炉熨，人间南极星现。酥篆千秋，灯图百子，酒浪花光照面。堂深戏彩，任父老、儿童争劝。耆艾相将潞国，精明恰如清献。

春风飘香合殿。仗云齐、漏迟宫箭。正好簪荷入侍，帕柑传宴。日月华虫茜绚。便与试、胸中五纹线。寿域长开，洪钧长转。

## 胡文卿

**《虞美人·其五》**

昨宵南极星光现，今日开华宴。朱颜翠鬓占春多，且向博山香袅、卷金荷。

龟游鹤舞千年寿，更酌千钟酒。满庭佳客捧殷勤，此日蒲菊新绿、瓮头春。

## 胡寅

**《和韩司谏叔夏乐谷五吟·瓦炉》**

灵台净含光，虚室自生白。
缥缈沉水香，瓦篆青幂幂。
何用金狻猊，浮动罗绮席。
缁黄手秉持，儿女衣篝僻。
一从战尘涨，岱华风烟隔。
君臣若际会，至治发明德。
普熏遍十方，氤氲本埏埴。
何人学孔祷，鼻观久已塞。

## 黄庚

**《春日》**

紫燕评春语画梁，黄鹂搀晓啭垂杨。
博山烟冷书窗静，风飐瓶花点砚香。

## 黄机

**《永遇乐·章使君席上》**

别院春深，华堂昼永，嘉宴初启。翠玉樽罍，红牙丝管，睡鸭沉烟里。弄晴云态，行空絮影，漠漠似飞如坠。最多情，紫绵团就，错落乱星流地。

使君自有，元龙豪气，唤客且休辞醉。蝶困蜂酣，燕娇莺姹，欢意浓如此。侃其笑语，止乎礼义，衣佩细纫兰芷。遥归去，残更欲尽，晓鸦又起。

## 李大同

**《句》**

曾上蓬莱第一峰，夕阳留住且从容。
鹿脚花去泣关山，回首沉香一梦闲。

## 李洪

**《雨中慈感寺泛舟》**

渺渺汀舟雨满川，楼台烟霭羃愁边。
春风邀勒梅都谢，夜雨淋浪柳尚妍。
僧钵偶分蒲塞供，佛香时送水沉烟。
佳时更拟携筇出，拾翠人归唤渡船。

## 李景良

**《鹧鸪天》**

清晓祥云绕碧天。老人星忽下南躔。庭兰共酌长生酒，持上华堂彩侍前。
开绮席，舞朱颜。轻红莲叶荐金盘。沉香小院浑先暑，更有杯传数百年。

## 李清照

**《孤雁儿》**

藤床纸帐朝眠起，说不尽无佳思。
沉香断续玉炉寒，伴我情怀如水。
笛声三弄，梅心惊破，多少春情意。
小风疏雨潇潇地，又催下千行泪。
吹箫人去玉楼空，肠断与谁同倚。
一枝折得，人间天上，没个人堪寄。

**《醉花阴》**

薄雾浓云愁永昼，瑞脑销金兽。
佳节又重阳，玉枕纱厨，半夜凉初透。
东篱把酒黄昏后，有暗香盈袖。
莫道不销魂，帘卷西风，人比黄花瘦。

**《浣溪沙》**

莫许杯深琥珀浓，未成沉醉意先融。
疏钟已应晚来风。
瑞脑香消魂梦断，辟寒金小髻鬟松。
醒时空对烛花红。

**《菩萨蛮》**

风柔日薄春犹早，夹衫乍着心情好。睡起觉微寒，梅花鬓上残。
故乡何处是？忘了除非醉。沉水卧时烧，香消酒未消。

**《忆秦娥 · 咏桐》**

临高阁，乱山平野烟光薄。烟光薄，栖鸦归后，暮天闻角。
断香残酒情怀恶，西风催衬梧桐落。梧桐落，又还秋色，又还寂寞。

**《鹧鸪天》**

寒日萧萧上锁窗，梧桐应恨夜来霜。酒阑更喜团茶苦，梦断偏宜瑞脑香。
秋已尽，日犹长。仲宣怀远更凄凉。不如随分尊前醉，莫负东篱菊蕊黄。

## 李商叟

**《寿吴宰》**

向晓亲闱共举觞，老人星出翠岩傍。
狻猊夜暖沉香袅，孔雀屏开纱蜡光。
霜月正当圆此夕，江梅先已发奇祥。
定知与国长无极，寿考祺维颂鲁章。

## 李珣

**《定风波》（节选）**

……

纵有回文重叠意，谁寄？解鬟临镜泣残妆。

沉水香消金鸭冷，愁永，候虫声接杵声长。

帘外烟和月满庭，此时闲坐若为情。小阁拥炉残酒醒，

愁听，寒风叶落一声声。

……

## 刘褒

**《水龙吟·桂林元夕呈帅座》**

东风初縠池波，轻阴未放游丝堕。新春歌管，丰年笑语，六街灯火。绣毂雕鞍，飞尘卷雾，冰流云过。恍扬州十里，三生梦觉，卷朱箔、映青琐。

金猊戏掣星桥锁。博山香、烟浓百和。使君行乐，绛纱万炬，雪梅千朵。羯鼓喧空，鹍弦沸晓，樱梢微破。想明年更好，传柑宴罢，醉扶狨座。

## 卢炳

**《菩萨蛮》**

梦回小枕攲寒玉，博山香暖沉烟续。帷薄怯轻纱，风牵幌带斜。

夜窗云影细，月送花阴至。身世在陶唐，闲愁不挂肠。

## 陆文圭

**《题牡丹梨花手卷》**

沉香宴罢索人扶，重向银屏睹雪肤。

一笑不偿千古恨，玉环当日倚阑图。

## 陆游

**《假中闭户终日偶得绝句》**

宦身常欠读书债，禄米不供沽酒资。

剩喜今朝寂无事，焚香闲看玉溪诗。

**《题梅汉卿醉经堂》**

他人烂醉锦瑟傍，君独醉心编简香。

沉酣骨髓春盎盎，如枕曲蘖罗杯觞。

三万牙签插高架，五千黄卷撑枯肠。

信哉名教有乐地，白首不入无功乡。

**《杂咏》**

病起清臞不自持，纱巾一幅倚筇枝。

水沉香冷红蕉晚，恰似道山群玉时。

## 毛滂

**《感皇恩·镇江待闸》**

绿水小河亭，朱阑碧甃。江月娟娟上高柳。画楼缥缈，尽挂窗纱帘绣。月明知我意，来相就。

银字吹笙，金貂取酒。小小微风弄襟袖。宝熏浓炷，人共博山烟瘦。露凉钗燕冷，更深后。

## 梅尧臣

**《依韵和仲源独夜吟》**

秋鸿声涩秋弦苦，涂金博山烟夜吐。

寂历虚堂灯晕生，谁人共听西窗雨。

## 莫蒙

**《江城子》**

博山香暖衬江云，舞飞琼，拜双成。雾鬓风鬟，不改旧时青。滟滟金船罗袖劝，齐祝寿，比松椿。

照人冰雪自天真，翠绡轻，下蓬瀛。却笑乘鸾，奔月望长生。曾侍瑶池王母宴，犹认得，佩环声。

## 欧阳修

**《玉楼春》**

珠帘半下香销印，二月东风催柳信。琵琶傍畔且寻思，鹦鹉前头休借问。

惊鸿过后生离恨，红日长时添酒困。未知心在阿谁边，满眼泪珠言不尽。

**《虞美人》**

炉香昼永龙烟白，风动金鸾额。画屏寒掩小山川，睡容初起枕痕圆，坠花钿。

楼高不及烟霄半，望尽相思眼。艳阳刚爱挫愁人，故生芳草碧连云，怨王孙。

## 彭龟年

**《和安成彭清老五首·其二》**

闭户长吟何水曹，人间富贵九牛毛。

博山一缕清香永，余子不知更几刀。

## 钱惟演

**《灯夕寄献内翰虢略公》**

峣阙晕飞河汉傍，钩陈遥认赭袍光。

九枝火树连金狄，万里霜轮上璧珰。

匝地行车珠网细，照天晨燎紫沉香。

只闻鳌岭神仙客，再拜云边捧寿觞。

## 秦观

**《如梦令》**

门外鸦啼杨柳。春色著人如酒。睡起熨沉香，玉腕不胜金斗。消瘦，消瘦。还是褪花时候。

## 沈长卿

**《鹧鸪天》**

瑞气氤氲入绛纱。水沉香荐碧流霞。

疏梅欲破风前蕊，冷菊犹开霜后花。

销粉黛，减铅华。药炉经卷好生涯。

络滨侍从他年贵，便是蟠桃王母家。

## 释慧晖

**《偈颂三十首·其二十六》**

梁土皇帝，南天太子。

相见端的，不识妙旨……

廓然不识莫公私，太子皇帝对面时。

一片檀香炉上火，残红吹起发花枝。

## 司马光

### 《柳枝词十三首·其十三》

宣阳门前三月初，家家杨柳绿藏乌。
欢似白花飘荡去，忍能弃掷博山炉。

## 苏轼

### 《子由生日以檀香观音像及新合印香银篆盘为寿》

旃檀婆律海外芬，西山老脐柏所薰。
香螺脱黡来相群，能结缥缈风中云。
一灯如萤起微焚，何时度尽缪篆纹。
缭绕无穷合复分，绵绵浮空散氤氲。
东坡持是寿卯君，君少与我师皇坟。
旁资老聃释迦文，共厄中年点蝇蚊。
晚遇斯须何足云，君方论道承华勋。
我亦旗鼓严中军，国恩当报敢不勤。
但愿不为世所醺，迩来白发不可耘。
问君何时返乡枌，收拾散亡理放纷。
此心实与香俱焄，闻思大士应已闻。

### 《和陶拟古九首·其六》

沉香作庭燎，甲煎纷相和。
岂若炷微火，萦烟袅清歌。
贪人无饥饱，胡椒亦求多。
朱刘两狂子，陨坠如风花。
本欲竭泽渔，奈此明年何。

### 《次韵子瞻和渊明拟古九首·其九》

锄田种紫芝，有根未堪采。
逡巡岁月度，太息毛发改。
晨朝玉露下，滴沥投沧海。
须牙忽长茂，枝叶行可待。
夜烧沉水香，持戒勿中悔。

### 《沉香石》

壁立孤峰倚砚长，共疑沉水得顽苍。
欲随楚客纫兰佩，谁信吴儿是木肠。
山下曾逢化松石，玉中还有辟邪香。
早知百和俱灰烬，未信人言弱胜强。

### 《寒食夜》

漏声透入碧窗纱，人静秋千影半斜。
沉麝不烧金鸭冷，淡云笼月照梨花。

### 《沉香山子赋》

古者以芸为香，以兰为芳。以郁鬯为裸，以脂萧为焚。以椒为涂，以蕙为薰。杜衡带屈，菖蒲荐文。麝多忌而本膻，苏合若芗而实荤。嗟吾知之几何，为六入之所分。方根尘之起灭，常颠倒其天君。每求似于仿佛，或鼻劳而妄闻。独沉水为近正，可以配薝卜而并云。矧儋崖之异产，实超然而不群。既金坚而玉润，亦鹤骨而龙筋。惟膏液之内足，故把握而兼斤。顾占城之枯朽，宜爨釜而燎蚊。宛彼小山，巉然可欣。如太华之倚天，象小孤之插云。往寿子之生朝，以写我之老勤。子方面壁以终日，岂亦归田而自耘，幸置此于几席，养幽芳于帨帉。无一往之发烈，有无穷之氤氲，盖非独以饮东坡之寿，亦所以食黎人之芹也。

### 《和黄鲁直烧香二首》

四句烧香偈子，随香遍满东南。
不是闻思所及，且令鼻观先参。

万卷明窗小字，眼花只有斓斑。
一炷烟消火冷，半生身老心闲。

### 《睡起》

柿叶满庭红颗秋，熏炉沉水度春篝。
松风梦与故人遇，自驾飞鸿跨九州。

### 《太皇太后阁端午帖子》

令节陈诗岁岁新，从官何以寿吾君。
愿储医国三年艾，不作沉湘九辨文。

### 《翻香令》

金炉犹暖麝煤残。惜香更把宝钗翻。重闻处，余熏在，这一番、气味胜从前。
背人偷盖小蓬山。更将沉水暗同燃。且图得，氤氲久，为情深、嫌怕断头烟。

### 《上元侍饮楼上三首呈同列·其一》

澹月疏星绕建章，仙风吹下御炉香。
侍臣鹄立通明殿，一朵红云捧玉皇。

### 《十月十四日以病在告独酌》

翠柏不知秋，空庭失摇落。
幽人得嘉荫，露坐方独酌。
月华稍澄穆，雾气尤清薄。
小儿亦何知，相语翁正乐。
铜炉烧柏子，石鼎煮山药。
一杯赏月露，万象纷酬酢。
此生独何幸，风缆欣初泊。
逝逃颜跖网，行赴松乔约。
莫嫌风有待，漫欲戏寥廓。
泠然心境空，仿佛来笙鹤。

### 《蝶恋花·密州上元》

灯火钱塘三五夜。明月如霜，照见人如画。帐底吹笙香吐麝，此般风味应无价。
寂寞山城人老也。击鼓吹箫，乍入农桑社。火冷灯稀霜露下，昏昏雪意云垂野。

## 黄庭坚

### 《博山台》

宫亭只说香炉峰，此地今见博山台。
紫烟孤起丽朝日，定是海山飞得来。
化工造物能神奇，不必惊世出草莱。
千来隐沦被昭洗，博山我劝尔一杯。
先生发白足力强，遥思秋风醉几回。
童儿数脩扫洒职，莫使石面沾尘埃。

### 《对酒歌答谢公静》

……君不见海南水沉紫栴檀，碎身百炼金博山。
岂如不蒙斧斤赏，老大绝崖霜雪间……

### 《呻吟斋睡起五首呈世弼·其一》

棐几坐清昼，博山凝妙香。
兰芽依客土，柳色过邻墙。
巷僻过从少，官闲气味长。
江南一枕梦，高卧听鸣榔。

**《有惠江南帐中香者戏答六言二首》**

百炼香螺沈水，宝薰近出江南。
一檖黄云绕几，深禅想对同参。

螺甲割昆仑耳，香材屑鹧鸪斑。
欲雨鸣鸠日永，下帷睡鸭春闲。

**《有闻帐中香以为熬蝎者戏用前韵二首》**

海上有人逐臭，天生鼻孔司南。
但印香严本寂，不必丛林遍参。

我读蔚宗香传，文章不减二班。
误以甲为浅俗，却知麝要防闲。

**《贾天锡惠宝薰乞诗予以兵卫森画戟燕寝凝清香》**

石蜜化螺甲，榠楂煮水沉。
博山孤烟起，对此作森森。

## 苏辙

**《次韵子瞻有美堂夜归》**

饮阑钟虡欲移轩，香雾犹残金博山。
明月飞来松岭外，游人散落马蹄间。
城严画鼓初传角，路暗山花自落鬟。
清境暂时都不见，夜深人静始来还。

## 王安石

**《春夜》**

金炉香尽漏声残，剪剪轻风阵阵寒。
春色恼人眠不得，月移花影上栏干。

## 辛弃疾

**《青玉案·元夕》**

东风夜放花千树。更吹落，星如雨。宝马雕车香满路。凤箫声动，玉壶光转，一夜鱼龙舞。
蛾儿雪柳黄金缕，笑语盈盈暗香去。众里寻他千百度。蓦然回首，那人却在，灯火阑珊处。

**《临江仙》**

金谷无烟宫树绿，嫩寒生怕春风。博山微透暖薰枕。小楼春色里，幽梦雨声中。别浦鲤鱼何日到，锦书封恨重重。海棠花下去年逢。也应随分瘦，忍泪觅残红。

**《念奴娇·赋白牡丹和范先之韵》**

对花何似，似吴宫初教，翠围红阵。欲笑还愁羞不语，惟有倾城娇韵。翠盖风流，牙签名字，旧赏那堪省。天香染露，晓来衣润谁整。
最爱弄玉团酥，就中一朵，曾入扬州咏。华屋金盘人未醒，燕子飞来春尽。最忆当年，沉香亭北，无限春风恨。醉中休问，夜深花睡香冷。

## 晏殊

《浣溪沙》

宿酒才醒厌玉卮，水沉香冷懒熏衣。早梅先绽日边枝。

寒雪寂寥初散后，春风悠扬欲来时。小屏闲放画帘垂。

## 杨庭秀（杨万里）

《焚香》（烧香七言）

琢瓷作鼎碧于水，削银为叶轻似纸。
不文不武火力均，闭阁下帘风不起。
诗人自炷古龙涎，但令有香不见烟。
素馨欲开茉莉折，底处龙涎和檀棧。
平生饱食山林味，不奈此香殊妩媚。
呼儿急取蒸木犀，却作书生真富贵。

## 周必大

《七月十五日邦衡用前韵送薰衣香二帖韵为谢》

天香犹带曳裾霞，银合行参到阙茶。
剩馥欲沾吾臭味，普薰聊发善萌芽。
心清此去夸僧舍，意可由来出内家。
乞与博山添正气，崭岩曾辱更生嘉。

## 朱熹

《香界》

幽兴年来莫与同，滋兰聊欲泛光风。
真成佛国香云界，不数淮山桂树丛。
花气无边熏欲醉，灵氛一点静还通。
何须楚客纫秋佩，坐卧经行住此中。

# 元朝

## 王处一

《行香子·谢公主惠香二首》

悚息回惶，广启心香。谢清颁、檀髓沉香。金炉篆起，法界飘香。献玉虚尊，诸天帝，普闻香。

仰祝吾皇，稽首焚香。赞金枝、玉叶馨香。一人布德，万国传香。显本来真，元初性，自然香。

## 郭钰

《和杨茂才闲居》

板桥通径薜萝深，浓翠浮衣竹十寻。
啼鸟渐驯时近客，归云不动似知心。
剪苔盘石移棋局，添火香篝续水沉。
赋笔惟应潘岳好，恨无樽酒与同斟。

# 明朝

## 陆弼

《赠金陵马姬》

杏花屋角响春鸠，沉水香残懒下楼。
剪得石榴新样子，不教人见玉双钩。

## 杨慎

《青海引》

长白山前号黑风，桔槔火照甘泉红。
五千貂锦血边草，单于夜帐移湟中。
华林酒艳长庚醉，沉香春浓海棠睡。
金马门如万里遥，那知青海城头事。

## 文征明

《焚香》

银叶荧荧宿火明，碧烟不动水沉清。
纸屏竹榻澄怀地，细雨轻寒燕寝情。
妙境可能先鼻观，俗缘都尽洗心兵。
日长自展南华读，转觉逍遥道味生。

# 清朝

## 纳兰性德

《明月棹孤舟·海淀》

一片亭亭空凝伫，趁西风霓裳偏舞。白鸟惊飞，菰蒲叶乱，断续浣纱人语。
丹碧驳残秋夜雨，风吹去采菱越女。辘轳声断，昏鸦欲起，多少博山情绪。

# 民国

## 陈独秀

《本事诗》

深夜沉香沃甲煎，隋皇风雅去茫然。
羊车我若过卿宅，细饮番茶话夙缘。

## 王国维

《蝶恋花》

帘幕深深香雾重，四照朱颜，银烛光浮动。一霎新欢千万种，人间今夜浑如梦。
小语灯前和目送，密意芳心，不放罗帏空。看取博山闲袅凤，濛濛一气双烟共。

# 当代

## 罗子杰

**《天香》**

2018年“天香使者”中华香文化大赛主题曲（乔冠霖谱曲）

雨过天青，云破处，
苍穹之外，幻虚无，
星河气宇，明月清风照，
高山云海入鼻观，
一而十十而百百而千，
黑黑白白黑白间，
一而十十而百百而千，
空空色色空色变。
无相无形，无所住，
长天啸，朵云出，
茅芷青桂，吹刻兰芬馥，
青云紫凌过博山，
一而十十而百百而千，
明明暗暗明暗间，
一而十十而百百而千，
层层叠叠层层现。
一而十十而百百而千，
黑黑白白黑白间，
一而十十而百百而千，
空空色色空色变。
一而十十而百百而千，
明明暗暗明暗间，
一而十十而百百而千，
层层叠叠层层现。
雨过天青，
无相无形，
苍穹之外，
啸长天。

# 香文学典籍

附录2

《广东新语》

清·屈大均

卷二十六

香语

## 沉香

峤南火地，太阳之精液所发，其草木多香，有力者皆降皆结而香。木得太阳烈气之全，枝干根株皆能自为一香，故语曰：“海南多阳，一木五香。”海南以万安黎母东峒香为胜。其地居琼岛正东，得朝阳之气又早，香尤清淑，多如莲萼、梅英、鹅梨、蜜脾之类。焚之少许，氛翳弥室，虽煤烬而气不焦，多酝藉而有余芬。洋舶所有番沉、药沉，往往腥烈，即佳者意味亦短。木性多，尾烟必焦。其出海北者，生于交趾，聚于钦，谓之钦香。质重实而多大块，气亦酷烈，无复海南风味，粤人贱之。海南香故有三品，曰沉，曰笺，曰黄熟。沉、笺有二品，曰生结，曰死结。黄熟有三品，曰角沉，曰黄沉，若散沉者，木质既尽，心节独存，精华凝固，久而有力。生则色如墨，熟则重如金，纯为阳刚，故于木则沉，于土亦沉，此黄熟之最也。其或削之则卷，嚼之则柔，是谓蜡沉。皆子瞻所谓“既金坚而玉润，亦鹤骨以龙筋，惟膏液之内足，故把握而兼斤，无一往之发烈，有无穷之氤氲”者也。凡采香必于深山丛翳之中，群数十人以往，或一二日即得，或半月徒手而归，盖有神焉。当夫高秋晴爽，视山木大小皆凋瘁，中必有香。乘月探寻，有香气透林而起，以草记之，其地亦即有蚁封高二三尺。随挖之，必得油速、伽俑之类，而沉香为多。其木节久蛰土中，滋液下流，既结则香面悉在下，其背带木性者乃出土，故往往得之。

香之树丛生山中，老山者岁久而香，新山者不及。其树如冬青，大小不一。结香者百无一二。结香或在枝干，或在根株，犹人有痈疽之疾。或生上部，或疠下体，疾之损人，形貌枯瘠，香之灾木，枝叶萎黄。或为风雨所摧折，膏液洒于他树，如时症传染，久亦结香。黎人每望黄叶，即知其树已结香，伐木开径而搜取。买香者先祭山神，次赂黎长，乃开山以藤圈其地，与黎人约，或一旬或一二月，以香仔抓香之日为始。香仔者，熟黎能辨香者也。指某树有香，或树之左之右有香，则伐取之，香与平分以为值。凡香多在大干上，树之枝条不能结，以力微也。生结者，于树上已老者也。死结者，斫树于地，至三四十年乃有香而老者也。花铲则香树已断而精液涌出，虽点点不成片段，而风雨不能剥，虫蚁不能食者也。诸香首称崖州，以出自藤桥内者为胜。而藤桥有一溪，饮之即死，盖诸黎瘴毒所聚。谚云："不怕藤桥鬼，只怕藤桥水。"其香美而水毒如此。

香产于山，即黎人亦不知之。外人求售者，初成交，偿以牛酒诸物如其欲，然后代客开山，所得香多，黎人亦无悔。如罄山无有，客亦不能索其值也。黎人生长香中，饮食是资，计畲田所收火粳灰豆，不足以饱妇子。有香，而朝夕所需多赖之，天之所以养黎人也。香曰沉香者，历年千百，树朽香坚，色黑而味辛，微间白疵如针锐。细末之，入水即沉者，生结也。黎人于香树，伐其曲干斜枝，作斧口以承雨露，岁久香凝，入水亦沉。而色不甚润泽者，死结也。伽慵与沉香并生，沉香质坚。伽慵软，味辣有脂，嚼之粘齿麻舌，其气上升，故老人佩之少便溺。上者莺哥绿，色如莺毛。次兰花结，色微绿而黑。又次金丝结，色微黄。再次糖结，纯黄。下者曰铁结，色黑而微坚。名虽数种，各有膏腻。匠人以鸡刺木、鸡骨香及速香、云头香之属，车为素珠，泽以伽慵之液，磋其屑末，酝酿锡函中，每能给人。油速者，质不沉而香特异，藏之箧笥，香满一室。速香者，凝结仅数十年，取之太早，故曰速香。其上四六者，香六而木四，下四六者，木六而香四也。飞香者，树已结香，为大风所折飞山谷中，其质枯而轻，气味亦甜。铁皮香者，皮肤渐渍雨露，将次成香，而内皆白木，土人烙红铁而烁之。虫漏者，虫蛀之孔，结香不多，内尽粉土，是名虫口粉肚。花划（铲）者，以色黑为贵。去其白木且沉水，然十中一二耳。黄色者质嫩，多白木也。云头香者，或内或外，结香一线，错综如云，素珠多此物为之。最下则黄速、马牙，如今之油下香。以上诸香，赝者极多，即佳者亦埋于地窖，覆以湿沙，卖时取起。半沉者试水亦沉，如大块沉香，须试于江。江水流动，非真沉香不沉。若置缸缶中，水少自然沉底，不可不察也。然此等尚可识之，惟夹板沉难识，以水浸一宿，即涣散矣。

沉香有十五种。其一，黄沉，亦曰铁骨沉、乌角沉。从土中取出，带泥而黑，心实而沉水，其价三换最上。其二，生结沉。其树尚有青叶未死，香在树腹如松脂液，有白木间之，是曰生香，亦沉水。其三，四六沉香。四分沉水，六分不沉水，其不沉水者，亦乃沉香非速。其四，中四六沉香。其五，下四六沉香。其六，油速，一名土伽慵。其七，磨料沉速。其八，烧料沉速。

其九，红蒙花铲。蒙者背香而腹泥，红者泥色红也，花者木与香相杂不纯，铲木而存香也。其十，黄蒙花铲。其十一，血蒙花铲。其十二，新山花铲。其十三曰铁皮速，外油黑而内白木，其树甚大，香结在皮不在肉，故曰铁皮。此则速香之族。又有野猪箭，亦曰香箭，有香角、香片、香影。香影者，锯开如影木然，有鸳鸯背、半沉、半速、锦包麻、麻包锦。其曰将军兜、菱壳、雨淋头、鲫鱼片、夹木含泥等，是皆香之病也。其十四，老山牙香，其十五，新山牙香，香大块，剖开如马牙，斯为最下。然海南香虽最下，皆气味清甜，别有酝藉。若渤泥、暹罗、真腊、占城、日本所产，试水俱沉，而色黄味酸，烟尾焦烈。至若鸡骨香，乃杂树之坚节，形色似香，纯是木气。《本草纲目》以为沉香之中品，误矣。

## 伽𪐴（伽楠）

伽𪐴，杂出于海上诸山。凡香木之枝柯窍露者，木立死而本存者，气性毕温，故为大蚁所穴。大蚁所食石蜜，遗渍香中，岁久渐浸，木受石蜜，气多凝而坚润，则伽𪐴成。其香本未死蜜气未老者，谓之生结，上也。木死本存，蜜气膏于枯根，润若餳片者，谓之糖结，次也。岁月既浅，木蜜之气未融，木性多而香味少，谓之虎斑金丝结，又次也。其色如鸭头绿者，名绿结。掐之痕生，释之痕合，挼之可圆，放之仍方，锯则细屑成团，又名油结，上之上也。伽𪐴本与沉香同类而分阴阳。或谓沉，牝也。味苦而性利，其香含藏，烧乃芳烈，阴体阳用也。伽𪐴，牡也。味辛而气甜，其香勃发，而性能闭二便，阳体阴用也。然以洋伽𪐴为上。产占城者，剖之香甚轻微，然久而不减。产琼者名上伽𪐴，状如油速，剖之香特酷烈。然手汗沾濡，数月即减，必须濯以清泉，膏以苏合油，或以甘蔗心藏之，以白萼叶苴之，瘗土数月，日中稍暴之，而后香魂乃复也。占城者静而常存，琼者动而易散，静者香以神行，动者香以气使也。藏者以锡为匣，中为一隔而多窍，蜜其下，伽𪐴其上，使薰炙以为滋润。又以伽𪐴末养之，他香末则弗香，以其本香返其魂，虽微尘许，而其元可复，其精多而气厚故也。寻常时勿使见水，勿使见燥风，霉湿出则藏之，否则香气耗散。

## 莞香

莞香，以金钗脑所产为良。地甚狭，仅十余亩，其香种至十年已绝佳，虽白木与生结同。他所产者，在昔以马蹄冈，今则以金桔岭为第一，次则近南仙村、鸡翅岭、白石岭、梅林、百花洞、牛眠、石乡诸处，至劣者乌泥坑。然金桔岭岁出精香仅数斤，某家有精香多寡，人皆知之。马蹄冈久已无香，其香皆新种，无坚老者。凡香，先辨其所出之地，香在地而不在种，非其地则香种变。其土如鸡子黄者，其香松而多，水熟沙黑而多土者，其香坚而多生结，能耐霜雪。又以泥红名朱砂管者，或红如曲粉者，硗确而多阳者为良土。莞人多种香，祖父之所遗，世享其利。地一亩可种三百余株，为香田之农，甚胜于艺黍稷也。然可种之地仅百余里，他处弗茂且弗香。凡种香，先择山土，开至数尺，其土黄砂石相杂，坚实而瘠，乃可种。其壤纯黄纯黑无砂，致雨水不渗，潮汐润及其香，纹或如饴糖，甜而不清，或多黑丝缕，味辣而浊，皆恶土也，不宜种。香木如树兰而丛密，行人每折枝代伞，谓之香阴。其叶似黄杨，凌寒不落，种五六年即结子。子如连翘而黑，落地即生，经人手摘则否。夏月子熟种之，苗长尺许，乃拔而莳，莳宜疏，使根见日。疏则香头大，见日则阳气多。岁一犁土，使土松，草蔓不生。至四五岁，乃斩其正干鬻之，是为白木香。香在根而不在干，干纯木而色白，故曰白木香。非香故曰白木，而不离香，故曰白木香，此其别也。正干已斩，留其支使益旁抽。又二三岁，乃于正干之余，出土尺许，名曰香头者，凿之。初凿一二斤，曰开香门，亦曰开香口。贫者八九岁则开香门，富者十余岁乃开香口。然大率岁中两凿，春以三月，秋以九月。凿一片如马牙形，即以黄土兼砂壅之，明岁复凿，亦如之。自少而多，今岁一片，明岁即得二三片矣。然贫者凿于三月，复凿于九月耳，富者必俟十阅月乃再凿，盖以十月香胎气足，香乃大良也。既凿已，其为雨露所渍而精液下结者，则其根美。其雨露不能渍，水不能腐者，其精液渗成一缕，外黄内黑，是名黄纹黑渗。以此为上。盖香以岁久愈佳，木气尽，香气乃纯，纯则坚老如石，掷地有声，昏黑中可以手择。其或鬃纹交纽，穿胸而透底者，或不必透底而面渗一黑线者，或黑圈斑驳如鹧鸪斑者，或作马尾渗者，或纯黄者，铁壳者，皆为生香。生曰生结，亦曰血格。曰黑格。熟曰黄熟，亦曰水熟。黄熟者，香木过盛，而精液散漫，未及凝成黑线者。又土壅不深，而为雨水所淋者，是为黄熟。生结者，香头之下，间有隙穴，为日月之光所射，霜露之华所渍，日久结成胎块，其质不朽，而与土生气相接者，是为生结。以多脂膏润泽，洽于表里，又名血格，曝之日中，其香满室，不必焚爇，而已氤氲有余矣。

凡凿香贵以其时，秋冬凿则良，霜雪所侵，精华内敛，木质尽化，瘠而不肥，故尤香。春凿则多水气而湿，夏凿多火气而燥。然香既凿，夜必雾露之，昼必曝之，使其木气尽去。恶者为佳者所薰染，则又一一皆香，不可以湿霉沾之，使色味损坏。若香气日久不发，濯以温汤，磨以木贼，其香复发。然当南风爇之，或有水气，不如当北风时，天气干爽，爇之乃大香。香之生结者，爇之烟轻而紫，一缕盘旋，久而不散，味清甜，妙于沉水。黄熟则反是。然黄熟亦有美者。其树经数十百年，本末皆朽，揉之如烂泥，中存一块，土气养之色如金，其气静穆，亦名熟结。至马尾渗，则香之在朱砂黄土中者，岁久天成一线，光黑如漆，浸润香上，质坚凝而肌理密，乃香之津液所渍，气味与生结相等而更悠扬，此所以为贵也。

凡种香家，其妇女辄于香之棱角，潜割少许藏之，名女儿香，是多黑润、脂凝、铁格、角沉之类。好事者争以重价购之，而尤以香根为良。香根亦多种，盖香木善变，有种至二三十年，其根已绝美，色若黑牛角者；有种至百余年，其根松脆，绝无可采者，则以其地不同而香种亦变也。故凡凿香师，见香木叶小而黄，则知其下根必异。盖其精华下坠，水不能自根而上，故叶小而萎黄也。香师知其然，每窃掘之，私藏沙土之中，故主人须督视惟谨，然今种香家皆能凿香，香师亦无所施其诈矣。凡香，此半凿，彼半旋长，香皮不损，则香之肉复生。培以砂土，其香头渐大至于百年之久。香头中空，可坐数人，其香成窝穴形，在于中空之旁者，是曰岩香。无水土之气，雨泽之滋则尤美。或曰，香之老者以巉岩似英石，凿痕久化，纹纽而节乖错，破之参差不顺开者为良，其形殊，其气亦异。故辛者为铁面之族，恬者为蛤窝之宗，静者为菱尖，浓者为虎皮，透者为鹧鸪斑，咸有山泽云霞之气，无闺阁旖旎之味，故可重云。自离乱以来，人民鲜少种香者，十户存一，老香树亦斩刈尽矣。今皆新植，不过十年二十年之久，求香根与生结也难甚。

莞香度岭而北，虽至劣亦有馥芬，以霜雪之气沾焉故也。当莞香盛时，岁售逾数万金。苏松一带，每岁中秋夕，以黄熟彻旦焚烧，号为薰月。莞香之积阊门者，一夕而尽，故莞人多以香起家。其为香箱者数十家，藉以为业。其有不经制造者，亦曰生香。以上香杂次香中蒸炙成纹，以应贾人之急，亦曰熟香。其以瓦罂烧热，投劣香于中，厚盖之，使火气逼而精液盈，面点点成斑综纹，以为此生格也，熟结也，斯是伪香。而吴下亦多售之，故香估易以致饶。

德庆有香山，高明、新兴有老香山，《南越志》：盆允县利山多香林，名香多出其中。又朱崖有香洲，洲中出诸异香，往往无名，而并未言及东莞。盖自有东莞所植之香，而诸州县之香山皆废矣。昔之香生于天者已尽，幸而东莞以人力补之，实之所存，反无名焉。然老香二山至今未尝无香，而地苦幽深，每为虎狼所扼。盖山谷之珍，固不欲尽出于人世也。东莞香田，盖以人力为香，香生于人者，任人取之，自享其力，鬼神则不得而主之也。然东莞出香之地多硗确，种香之人多朴野不生文采，岂香之能夺其灵气耶？香择其地而生，香无美恶，以其地而为美恶，购香者问其所生何地，则其香之美恶可知矣。地之硗确者，不生他物而独生香，有香而地无余壤，人无徒手。种香之人一，而鬻香之人十，爇香之人且千百，香之为用亦溥哉！

## 鹤顶香

古榕之腹，常有鸟衔香子堕落其中，岁久香木长成，其枝叶微出榕杪，白鹤之所盘旋，朝夕不散。久之香木作结，坚润如脂，人取而爇之，香烟翔舞，悉成白鹤之形，白鹤大小，则视香烟之秾薄，是名鹤顶香。东莞或时有之，或曰是遁香也。身在榕中，而气与鹤相感，盖以榕为体，以鹤为用者也。闻成化间，有南海人于水濑得朽木，大如钵盂，知为沉香也，爇之。其烟作七鹭鸶，飞至二三丈，以献于朝，得官锦衣百户。识者谓沉香在水次，七鹭鸶饮宿其上，积久精神晕入，因结成形。此亦鹤顶香之类也。

## 兰香

莞香之精者不可变，其粗者可变，变之以兰。以兰变之，其香遂为兰香。盖兰以香为质，香以兰为神。兰之神无所寄，寄于香。寄于香，而兰之神于是乎长留矣。然诸兰之神不可留，惟树兰可留。树兰大者数围，其叶大者叶三，名三叶。小者叶五、叶七，名五叶、七叶。五叶、七叶者，花香而味幽细，夏月盛开。以莞香之粗者，茗以濯之，杂置树兰于其中，包以蜜香之纸，曝以烈日，兰焦复易。如此四五度，乃封贮之。爇则兰气清芬，宛如黄粒初熟，露华尚凝，如游于金粟之林矣。然香薰晒于复，不可即爇，爇必在冬春之间，阳气既纯，味乃恬永。其兰干者亦勿弃，留在香中使相养，兰气善还，虽隔岁，犹可研末以作香线也。

## 诸香

诸香，有曰鸡蹢香，枝条似鸡距，故名。一曰鸡香，一曰鸡藤香，一曰鸡骨香。有冷生香，似降香而小。降香，一曰降真香，杂诸香焚之，其烟直上，辄有白鹤下降。有马眼香，其藤大如臂，岁久心朽，皮坚甚香，周遭有小眼，如雕刻香筒状，粤人多以供神，谓之比降。降之真者，从海舶而来，曰番降，根极坚实，色紫润似苏方木，烧之初不甚香，得诸香和之特美，其屑可治刀伤。有水藤香。有枫香，即枫胶也。一曰白胶香，有左纽香、石檀香，有海漆香，产文昌海港，色其黑，焚之油出如漆。有龙骨香，其树丛生有刺，汁甚毒，枝老而根结者美。有芸香，山中树液所结，杂诸香焚之，能除湿气。有思劳香，状乳香而青黄褐色，气似枫胶。有橄榄香，橄榄之脂也，如黑饴状，以黄连木及枫胶和之，有清烈出尘之意。有薰陆香，一名马尾香，《山记》：罗浮有越王捣薰陆香。其曰白木香，则东莞香木之枝干也，经斫伤则成黄熟，否则岁久亦止白木，故曰白木香。广中香族甚多，其未知名者，味皆酷烈。广人生长香国，不贵沉檀，顾以山野之香为重也。

## 檀香

岭南亦产檀香，皮坚而黄者黄檀，白者白檀，皮腐而色紫者紫檀，皆有香。而白檀为胜，与紫檀皆来自海舶。然罗浮亦有白檀。竺法真谓：元嘉末，有人于罗山见一树，大三丈余围，辛芳酷烈，其间枯条数尺，援而刃之，乃白旃檀也。比年三水县西北百余里，有香树一株，大七八丈围，其干至四丈乃发枝，垂阴二亩，通体纯白，土人称曰银香，盖白檀也。某帅使数百人伐之，仅于树根一窍为雨水所浸渍者，得香二十余斤，味如沉水，其余枝条皆不香。又新安黄松冈，有香树三株，叶细如豆，类九里香，然不降不结，以不经斩伐，故精液不凝而皆散为枝叶也。枝叶为香之累，枝叶多，则其香在枝叶，不在根节。然不在根节，则其香亦不在枝叶。盖根节者，香之精华所聚，藉斧斤之力而凝，去其累精华者，而后精华有所归。然此为莞香及沉速而言，若旃檀则寸寸皆香，不必其降其结，而以遭鬼神嫉忌，故尔质变而不香。噫，神物固不可以贪求也哉！

## 煎香

香之美者，宜煎不宜爇，爇者有烟而无气，煎则反是。盖气者，香之魂，烟者香之魄，魂清而魄浊，魂轻而魄重。善焚香者，取其气，弗取其烟，取其魂，弗取其魄，故常煎而不爇，煎之之法，以生结之囫囵者，浣以新茗，芟其松浮，磨其棱角，而置香面于下，底于上，微沾少水，使香质滋润，火既活而灰复干，乃以玉碟或砂片隔之，使之不易就燥。香质不焦，脂液不流，则香气生空，若无若有。香一片足以氤氲弥日，是名煎香。盖五行木主藏魂，金主藏魄，故气者，香之魂也，木也；质者，香之魄也，金也。其质贞者其气清，金之气多也。其质脆者其气浊，木之气多也。故煎香以取金气，金气不热，则香魄长存。然惟生结囫囵者乃多金气，黄熟则不及。

## 心字香

《骖鸾录》云："番禺人作心字香，以素馨、茉莉半开者，著净器，薄斯沉水香，层层相间封之。日一易，不俟花蔫，花过香成。"蒋捷词云："银字筝调，心字香烧。"予诗："多烧心字是心香，茉莉黄沉共作芳。香是番禺心字好，紫烟一缕结鸳鸯。"

## 南方花皆可合香

南方花，如素馨、茉莉、阇提、佛桑、渠那、大小含笑之类，皆可合香。又有麝香花，夏开，与麝香木皆类真麝香。或传美家香用此诸花合之。温氏云：素馨、茉莉摘下花蕊，香才过，即以酒噀之复香。凡生香蒸过愈佳，如梅花、瑞香、酴醾、栀子、茉莉、木犀及橙、橘花之类，皆可蒸。他日爇之，则群花之香毕备，见《香乘》。

## 种排草香

予沙亭乡江畔，有沙地二三十亩，其种宜排草，农人以重价佃之。春以播秧，至六月始种排草，十月收之。其根长五六尺，卖以合香。叶以泥渍使干，卖与番人为药。每地一亩，以半种姜芋，以半种排草，以菜麸壅之。次年则以种姜芋者种排草，必相易也。农人喜种排草，其利甚厚。惜宜种之地，不能多有。沙亭之外，如潭山、大岭间，亦有数十亩焉。

## 《天香传》

**北宋·丁谓**

香之为用从上古矣，所以奉神明，可以达蠲洁。三代禋享，首惟馨之荐，而沉水、薰陆无闻焉。百家传记萃众芳之美，而萧芗郁鬯不尊焉。

礼云："至敬不享味，贵气臭也。"是知其用至重，采制粗略，其名实繁而品类丛脞矣。观乎上古帝王之书，释道经典之说，则记录绵远，赞颂严重，色目至众，法度殊绝。

西方圣人曰："大小世界，上下内外，种种诸香。"又曰："千万种和香，若香、若丸、若末、若涂，以香花、香果、香树、天合和之香。"又曰："天上诸天之香，又佛土国名众香，其香比于十方人天之香，最为第一。"

道书曰："上圣焚百宝香，天真皇人焚千和香，黄帝以沉榆、蓂荚为香。"又曰："真仙所焚之香，皆闻百里，有积烟成云、积云成雨，然则与人间共所贵者，沉香、薰陆也。"故经云："沉香坚株。"又曰："沉水香，坚降真之夕，傍尊位而捧炉香者，烟高丈余，其色正红。得非天上诸天之香耶？"《三皇宝齐》香珠法，其法杂而末之，色色至细，然后丛聚，杵之三万，缄以银器，载蒸载和，豆分而丸之，珠贯而曝之，旦日此香焚之，上彻诸天。盖以沉香为宗，薰陆副之也。

是知古圣钦崇之至厚，所以备物实妙之无极，谓变世寅奉香火之荐，鲜有废者，然萧茅之类，随其所备，不足观也。

祥符初，奉诏充天书状持使，道场科醮无虚日，永昼达夕，宝香不绝，乘舆肃谒则五上为礼（真宗每至玉皇真圣圣祖位前，皆五上香）。馥烈之异，非世所闻，大约以沉香、乳香为本，龙香和剂之，此法实禀之圣祖，中禁少知者，况外司耶？八年掌国计而镇旄钺，四领枢轴，俸给颁赉随日而隆。故苾芬之羞，特与昔异。袭庆奉祀日，赐供内乳香一百二十斤（入留副都知张继能为使）。在宫观密赐新香，动以百数（沉、乳、降真、黄香），由是私门之内沉乳足用。

有唐杂记言，明皇时异人云："醮席中，每爇乳香灵祇皆去。"人至于今传之。夏宗时新禀圣训："沉、乳二香，所以奉高天上圣，百灵不敢当也，无他言。"上圣即政之六月，授诏罢相，分务西洛，寻迁海南。忧患之中，一无尘虑，越惟永昼晴天，长霄垂象，炉香之趣，益增其勤。

素闻海南出香至多，始命市之于闾里间，十无一有假，板官裴鹗者，唐宰相晋公中令之裔孙也，土地所宜，悉究本末，且曰：“琼管之地，黎母山奠之，四部境域，皆枕山麓，香多出此山，甲于天下。然取之有时，售之有主，盖黎人皆力耕治业，不以采香专利。闽越海贾，惟以余杭船即香市。每岁冬季，黎峒待此船至，方入山寻采，州入役而贾贩尽归船商，故非时不有也。”

香之类有四，曰沉，曰櫼，曰生结，曰黄熟。其为状也，十有二，沉香得其八焉。曰乌文格，土人以木之格，其沉香如乌文木之色而泽，更取其坚格，是美之至也。曰黄蜡，其表如蜡，少刮削之，黳紫相半，乌文格之次也。牛目，与角及蹄，曰雉头、洎髀、若骨，此沉香之状。土人则曰牛目、牛角、鸡头、鸡腿、鸡骨。曰昆仑梅格，櫼香也，此梅树也，黄黑相半而稍坚，土人以此比櫼香也。曰虫镂，凡曰虫镂其香尤佳，盖香兼黄熟，虫蛀及攻腐朽尽去，菁英独存香也。曰伞竹格，黄熟香也。如竹色黄白而带黑，有似櫼也。曰茅叶，有似茅叶至轻，有入水而沉者，得沉香之余气也，然之至佳，土人以其非坚实，抑之为黄熟也。曰鹧鸪斑，色驳杂如鹧鸪羽也。生结香者，櫼香未成沉者有之，黄熟未成櫼者有之。

凡四名十二状，皆出一本，树体如白杨、叶如冬青而小肤表也，标末也，质轻而散，理疏以粗，曰黄熟。黄熟之中，黑色坚劲者，曰櫼香。櫼香之名相传甚远，即未知其旨，惟沉水为状也，肉骨颖脱，芒角锐利，无大小、无厚薄，掌握之有金玉之重，切磋之有犀角之劲，纵分断琐碎而气脉滋益。用之与臬块者等。鹗云：香不欲大，围尺以上虑有水病，若斤以上者，中含两孔以下，浮水即不沉矣。

又曰：或有附于柏蘖，隐于曲枝，蛰藏深根，或抱真木本，或挺然结实，混然成形。嵌如穴谷，屹若归云，如矫首龙，如峨冠凤，如麟植趾，如鸿餟翮，如曲肱，如骈指。但文彩致密，光彩射人，斤斧之迹，一无所及，置器以验，如石投水，此宝香也，千百一而已矣。夫如是，自非一气粹和之凝结，百神祥异之含育，则何以群木之中，独禀灵气，首出庶物，得奉高天也？

占城所产櫼沉至多，彼方贸迁，或入方禺，或入大食。贵重沉櫼香与黄金同价。乡耆云：比岁有大食番舶，为飓所逆，寓此属邑，首领以富有，自大肆筵设席，极其夸诧。州人私相顾曰：以赀较胜，诚不敌矣，然视其炉烟蓊郁不举、干而轻、瘠而焦，非妙也。遂以海北岸者，即席而焚之，其烟杳杳，若引东溟，浓腴湒湒，如练凝淹，芳馨之气，特久益佳。大舶之徒，由是披靡。

生结香者，取不候其成，非自然者也。生结沉香与檥香等。生结檥香，品与黄熟等。生结黄熟，品之下也，色泽浮虚，而肌质散缓，然之辛烈少和气，久则溃败，速用之即佳，若沉檥成香则永无朽腐矣。

雷、化、高、窦，亦中国出香之地，比海南者，优劣不侔甚矣。既所禀不同，而焦者多，故取者速也。是黄熟不待其成檥，檥不待其成沉，盖取利者，戕贼之也。非如琼管皆深峒黎人，非时不妄剪伐，故树无夭折之患，得必皆异香。

曰熟香，曰脱落香，皆是自然成者。余杭市香之家，有万斤黄熟者，得真檥百斤则为稀矣；百斤真檥，得上等沉香数十斤，亦为难矣。

薰陆、乳香长大而明莹者，出大食国。彼国香树连山野路，如桃胶松脂委于石地，聚而敛之，若京坻香山，多石而少雨，载询番舶则云："昨过乳香山，彼人云：'此山下雨已三十年矣。'"香中带石末者，非滥伪也，地无土也。然则此树若生于涂泥则无香不得为香矣，天地植物其有自乎？

赞曰：百昌之首，备物之先，于以相禋，于以告虔，孰歆至荐，孰享芳焰，上圣之圣，高天之天。

# 香文学典籍缩略

附录3

1.《诗经·大雅·生民》:“卬盛于豆，于豆于登。其香始升，上帝居歆。胡臭亶时，后稷肇祀。庶无罪悔，以迄于今。”

2.《诗经·载芟》:“为酒为醴，烝畀祖妣，以洽百礼。有飶其香。邦家之光。有椒其馨，胡考之宁。”

3.《论衡·别通篇》:“人目不见青黄曰盲，耳不闻宫商曰聋，鼻不知香臭曰痈。痈聋与盲，不成人者也。”

4.《说文解字》:“馨，香之远闻者。”

5.《诗经·凫鹥》:“尔酒既清，尔肴既馨。公尸燕饮，福禄来成。”

6.《尚书·君陈》:“至治馨香，感于神明。黍稷非馨，明德惟馨。”唐刘禹锡《陋室铭》:“斯是陋室，惟吾德馨。”

7.《尚书·酒诰》:“弗惟德馨香祀，登闻于天；诞惟民怨，庶群自酒，腥闻在上。故天降丧于殷，罔爱于殷，惟逸。天非虐，惟民自速辜。”《尚书·吕刑》:“上帝监民，罔有馨香德，刑发闻惟腥。”

8.《吕氏春秋·士容论》:“是故得时之稼，其臭香，其味甘，其气章，百日食之，耳目聪明，心意睿智，四卫变彊，凶气不入，身无苛殃。”

9.《礼记·内则》:“总角，衿缨，皆佩容臭。(节)妇或赐之饮食衣服布帛佩帨、茝兰。”郑玄注：“容臭，香物也。”

10.《史记·老子列传》:“老子修道德，其学以自隐无名为务。(节)于是老子乃著书上下篇，言道德之意五千余言而去，莫知其所终。”

11.《周易·系辞上》:“子曰：君子之道，或出或处，或默或语。二人同心，其利断金。同心之言，其臭如兰。”《说苑·杂言》:“又曰：与善人居，如入兰芷之室，久而不闻其香，则与之化矣；与恶人居，如入鲍鱼之肆，久而不闻其臭，亦与之化矣。”

12.《风赋》中记载：“楚襄王游于兰台之宫。”

13.《离骚》:“扈江离与辟芷兮，纫秋兰以为佩。(节)朝搴阰之木兰兮，夕揽洲之宿莽。(节)昔三后之纯粹兮，固众芳之所在。杂申椒与菌桂兮，岂维纫夫蕙茝！”

14.《说文解字》:“芳，草香也。”《史记·屈原列传》:“其志洁，故其称物芳。其行廉，故死而不容。”

15.《楚辞章句》:“《离骚》之文，依《诗》取兴，引类譬谕。故善鸟香草以配忠贞；恶禽臭物以比谗佞；灵修美人以媲于君；宓妃佚女以譬贤臣；虬龙鸾凤以托君子；飘风云霓以为小人。”

16.《盐铁论·论菑》:“故不知味者，以芬香为臭。不知道者，以美言为乱耳。”

17.《尸子·劝学》:“土积成岳，则楩楠豫章生焉；水积成川，则吞舟之鱼生焉。”

18.《黄帝内经》:“黄帝传岐伯之术，书于玉版，藏诸灵兰之室。”

19. 汉赵昭仪《奏上赵皇后书贺正位》:“金屑组文茵一铺，沉水香莲心碗一面。(节)紫金被褥香炉一枚，(节)五层金博山香炉，回风扇，椰叶席，同心梅，合枝李，青木香，沉水香，香螺卮，九真雄麝香，七枝镫。”

20.《香乘》:“尚书郎含鸡舌香伏奏事，黄门郎对揖跪受，故称尚书郎怀香握兰。(《汉官仪》)”

21. 汉《后汉书·西域传》记载:“安息国去洛阳二万五千里，北至康居。其香乃树皮胶，烧之通神明，辟众恶。”

22. 东汉《南州异物志》:“郁金香出罽宾，国人种之，先以供佛教日萎然后取之，色正黄，与芙蓉花果嫩莲者相似，可以香酒。”

23.《香乘》:“赵后浴五蕴七香汤，婕妤浴豆蔻汤。帝曰:‘后不如婕妤体自香。’后乃燎百蕴香，婕妤傅露华百英粉。(《赵后外传》)”

24.《香乘》:“飞燕女弟昭阳殿卧内有绿熊席，其中杂熏诸香，一坐此席，余香百日不歇。(《西京杂记》)”

25.《道书援神契》："古者祭祀有燔燎，至汉武帝祠太一始用香灯。"

26.《后汉书·郡国志》记："吴王阖闾起响屧廊、采香径。"

27. 崔寔《四民月令》记载："元日上椒酒于家长，举觞称寿。椒，玉衡之精，服之令人却老。"

28.《洞冥记》："甘泉宫南昆明池中有灵波殿七间，皆以桂为柱，风来自香。"

29. 北魏《齐民要术》："鸡舌俗名丁子香。"

30.《魏王花木志》："木蜜号千岁树，根本甚大，伐之四五岁，取不腐者为香。"

31.《三国志》"魏王操《临终遗令》曰：'余香可分与诸夫人，诸舍中无所为，学作履组卖也。'"

32.《典略》："汉种之兰台石室藏书之府。"

33.《洛阳宫殿簿》："显阳殿前芸香一株，徽音殿前芸香二株，含英殿前芸香二株。"

34.《世说新语》："林公曰：'白旃檀非不馥，焉能逆风。'"

35. 东晋《拾遗记（录）》记载："汉武帝有透骨金，大如弹丸，凡物近之便成金色，帝试以檀香屑共裹一处置李夫人枕旁，诘旦视之，香皆化为金屑。"

36. 东晋《续搜神记》记载："恒哲居豫章时，梅玄龙为太守，梦就玄龙索麝香丸。"

37.《抱朴子》记载："通天犀角有白理如线，置米中，群鸡往啄米，见犀则惊却，故南人呼为骇鸡犀也。"

38.《晋书·王敦传》载："石崇以奢豪矜物，厕上常有十余婢侍列，皆有容色。置甲煎粉、沉香汁。有如厕者，皆易新衣而出。客多羞脱衣，而敦脱故著新，意色无怍。"

39.《隋书》："杨素东都起宅，穷极奢巧，中起沉香堂。"

40. 唐《北户录》中记载："梁简文时，扶南传有沉香一婆罗丁，云婆罗丁，五百六十斤也。”

41. 唐《翰林志》中载：“凡将相告身，用金花五色绫纸，上散白檀香末。”

42.《宣武盛事》：“莲花巷王珊起宅毕，其门刷以醇酒，更散香末，盖礼神之至。”

43. 唐《开元天宝遗事》记载：“安禄山有檀香床，乃上赐者。”

44. 唐《南方异物志》：“熏陆出大秦国。在海边有大树，枝叶正如古松。生于沙中，盛夏木胶流出沙上，状如桃胶，夷人采取卖与商贾。”

45. 唐《新修本草》(又名《唐本草》)：“熏陆香，形似白胶香，出天竺者色白，出单于者夹绿色，亦不佳。”

46.《本草纲目》：“及《千金方》五香汤用丁香，无鸡舌，最为明验。”

47. 唐《杨贵妃外传》记载：“贵妃以上赐龙脑香私发明驼使遗安禄山三枚，余归寿邸。杨国忠闻之入宫语妃曰：‘贵人妹得佳香何独吝一韩司掾也。’妃曰：‘兄若得相，胜此十倍。’”

48. 唐《云仙杂记》记载：“开成中，贵家以紫檀心瑞龙脑为棋子。”

49. 唐《三洞珠囊》：“五香者即青木香也。一株五根，一茎五枝，一枝五叶，一叶间五节，五五相对，故名五香，烧之能上彻九星之天也。”

50. 唐《金銮密记》记载：“白居易在翰林，赐防风粥一瓯，剔取防风，得五合余，食之口香七日。”

51. 唐《宣室志》记载：“会昌元年，扶余国贡三宝，曰火王，曰风松石，及澄明酒。酒色紫，如膏，饮之令人骨香。”

52. 唐《扬州事迹》：“扬州太守仲端啖客以聚香团。”

53.《南史》记载：“岑之敬淳谨有孝行，五岁读《孝经》，必焚香正坐。”

54.《大唐西域记》记载："伽蓝北岭傍有窣堵坡，高百余尺，石隙间流出黑香油。"

55.《琐碎录》记载："麝香檀一名麝檀香，盖西山桦根也。爇之类煎香，或云衡山亦有，不及海南者。"

56.《五代史》记载："王审知之孙昶袭为闽王，起三清台三层，以黄金铸像，日焚龙脑、熏陆诸香数斤。"

57. 宋《资治通鉴·唐纪》记载："长庆四年，敬宗初嗣位，九月丁未，波斯大商李苏沙进沉香亭子材。拾遗李汉谏云：'沉香为亭子，不异瑶台琼室。'上怒，优容之。"

58. 宋《南番香录》(简称《香录》)记载："栈香乃沉香之次者，出占城国。气味与沉香相类，但带木颇不坚实，亚于沉而优于熟速。"

59. 宋《云烟过眼录》记载："周公谨有蜡沉，重二十四两。又火浣布尺余。"

60. 宋《东轩笔录》载："丁晋公(丁谓)临终前半月已不食，但焚香危坐，默诵佛经。以沉香煎汤，时时呷少许，神识不乱，正衣冠，奄然化去。"

61.《香乘》："海南产沉水香，香必以牛易之黎，黎人得牛皆以祭鬼，无得脱者。中国人以沉水香供佛燎帝求福，此皆烧牛也，何福之能得？哀哉！(《东坡集》)"

62. 宋《宋史》载："熙宁九年，英州雷震，一山梓树尽枯，中皆化为龙脑香。"

63. 宋《李孝美墨谱》记载："欧阳通每书，其墨必古松之烟，末以麝香方下笔。"

64. 宋《太平御览》："班固云：'窦侍中令载杂彩七百疋市月氏马、苏合香。'一云：'令赍白素三百疋欲以市月氏马、苏合香。'"

65.《玉堂杂记》记载："必大以待制侍讲赐流香酒四斗。"

66. 范石湖《骖鸾录》记载："番禺人作心字香。用素馨、茉莉半开者，着净器，薄劈沉水香，层层相间，封日一易，不待花蔫，花过香成。蒋捷词云：‘银字筝调，心字香烧。’”

67.《沈谱》(沈立所作之《香谱》)记载：“龙脑须别器研细，不可多用，多则掩夺众香。”

68.《香史》记载：“合香之法，贵于使众香咸为一体。麝滋而散，挠之使匀。沉实而腴，碎之使和。檀坚而燥，揉之使腻。比其性，等其物，而高下之。如医者之庋药，使气味各不相掩。”

14.香灸

香灸指通过香进行灸的行为和物品。如：艾灸。

15.香疗

香疗指以气味为载体的治疗方法。

16.香浴

香浴指将芳香类植物煎制成汤，用于沐浴的行为。

17.香会

香会指以香为主题的聚会。

18.香友

香友指制香、用香过程中产生互动的朋友。

19.香客

香客指朝山进香的人。

20.香泽

香泽指涂抹头发的香油。

21.香脂

香脂指有芳香气息的植物、动物、矿物凝脂。

22.香猊

香猊指狻猊形状的香炉。

23.香兽

香兽指以鸟兽为形状的各类香炉。

24.香阵

香阵指香案的阵列或制香的香药法阵。

25.香泥

香泥指制香过程中香药混合而成的泥土状湿香。

26.香画

香画指用香料制成的画或表达香意的绘画。

27.香塑

香塑指用香料制成的雕塑或塑像。

28.沉香生香

沉香生香是沉香树存活的状态下所取的香。

29.沉香熟香

沉香熟香是沉香树体死之后，木质成分自然枯朽、消失后，留下的油脂综合体。

30.土沉

土沉指在土中结香或醇化的熟结沉香。

31.水沉

水沉指在水里结香的沉香。

32.沉水

沉水指密度大于水的沉香。

33.沉香木

沉香木又称白木，指未结香的沉香树体。

34.野生沉香

野生沉香指沉香树自然受伤所结的沉香。

35.人工沉香

人工沉香指通过人为因素促使沉香树受伤后结的香。

**36. 树心油**

树心油指沉香树心内部所结的实心成条的香。

**37. 虫漏**

虫漏指沉香树体被蚁虫蛀食后所结的香。

**38. 沉香木胚**

沉香木胚指含有沉香的树体原材。

**39. 勾丝**

勾丝指剔除沉香白木过程中产生的木屑。

**40. 牛耳**

牛耳指形似牛耳的沉香。

**41. 壳料**

壳料又称壳子，指形似贝壳的薄片沉香。

**42. 沉香皮油**

沉香皮油指沉香树皮上所结的香，亦称青桂香。

**43. 板头**

板头指沉香树横截面断口上结的形如木板的香。

**44. 包头**

包头是沉香树凹形伤口处结的香。

**45. 吊口**

吊口是沉香树伤口处形成的竖条垂丝油线的香。

**46. 锯夹**

锯夹指沉香树锯痕上下结油形似钱夹的香。

**47. 油格**

油格是沉香油线的俗称，如黄油格、黑油格。

**48. 奇楠**

奇楠是沉香当中品质优良的一个品种，古称伽楠、茄楠等。

**49. 野生奇楠**

野生奇楠指奇楠树在自然环境中因受伤所结出的香。

**50. 种植奇楠**

种植奇楠指人工种植奇楠树所结的香。

**51. 回流奇楠**

回流奇楠主要指从日本等地回流到中国的奇楠香。

**52. 土沉奇楠**

土沉奇楠指土中结香醇化时间久的熟结奇楠香。

**53. 香粉**

香粉又称“末香”，指粉末状的香。

**54. 香珠**

香珠是以香泥或香木制成的珠子，亦称香串。

**55. 香饼**

古时将香料制成的小饼叫作香饼。

**56. 香膏**

香膏指研磨成膏状的香。

57. 香囊

香囊又称“香包”，古代也称“容臭”，指用于装香料的织品或金属器。

58. 香丸

香丸指豆粒大小的丸状香。

59. 香露

香露指香料提炼加工后的液态香。

60. 线香

线香指成条如线的香制品。

61. 盘香

盘香指以香泥盘旋而成的圆形香制品。

62. 塔香

塔香又称“香塔”，指圆锥形的香。

63. 百刻香

百刻香指古代用于计时的印香。

64. 黏合剂

黏合剂指具有黏性的制香辅料。

65. 香瓶

香瓶指用于放置香具的瓶形器。

66. 香盒

香盒指用于盛放香品的盒状器皿。

67. 香箸

香箸指用于整理香灰的筷子，又称火箸或香筷、火筷。

68. 灰押

灰押指用于平整炉灰的工具。

69. 羽尘

羽尘是香羽和香帚的统称，指用于清理香料或香灰的工具。

70. 香匙

香匙又称香勺，是用于盛取香粉的工具。

71. 香铲

香铲指用于填香粉的工具。

72. 香篆

香篆又称香印，是带有镂空图案的篆香工具。

73. 香巾

香巾指用于清理香具的布巾。

74. 香灰

香灰指香炉中常用的特制底灰，或香品燃烧后的灰。

75. 香炭

香炭指香事过程中用的炭。

76. 切香板

切香板是用于整理香材的工具。

77. 香针

香针是熏香过程中用于开火窗和压香筋的工具。

78. 香夹

香夹指用于取放隔片的夹子，亦有镊子，称“香镊”。

79. 隔片

隔片指用于隔火熏香的叶片，如银叶、云母片等。

80. 香插

香插指用于插放线香的带孔基座。

81. 香笼

香笼即熏笼，是熏香的笼状工具。

82. 博山炉

博山炉指炉盖形似海上仙山的熏炉。

83. 行炉

行炉指行走或移动过程中使用的带柄或高足的炉。

84. 品香炉

品香炉指深腹小口、适用于品香的香炉。

85. 篆香炉

篆香炉指浅腹广口、适用于篆香的香炉。

86. 香球

香球古称香囊，是球状镂空的香器。

87. 香筒

香筒指用于盛放线香的筒状器。

88. 香盘

香盘指焚香用的扁平承盘。

89. 香祖

香祖即炎帝神农，亦称中华香文化祖师。

90. 炉瓶三事

炉瓶三事指香炉、香瓶、香盒组成的焚香器具三件套。

91. 香方

香方指记录香品制作方法和材料的攻略。

92. 和香

和香指多味香药混合制作而成的香品，亦称合香。

93. 单方香

单方香指一味香药单独制作而成的香品。

94. 香茶

香茶指用香料和茶混合制成的茶品。

95. 香汤

香汤指以香料浸泡或煎煮而成的水。

96. 香酒

香酒指用香料进行酿制或加入香料浸泡后的酒。

97. 鬯

鬯是古代祭祀用的酒，用郁金草酿黑黍而成。

98. 倒流香

倒流香指烟气下行的塔形中空的锥形香品。

99. 工艺香

工艺香是机器制作的香品的统称。

100. 手工香

手工香是手工制作的香品的统称。

# 后记

此书即将出版，心中无限平静且不胜感激。回想十三年前立志参与中国传统香文化的当代复兴，截至2012年梳理了香文化历史文献及相关内容五百多万字，并以此建立太月香学体系，至今该体系已超八百万字内容。十余年间这些内容以微信公众号“中国香道”平台为载体对外发布传播。太月香学还创建了香文化培训体系“中国香文化研习班”，目的是让更多的人了解中国传统香文化，参与到香文化的复兴中来。我直至现在初心未改，希望更多的人参与进来，“为中国香文化树立世界身份”，并决定将所梳理的内容和一些研究成果汇集成系列图书，名曰“香学华录”，《中国传统香学》是该系列的第一本书。

世界香文化大致可分为西方香文化和东方香文化。西方香文化的代表是法国，东方香文化的代表是中国。中国香文化自隋唐起影响了另一个国家，并逐渐形成了独立的体系，那就是日本香道。在日本现存的香道体系中，有如志野流、御家流这样超过五百年的有序传承，而中国香文化在近现代处于冰封期，生活用香领域被西方香文化取而代之。当代随着中华优秀传统文化的复兴，香文化作为传统文化的重要组成部分，也将顺势复兴。

十三年前，我在好友李立立老师家中见到了北京大学的楼宇烈教授，当时我向先生汇报了“中国香文化研习班”的定位和诸多想法，先生指导后给予了八个字“以道统艺，由艺臻道”，自此太月香学体系以这八个字为宗旨，展开了对传统香文化的系统研究和传播，此间包含了社会类培训、香文化进校园、公益活动、国际交流等，提出了传统香文化的“当代化、国际化、时尚化”三化方向，倡导了SI嗅觉识别系统的设计与构建，并连续十年参加了“全球外交官中国文化之夜”，策展中国传统文化体验区，向170多个国家和地区驻华外交官传播中国香文化。随着大众对传统香文化的不断了解与认知，行业的逐步形成与可持续发展，太月香学提出香文化行业“产业化”“品牌化”发展方向，并连续策划了三届中国（莆田）香文化产业大会，提出文化赋能产业、科技助力产业，香文化、香科技、香产业融合发展方向。行业的发展不能仅靠社会类培训培养人才，太月香学提出香文化进高校，以高校教育培养香文化专业人才的想法，得到了莆田市政府时任领导阮军、沈萌芽、张志宏等同志的大力支持，建立了国内首个高校教育机构“莆田学院香文化产业学院”，为香文化产业的人才培养与储备开启了新的篇章。

文化遗产是各民族发展的基石与见证，是文明基因、民族符号。传统香文化中的诸多技艺，如传统香品制作技艺、香器具制作技艺、古法用香技艺等，是香文化的重要组成部分。2016年太月香学体系将四川的民俗制香体系引入北京，申请了非物质文化遗产保护，并成为北京市朝阳区非物质文化遗产保护项目“传统香品制作技艺”。在时任非遗保护中心负责人杜洋的支持下，开展了针对高校的非遗进校园“中国香席百场公益讲座体验活动”，从清华大学首场讲座出发，陆续走进了北京大学、中国人民大学、中国传媒大学、中央美术学院、中央财经大学、北京师范大学、首都经贸大学、国际关系学院、外交学院等高校，让高校学子了解传统香文化，了解香文化艺术形式。

中国传统香是中药的外用方式之一，传统制香的核心理念是“天然香料的天然运用”，中国传统香学是以研究“气”的运用为主要内容的理论体系。太月香学体系提出“香学，气之学；香道，炁之道也”的学术理念，目的是让大众了解到传统香文化与民生健康息息相关，与每个人的呼吸息息相关。在传统制香的三百余种常用香料当中，95%以上是药材。制香人就是将这些具有药理药性的物质制成香，用高温或特殊的方式激发成气来使用。香气弥漫在空气中，可以起到“杀菌消毒、净化空气”的作用，人体通过呼吸由鼻而入，或通过全身毛孔自然吸收，起到“芳香开窍、通达经络”的作用。与在中医手中通过煎成汤剂由口入胃往人体给药不同，在制香人的手中是将其转化为气往人体给药，这是两种并行的给药通道。正如《黄帝内经》中所述“正气存内，邪不可干”，人常年处在对人体有益的空气环境中，便可生发“卫气”提升免疫力。所以我们希望让更多的人了解中国传统香文化，了解香文化在大众生活中的运用，为大众的健康提供更多的可能性。2021年在北京市朝阳区文旅局时任领导马骏的指导和支持下，太月香学体系建立了以朝阳区文化和旅游局、朝阳区宣传文化中心为指导的“北京市朝阳香文化传习所”，成为国内首个以香文化为主题开展公共文化服务的传习所，主要立足朝阳区，为北京市民提供以香文化为主，以茶文化、古琴、插花、太极、围棋、书画等传统文化艺术形式为辅的传统文化服务，开创了非遗传承人与政府合作的公共文化服务新模式，每年对外开放提供一百场以上的公益活动，以此传播优秀传统文化、传播传统香文化。

千里之行始于足下，太月香学体系通过典籍梳理、教育培训、社会实践、国际交流等方式，将我们在学习和传播传统香文化过程中积累的经验和研究的成果汇集成书，供大家参考。“香学华录”系列丛书的首册《中国传统香学》即将出版，借此机会对以上提及的所有贤达之士一并表示感谢，并特此鸣谢在我学习中国古陶瓷鉴定过程中传道解惑的师父、首都博物馆研究员王春城先生及师母首都博物馆研究员葛建军女士，大师兄北京华翰文化遗产博物馆研究院院长徐俊峰先生和我的家人。也特此鸣谢我的沉香引路人江向东老师和编委会顾问团成员中国国家博物馆杂项专家范力夫先生，凤凰网华人国学大典总召集人侯春艳女士，乔羽艺术馆馆长乔方先生，国际林业草原木本香料（华东）工程技术研究中心主任王宗德教授，中国传媒大学肖锋教授，中国人民大学张霄教授，中国传统文化促进会创会会长杨丽丽女士，古琴教育家、演奏家杨青先生，汪伦第五十六世孙、画家汪海华先生，传统插花非遗传承人张超先生，还有为本书题字的中国画大家吴悦石先生、长期支持太月香学体系发展的中国文字博物馆特聘研究员王心明先生、海南省沉香协会会长曾庆祝先生及业内各位协会会长及香友，以及化学工业出版社孙晓梅编辑和参与该书出版工作的所有同人。

中国香在琴棋书画、诗酒茶花的意趣之间，隐逸在庙堂、书斋、院落、街市的日常之中，中国传统香是中国人的生活伴侣。自古文人墨客、皇室贵族、行者医家、商贾百姓皆用香。中国香文化萌发于先秦，成长于汉晋，成熟于隋唐，鼎盛于宋元，发扬于明清，复兴于二十一世纪。在传统文化复兴的今天，沉香作为当代香文化复兴的一把钥匙，开启了尘封已久的中国香文化大门，让我们有机会步入传统香文化的殿堂，撷取其精华，以此弘扬，实则三生有幸。“香学华录”系列丛书将陆续出版细分主题，系统梳理传统香学中的更多内容。

罗子杰

2025年6月26日

## 太月香学体系

太月香学是由罗子杰先生建立并倡导的中国香文化体系，其中包含非物质文化遗产保护项目“传统香品制作技艺”，是以易学为核心指导思想，撷取中华“儒释道医武”传统文化精华并进行创新性发展的中国当代香文化学术体系。太月香学遵循“以道统艺、由艺臻道”的宗旨，提出“香学，气之学；香道，炁之道也”的学术理论，并倡导“香者，知其香，养其德，道也”的术法道三阶修习理念，研究和传播的内容主要包括：香文化历史、香料、香器、香方、香阵、香文学、祭祀用香、生活用香、民俗用香、宗教用香、文房用香、空间美学、香与健康、嗅觉审美等。

太月香学倡导以香为媒介，通过对用香方法的长期研习，达到探究学问、反观心性、调养身心、增强智慧的目的。在用香过程中，通过止语、习静、反观、对谈等形式达到习香的目的。无机不被，恰似太虚含万象；有感即通，宛如一月印千江。无极、无为，致虚极、守静笃，宁静致远、感应天地。